Leila Summa | Christine Kirbach

33 Werkzeuge für die digitale Welt

Die erfolgreichen Methoden der Tech-Giganten und wie jeder diese nutzen kann – Moonshot Thinking, Team Canvas und vieles mehr

REDLINE | VERLAG

Bibliografische Information der Deutschen Nationalbibliothek
Die Deutsche Nationalbibliothek verzeichnet diese Publikation in der Deutschen Nationalbibliografie. Detaillierte bibliografische Daten sind im Internet über http://dnb.d-nb.de abrufbar.

Für Fragen und Anregungen
info@redline-verlag.de

2. Auflage 2019
© 2019 by Redline Verlag, ein Imprint der Münchner Verlagsgruppe GmbH
Nymphenburger Straße 86
D-80636 München
Tel.: 089 651285-0
Fax: 089 652096

Redaktion: Desireé Simeg, Gersthofen
Umschlaggestaltung: Laura Osswald, München
Satz: Carsten Klein, Torgau
Druck: GGP Media GmbH, Pößneck
Printed in Germany

ISBN Print 978-3-86881-738-6
ISBN E-Book (PDF) 978-3-96267-092-4
ISBN E-Book (EPUB, Mobi) 978-3-96267-093-1

Weitere Informationen zum Verlag finden Sie unter

www.redline-verlag.de

Beachten Sie auch unsere weiteren Verlage unter www.m-vg.de

Leila Summa | Christine Kirbach

33 Werkzeuge für die digitale Welt

Inhalt

Einleitung

»Technologie ist nichts. Wichtig ist,
Vertrauen in Menschen zu haben,
dass sie grundsätzlich gut und smart sind –
und wenn man ihnen gute Werkzeuge
an die Hand gibt, dann tun sie damit
wunderbare Dinge.« [1]

Steve Jobs, Mitgründer und langjähriger CEO von Apple

Die Botschaft, die im Eingangsbereich des deutschen Facebook-Büros hängt, könnte nicht klarer sein: »This Journey is 1% finished«. Das gilt für uns alle: Wir stehen am Anfang eines langen Weges, den es im Rahmen der Digitalisierung zu gehen gilt. Es liegt eine unglaublich spannende Reise vor uns, die manche gerade erst antreten und manche fortsetzen wollen. Man sieht bereits jetzt, sie wird unser Leben tief greifend verändern. Und eines vorweg: Wir werden nicht ankommen, aber das ist gut so!

Diese Reise wird nicht in einem, nicht in fünf und auch nicht in zehn Jahren beendet sein. In der digitalen Welt, in der wir leben, sinkt die Halbwertszeit von Wissen, forciert durch technologischen Fortschritt und veränderte Kundenbedürfnisse, drastisch.

Es geht also nicht mehr darum, sich Wissen anzueignen, sondern den eigenen Handlungsspielraum so wirksam wie möglich zu gestalten, um Fortschritt anzutreiben, statt von ihm getrieben zu sein. Das setzt einerseits voraus, dass wir Kundenbedürfnisse und Nutzergewohnheiten ganz genau verstehen und die Schmerzpunkte analysieren. Zum anderen bedarf es der Offenheit, Produkte, Probleme und Herausforderungen so

anzugehen, als würden wir ihnen zum ersten Mal begegnen, um die best-
mögliche Lösung zu finden. Nur wenn beides gegeben ist, kann wirklich
Neues entstehen.

Permanentes Verlernen und Dazulernen

Wir müssen radikal umdenken und Dinge anders machen als bisher,
wenn wir mit dem Tempo der Veränderung mithalten wollen. Es reicht
nicht mehr aus, einfach nur schneller zu denken, zu arbeiten und zu
handeln. Digitale Riesen wie Google, Amazon, Airbnb, Facebook, LinkedIn und Co. nutzen den technologischen Fortschritt sehr clever, um
sich Kundenbedürfnissen anzupassen, die sich heute in einer zuvor unbekannten Geschwindigkeit verändern. Sie gehen sogar noch einen
Schritt weiter und antizipieren bereits heute die Kundenbedürfnisse
von morgen. Dies schaffen sie, weil sie eine Kultur entwickelt haben,
die davon geprägt ist, Dinge kontinuierlich aus der Perspektive des
Kunden zu sehen und dann schneller alte Wege, Abläufe und Prozesse zugunsten neuer Wege zu verlernen und zu stoppen. Kontinuierli-
ches Verlernen und Hinzulernen ist Basis ihrer kulturellen DNA und
essenziell zur Aufrechterhaltung ihres Innovationsgrades. Wie können
diese Erfolgsfaktoren auf jedes Unternehmen und jedermann übertragen werden?

Herausforderung Mensch

Seit zwanzig Jahren wird gepredigt: »Alles verändert sich.« Dem stimmen wir nicht vollständig zu, denn eine Konstante verändert sich leider
nicht so schnell, wie wir es vielleicht gerne hätten: der Mensch und sein
Umgang mit Herausforderungen. Jack Ma, Mitgründer und ehemaliger
CEO der B2B-Plattform Alibaba, sagte: »Die Welt ist voll von Herausforderungen und Chancen. Das war vor 2000 Jahren bereits so und wird
auch die nächsten 2000 voraussichtlich so sein. «[2]

Diese neuen Chancen entstehen heute durch Technologie und Digitalisierung. Viele Menschen wollen diese Chancen nutzen und ihren Beitrag zur Digitalisierung ihres Unternehmens und zu einer agileren Unternehmenskultur leisten. Doch wie kann das gelingen?

(Anders) Tun, bevor das Denken uns daran hindert

Indem wir unseren Handlungsspielraum erweitern und Dinge konsequent anders machen als zuvor. Das klingt einfach, ist für die meisten Menschen in der Praxis aber ziemlich schwierig und unangenehm: Denn je konkreter wir ins Handeln kommen wollen, desto größer werden die Fragezeichen und gleichzeitig unsere Hilflosigkeit. Zwischen Wollen und Können steht das Tun – und genau das fällt uns Menschen oft schwer. Das liegt daran, dass wir mit hohen Erwartungen an neue Herausforderungen herangehen. Das ist zwar ehrenwert, aber leider selten erfolgversprechend, im Gegenteil: Es verstärkt sogar die Hilflosigkeit und Orientierungslosigkeit und führt dazu, dass wir Experimente vorschnell abbrechen. »Ich habs ausprobiert, hat aber nicht funktioniert.« Oder: »Ich weiß doch gar nicht, wie das geht und wo ich beginnen soll!« Diese Aussagen kennen wir alle. Und genau diese illusorische Erwartungshaltung möchten wir in unserem Buch zerstören: Niemand weiß zu Beginn einer neuen Herausforderung, wie es geht, und es fühlt sich am Anfang auch nie gut an, in diesen unbekannten Gewässern zu fischen. Das Wissen darum, wie etwas funktioniert und das gute Gefühl kommt dann, wenn wir Dinge wiederholt ausprobieren und sich irgendwann der erste Erfolg einstellt.

Tun heißt Verantwortung übernehmen

Um endlich etwas zu tun, müssen wir uns ein bisschen selbst überlisten: Wir müssen Verantwortung für unser Handeln übernehmen und in Bewegung kommen, bevor unser Kopf oder das unangenehme Bauchgefühl uns daran hindert. Was enorm dabei hilft, sind erprobte und zeitgemäße Werkzeuge: Eine agile Unternehmenskultur entsteht nicht über Nacht und auch nicht durch das Handeln Einzelner. Tech-Giganten sind deshalb so erfolgreich, weil sie über Jahre hinweg viele Werkzeuge entwickelt haben, die jeder Mitarbeiter kennt und täglich einsetzt. Wir haben uns auf die Suche gemacht nach diesen Werkzeugen und sie in den führenden Technologieunternehmen gefunden. In *33 Werkzeuge für die digitale Welt* stellen wir Ihnen die wirksamsten 33 Tools vor – verständlich aufbereitet, vereinfacht und mit praktischen Handlungsanleitungen versehen. So können Sie die Tools schnell und effektiv in Ihrer Unternehmenspraxis einsetzen, noch bevor Ihr Kopf Sie daran hindert. Fangen Sie einfach an – heute!

Werkzeuge für Ihre Unternehmenspraxis

Mark Zuckerberg sagte anlässlich der Abschiedsfeier des Harvard-Jahrgangs 2017: »Jetzt ist es an euch, Großes zu tun. Ich weiß, ihr denkt vermutlich, ich weiß nicht, wie genau ich das tun soll. Aber lasst mich euch ein Geheimnis verraten: Niemand weiß das, wenn er startet. Ideen entstehen nicht in Perfektion. Sie gewinnen an Präzision und Klarheit, wenn man daran arbeitet. Ihr müsst also einfach nur loslegen.«[3]

Einfach machen – das ist auch die Kernaussage und das Erfolgsrezept unseres Buchs. Aus den Neurowissenschaften wissen wir: Menschen ändern erst ihr Handeln, dann ändert sich damit auch automatisch ihre Einstellung zu einem Thema – denken Sie nur an ehemalige Raucher in Ihrem Bekanntenkreis. Tun wir etwas anders, verändert sich also unser Denken. Was vormals vielleicht unmöglich schien, ist auf einmal durchaus realistisch. Was wir vormals wenig attraktiv fanden, wird nun zum Gestaltungsspielraum – wie zum Beispiel die von so vielen gefürchtete digitale Transformation. Und die veränderte Einstellung von Mitarbeitern beeinflusst letztlich die Unternehmenskultur als Ganzes.

Unser Buch kann als ausgewählte Sammlung an Hilfsmitteln, aber auch als situatives Nachschlagewerk verwendet werden. Sie können es also von A bis Z lesen oder sich gezielt die Werkzeuge heraussuchen, mit denen Sie Ihre aktuellen Herausforderungen lösen können. Wir geben Ihnen vor jedem Kapitel einen kurzen Überblick über die verschiedenen Werkzeuge, damit Sie direkt zu denen springen können, die für Sie aktuell relevant sind. Wichtig ist: Es geht nicht darum, es genauso zu machen wie die führenden Technologieunternehmen. Sie sollen vielmehr Ihren eigenen Weg finden – einen Weg, der für Sie und Ihr Unternehmen funktioniert. Nutzen Sie die Werkzeuge zur Inspiration, passen Sie sie an und kombinieren Sie nach Lust und Laune unterschiedliche Tools.

Online-Starthilfe

Um Ihnen die Auswahl der richtigen Werkzeuge zu erleichtern, legen wir Ihnen unseren Online-Assistenten ans Herz, den Sie auf *www.playtochange.de* finden. Mit wenigen Klicks können Sie damit herausfinden, welche Werkzeuge für Ihre aktuellen Herausforderungen empfehlenswert sind.

1. Psychologische Sicherheit – die Grundlage fürs Tun

Würden Sie Ihre Mitarbeiter mit einer leeren Werkzeugkiste und noch dazu ohne angemessene Schutzkleidung auf eine Baustelle schicken und ihnen dabei viel Erfolg – und womöglich noch Spaß – wünschen? Wohl kaum. Doch im Rahmen von Digitalisierungsinitiativen passiert genau das in den verschiedensten Unternehmen. Führungskräfte fördern zwar das mutige »Einfach machen« und Experimentieren mit neuen Arbeitsweisen zugunsten der schnelllebigen digitalen Welt, aber sie vergessen dabei zwei wichtige Dinge:

1. Sicherstellen, dass die Mitarbeiter geprüfte und erprobte Werkzeuge einsetzen, um eine Herausforderung möglichst effektiv und effizient zu lösen.
2. Den Mitarbeitern die notwendige Sicherheit geben, Fehler machen zu dürfen beziehungsweise Dinge, die trotz aller guten Planung nicht funktioniert haben, transparent zu machen und als Lernchance zu nutzen, damit sich Misserfolge nicht in Demotivation oder Selbstzweifeln niederschlagen.

Diese Schutzkleidung liefert das Konzept der psychologischen Sicherheit.

Schlüsseldynamiken leistungsstarker Teams

Google ist der Frage nachgegangen, welche Faktoren gegeben sein müssen, damit Mitarbeiter in einem innovativen und sich ständig verändernden Umfeld als Team erfolgreich agieren und effektiv zusammenarbeiten können. Im Project Aristotle, einer zweijährigen unternehmensinternen Studie mit über 200 Interviews und 180 untersuchten Teams, wurden fünf Schlüsseldynamiken für den Teamerfolg identifiziert – unabhängig von Zusammensetzung und Größe des Teams:[4]

1. Psychologische Sicherheit: Wenn jemand einen Fehler macht, wird dieser nicht gegen denjenigen verwendet.
2. Verlässlichkeit: Jeder kann sich darauf verlassen, dass die Teamkollegen ihre Zusagen einhalten.
3. Struktur und Klarheit: Die Ziele, Rollen und Vorgehensweisen des Teams sind allen klar und es verfügt über einen effektiven Prozess zur Entscheidungsfindung.
4. Bedeutung der Arbeit: Die Arbeit für das Team ist für jeden persönlich von Bedeutung.
5. Wirkung: Jeder versteht, inwiefern die Arbeit des Teams auf die Unternehmensziele einzahlt.[5]

Als besonders relevant hat sich dabei die psychologische Sicherheit erwiesen. Eingeführt wurde das Konzept der teampsychologischen Sicherheit bereits im Jahr 1999 von der Harvard-Professorin Amy Edmondson, die es definierte als »eine gemeinsame Überzeugung von Teammitgliedern, dass es in ihrem Team sicher ist, zwischenmenschliche Risiken einzugehen«[6]. Psychologische Sicherheit ist das »Vertrauen, dass niemand vom Team für eine Äußerung bloßgestellt, zurückgewiesen oder bestraft wird« gemäß Edmondson. Wichtig ist hier insbesondere, dass im Team ein Klima vorherrsche, das sich durch zwischenmenschliches Vertrauen und gegenseitigen Respekt auszeichnet. Menschen sollen sie selbst sein können. Ohne diese Kultur sind Teammitglieder nicht bereit Risiken einzugehen. Es darf keine Angst vor den Reaktionen der Kollegen geben und Fehler machen muss erlaubt sein. Für Edmonson und Google gilt: Vertrauen und Verständnis werden zusätzlich gefördert durch Empathie, einen weiteren Aspekt der psychologischen Sicherheit. Empathie steht dafür, dass wir Emotionen in unserem Gegenüber erkennen und uns in die Lage eines anderen Menschen hineinversetzen können, mit dem Ziel, die Perspektive und Realität des anderen (besser) zu verstehen. Dabei müssen wir über uns selbst und unsere eigenen Ansichten hinausdenken. Der amerikanische Psychologe und Harvard-Professor Daniel Goleman beschreibt es so: »Emotionale Empathie bedeutet, dass man so fühlt, wie die andere Person fühlt. Kognitive Empathie bedeutet, dass man versteht, wie andere die Welt sehen. Man braucht beides, um effektiv mit anderen Menschen zusammenarbeiten zu können, insbesondere im Verkauf, im Kundenmanagement, in Teams und in der Führung.«[7]

Der Mehrwert der psychologischen Sicherheit liegt auf der Hand: Wenn Mitarbeiter sich sicher und verstanden fühlen, sind sie motivierter, ausdauernder und unvoreingenommener. Humor, Problemlösungskompetenz und divergentes Denken werden angeregt. Das alles sind Faktoren, die die Grundpfeiler für Kreativität und Innovationsfähigkeit bilden, – zwei Kompetenzen, die für den digitalen Wandel entscheidend sind.[8] Weitere Studien zeigen, dass hohe psychologische Sicherheit die Risikobereitschaft von Teams moderat erhöht, die Mitglieder bestärkt, ihre Ideen, Kritikpunkte oder Befürchtungen zu äußern, und ihre Kreativität fördert, was häufig zu durchschlagenden Markterfolgen führt.[9] Laut den Studienergebnissen von Google sind Mitglieder in Teams mit einer hohen psychologischen Sicherheit »mehr dazu geneigt, unterschiedliche Ideen von Teammitgliedern wertzuschätzen, sie bringen mehr Umsatz und werden als doppelt so effektiv von ihren Führungskräften bewertet«.[10]

Grundpfeiler Unternehmenskultur

Ohne psychologische Sicherheit in Ihrem Unternehmen als Basis für den Einsatz der 33 Werkzeuge der Tech-Giganten werden Sie nur halb so erfolgreich sein.

Machen Sie den Test

Google stellt auf der Plattform Re:work einen Selbsttest zur Verfügung.[11] Damit können Sie in Erfahrung bringen, ob und inwieweit psychologische Sicherheit in Ihrem Team er- und gelebt wird. Stellen Sie die folgenden Fragen entweder in einer anonymen Mitarbeiterbefragung oder in einem Workshop. Bitten Sie die Teilnehmer dabei anzugeben, wie sehr diese Aussagen auf sie zutreffen (auf einer Skala von »Trifft voll und ganz zu«, »Trifft zu«, »Neutral«, »Trifft nicht zu «bis »Trifft gar nicht zu«).

- Wenn Sie in Ihrem Team einen Fehler machen, wird er oft gegen Sie verwendet.
- Die Mitglieder Ihres Teams sind in der Lage, Probleme und schwierige Themen anzusprechen.
- Personen in Ihrem Team lehnen andere manchmal ab, weil sie anders sind.
- Es ist sicher, in Ihrem Team ein Risiko einzugehen.
- Es ist schwierig, Kollegen um Hilfe zu bitten.
- Niemand in Ihrem Team würde absichtlich in einer Weise handeln, die Ihre Bemühungen untergräbt.
- Ihre Teammitglieder schätzen und nutzen Ihre einzigartigen Fähigkeiten und Talente.

Die Testresultate dienen Ihnen als Indikator, um besser zu verstehen, wo Sie bezüglich der psychologischen Sicherheit – der Basis für Veränderung – aktuell stehen und wo es Schwachpunkte gibt.

Förderung der psychologischen Sicherheit

Auf der Plattform Rework gibt Google Antworten und Hinweise, wie Manager ebenso wie Mitarbeiter in Teams gemeinsam einen sicheren Raum für neue Ideen und Engagement schaffen können:[12]

- **Seien Sie aufmerksam.** Schenken Sie Ihrem Gesprächspartner bei einer Unterhaltung Ihre ungeteilte Aufmerksamkeit. Stellen Sie Fragen, die Ihnen helfen, Ihr Gegenüber besser zu verstehen. Bieten Sie Input, falls dies erwünscht ist. Absolut tabu: Anrufe entgegennehmen, WhatsApp-Nachrichten beantworten oder aufs Smartphone linsen. Seien Sie körperlich und geistig anwesend und konzentrieren Sie sich darauf, was Ihr Gesprächspartner zu sagen hat.
- **Zeigen Sie Verständnis.** Vermeiden Sie ein »Ja, aber« (vgl. Moonshot Thinking). Hören Sie aufmerksam zu und wiederholen Sie anschließend, was Sie verstanden haben, zum Beispiel: »Ich höre Sie sagen, dass Ihnen besonders wichtig ist …« Identifizieren Sie Übereinstimmungen, aber auch Abweichungen Ihrer Ansichten. Bestätigen Sie Aussagen mit Antworten: »Ich habe Ihren Einwand verstanden.« Konzentrieren Sie sich darauf, eine gemeinsame Lösungsfindung anzuregen, zum Beispiel: »Wie können wir daran arbeiten, dass es beim nächsten Mal reibungsloser läuft?« Wenn Sie in der Wir-Form sprechen, vermitteln Sie Ihrem Gegenüber das Gefühl, dass Sie an einem Strang ziehen.
- **Seien Sie in zwischenmenschlichen Situationen integrativ.** Teilen Sie Informationen über Ihren persönlichen Arbeitsstil und Ihre Vorlieben und ermutigen Sie Ihre Teamkollegen, dasselbe zu tun. Seien Sie nahbar und ansprechbar für Ihre Teammitglieder und nehmen Sie sich Zeit für Ad-hoc-Gespräche, Feedback-Sitzungen, Karriere-Coachings et cetera. Kommunizieren Sie den Zweck von Ad-hoc-Meetings transparent und klar, die außerhalb der üblichen Einzel- und Teammeetings einberufen werden. Danken Sie Ihrem Team ausdrücklich für seine Beiträge. Schreiten Sie ein, wenn Teammitglieder negativ über andere im Team sprechen.
- **Beziehen Sie Ihr Gegenüber in die Entscheidungsfindung ein.** Erklären Sie die Gründe für Ihre Entscheidungen, sei es im persönlichen Gespräch oder per E-Mail, und teilen Sie dem Team mit, wie Sie zu Ihrer Entscheidung gekommen sind. Heben Sie die Beiträge Ihrer Teammitglieder hervor, wenn diese zu einem Erfolg oder einer Entscheidung geführt haben. Holen Sie Anregungen, Meinungen und

Feedback von Ihren Teamkollegen ein. Achten Sie darauf, niemanden zu unterbrechen, und erlauben Sie auch keine Unterbrechungen von Kollegen untereinander.

- **Erfüllen Sie Ihre Führungsrolle mit Überzeugung und schaffen Sie Vertrauen.** Führen Sie Teambesprechungen klar und überzeugend, lassen Sie keine Nebengespräche zu und stellen Sie sicher, dass Konflikte nicht persönlich werden. Laden Sie Ihr Team ein, Ihre Sichtweise zu hinterfragen und Ihnen zu widersprechen. Zeigen Sie Schwachstellen auf und teilen Sie Ihre persönliche Einstellung zu Arbeit, Erfolg und Misserfolg mit Ihren Teamkollegen. Ermutigen Sie sie, Risiken einzugehen und demonstrieren Sie gleichzeitig selbst Risikobereitschaft. Unterstützen Sie Ihr Team in seiner Arbeit und vertreten Sie es nach oben, zum Beispiel bei der gemeinsamen Arbeit mit der Geschäftsleitung oder bei der Anerkennung von Teamkollegen.

2. Sinn stiften

Die folgenden Werkzeuge haben eines gemeinsam: Sie geben Mitarbeitern fehlenden Kontext und stiften Sinn – beides zentrale Erfolgskriterien, um Mitarbeitende zu motivieren, bei bevorstehenden Veränderungen mitzuziehen. Der Wunsch von Menschen, ihrer Arbeit einen Sinn zu geben, ist heute wichtiger denn je. Insbesondere bei jüngeren Mitarbeitern ist dieser Sinn ein wesentlich stärkerer Motivator als Status oder Geld. Genau das können Tech-Giganten wie Google besonders gut: Sie geben ihren Vorhaben Sinn und vermitteln diesen erfolgreich an ihre Mitarbeiter.

Werkzeuge im Überblick

Wenn Sie ein neues Vorhaben starten wollen, zum Beispiel Reorganisation, neues Management, neue Produkte oder Digitalisierung, hilft der **Golden Circle** dabei, den gemeinsamen Sinn dieses Vorhabens zu benennen, klar zu kommunizieren und diesen positiven Schub als Motivator für Ihr Team zu nutzen.

Das **All-hands-Meeting** erlaubt Ihnen, die eigene Vision und Mission regelmäßig in den Köpfen Ihrer Kollegen und Mitarbeiter zu verankern. Gleichzeitig fördert es den interdisziplinären Austausch zwischen den Fachbereichen und verhindert Silodenken. Zudem können Sie damit jedem Mitarbeiter einen direkten Draht zum Topmanagement geben.

Die **Team Canvas** unterstützt Sie, wenn Sie vor der Herausforderung stehen, Ihr Team auf- oder umzustellen und auf ein gemeinsames Ziel auszurichten. Dieses Tool ermöglicht es Ihnen, Rollen, Aufgaben und anstehende Aktivitäten zu klären und darüber hinaus das Zugehörigkeitsgefühl der Mitglieder zu stärken.

Wenn Sie über die kurzfristigen Folgen einer Entscheidung hinausdenken möchten, hilft Ihnen das **Regret Minimization Framework**. Sie können sich damit gerade bei wichtigen Entscheidungen bewusst aus dem Alltag herausziehen und die langfristigen Auswirkungen von Entscheidungen durchdenken.

Mit dem **SCARF-Modell** können Sie sich selbst und andere effektiver motivieren. Die Dimensionen des Modells geben zudem Auskunft darüber, warum manche Menschen mit Veränderungen besser zurechtkommen als andere. Gerade für Teams in rauem Fahrwasser bietet das SCARF-Modell viele Anknüpfungspunkte, um schwelende Konflikte zu lösen und zu einem produktiven Miteinander zu finden.

Mit dem **narrativen Memo** können Sie sicherstellen, dass Geschäftsideen, Aufgaben- und Problemstellungen gut durchdacht sind, da es sicherstellt, dass Sie sich intensiv mit dem Inhalt befassen. Schlechte Ideen werden dadurch in einem frühen Stadium aussortiert. Gleichzeitig können Teambesprechungen und Entscheidungssitzungen effizienter und ergebnisorientierter gestaltet werden.

Golden Circle

Wie Sie mit der zentralen Frage nach dem Warum zum Handeln inspirieren

> *»Warum stehst du morgens auf?*
> *Warum gibt es dein Unternehmen?*
> *Dein Warum sollte der Grund, dein Ziel,*
> *deine Überzeugung sein, die dich dazu inspiriert,*
> *das zu tun, was du tust. Wenn du deine Gedanken*
> *und Handlungen und Gespräche mit einem*
> *Warum beginnst, inspirierst du auch andere.«* [13]

Simon Sinek

Simon Sinek, Autor des Beststellers *Frag immer erst: warum,* wurde mit seinem Modell des Golden Circle weltberühmt. Er illustriert damit, dass inspirierende Führungskräfte deshalb so viele Menschen motivieren können, weil sie immer zuerst die Frage nach dem Warum beantworten und erst danach das Wie und das Was.

In seinem legendären TEDx-Talk »Wie großartige Führungspersönlichkeiten zum Handeln inspirieren«[14] erklärt er, was Apple und Martin Luther King gemeinsam haben: »Menschen kaufen nicht, was man tut; sie kaufen, warum man etwas tut.«

- »**I have a dream**«. Mit seiner weltberühmten Rede inspirierte Martin Luther King bereits anno 1963 seine Zuhörer. Der charismatische Redner verstand es wie kein anderer, klar und dennoch mit einer gewissen Leichtigkeit zu kommunizieren, woran er glaubte und vor allem, warum!
- »**Think different**«. Mit diesem Slogan stellte Apple das Warum ins Zentrum seiner Geschäftsaktivitäten und Markenkommunikation. Den Status quo infrage zu stellen und anders zu denken – das ist Apples Antwort auf die Frage nach dem Warum. Das schafft das Unternehmen durch seine starke Kundenorientierung, eine intuitive Benutzerführung und überragendes Design (Wie) sowie die Produktion unterschiedlicher Hardware wie etwa Computer, Mobiltelefone und vieles mehr (Was).

Insbesondere in Zeiten der Veränderung ist es entscheidend, die sinnstiftende Frage nach dem Warum zu beantworten, um alle Beteiligten auf die Reise mitzunehmen. Beobachtete man Facebook 2009–2011, so stellte man fest, das Facebook mit sehr technischen Erklärungen und Visualisierungen für seine Plattform warb. Geschäftskunden fiel es schwer, den Mehrwert von Facebook (Was) auf ihre eigene Marketing- und Vertriebsstrategie (Warum) zu übertragen. Das Management von Facebook erkannte das Problem rechtzeitig und veränderte die Markenkommunikation daraufhin radikal. Von nun an stand das unternehmerische Warum im Vordergrund der Kommunikation: Facebook wurde geschaffen, um die Welt offener und vernetzter zu machen. Es verbindet Unternehmen mit potenziellen Kunden und Menschen mit ihren Freunden. Nicht nur für Mark Zuckerberg, Sheryl Sandberg und Co., sondern auch für jedes Facebook-Mitglied ist die Frage nach dem Warum im beruflichen Alltag und im Kundenkontakt enorm sinnstiftend.

Dem Warum auf der Spur

Laut Sinek kommunizieren und agieren die meisten Unternehmen also in der falschen Reihenfolge: Sie starten mit dem Was statt mit dem Warum. Gerade in Zeiten der Digitalisierung und den damit verbundenen Veränderungen ist dies fatal, denn es lässt Digitalisierungsinitiativen zum Selbstzweck verkommen. In der Beratungspraxis zeigt sich häufig das gleiche Bild: Sie sind fest entschlossen, ihr Unternehmen zu digitalisieren, wissen aber gar nicht genau warum und wie.

Unternehmer und insbesondere Produktentwickler neigen dazu, zuerst die Frage nach dem Was zu stellen: »Was verkaufen wir?«, »Was bieten wir unseren Kunden?«, »Was machen wir anders als die Konkurrenz?«[15] Meist folgt darauf die Frage nach dem Wie: »Wie wollen wir höhere Umsätze erzielen?«, »Wie wollen wir mehr Kunden gewinnen?«, »Wie grenzen wir uns von unserer Konkurrenz ab?« Die Krux an dieser Reihenfolge ist: Hätte Martin Luther King seine Rede mit seinem »Was« begonnen, wäre er niemals in die Geschichte eingegangen. »I have a plan?« »Well, I couldn't care less.«

Sinek erklärt dies in seinem Buch »Frag immer erst: warum: Wie Top-Firmen und Führungskräfte zum Erfolg inspirieren«[16] über die Biologie: Die Funktionsweise unseres Gehirns führt dazu, dass Botschaften, welche das Was ansprechen, zwar rational erfasst und analysiert werden können, aber nicht das limbische System ansprechen, welches unsere Gefühle und unser Verhalten steuert. Deshalb ist seine Botschaft klar:

Sinek fordert Führungskräfte auf der ganzen Welt auf, die relevanteste Frage nach dem Warum immer zuerst zu beantworten: »Warum gibt es unser Unternehmen?«, »Warum sollte sich ein Kunde für uns interessieren«? »Warum tun wir als Unternehmen eigentlich, was wir tun«?

Die Antwort »Um Geld zu verdienen« zählt übrigens nicht. Also: Warum tun Sie eigentlich, was Sie tun?[17]

Im TEDx-Talk[18], der um die Welt ging, erklärt er den Golden Circle anhand des Erfolges von Apple:

Apples Warum beschreibt das Ziel: »Wir glauben daran, den Status quo zu hinterfragen und dies anders zu tun.«
Apples Wie beschreibt das Handeln: »Unsere Produkte sind wunderschön gestaltet und einfach zu bedienen.«
Apples Was beschreibt das Ergebnis: »Wir machen Computer.«

Ikeas Warum ist: »Einen besseren Alltag für die vielen Menschen schaffen«[19]. Adidas Antrieb ist: »Wir streben danach, dass jeder seine individuelle Bestleistung erzielt.«[20]

Wann der Golden Circle sinnvoll ist

Im Grunde immer, wenn Veränderungen anstehen, wie etwa eine Reorganisation, es einen Wechsel im Management gibt, neue Produkte kreiert werden sollen oder die Herausforderungen der zunehmenden Digitalisierung zu meistern sind. Aber auch, wenn Sie das Warum Ihres Unternehmens nicht richtig in Worte fassen können beziehungsweise Uneinigkeit in Ihrem Team darüber herrscht. In diesen Fällen hilft der Golden Circle dabei, den gemeinsamen Sinn des Vorhabens zu benennen. Durch die gemeinsame Auseinandersetzung mit dem Warum stärken Sie zudem das Zusammengehörigkeitsgefühl in Ihrem Team.

Auf persönlicher Ebene können Sie

- sich selbst die Frage beantworten, warum Sie morgens wirklich aufstehen und weshalb Sie den Beruf gewählt haben, den Sie aktuell ausüben,
- Ihre Leidenschaft und Motivation für Ihre Aufgaben neu entfachen,
- Ihre eigenen Werte kennenlernen und hinterfragen und nicht nur verstehen, was Sie wie machen, sondern auch warum.

Auf Unternehmensebene können Sie

- den gemeinsamen Sinn Ihres Vorhabens klar kommunizieren, durch die Benennung des Zwecks Klarheit schaffen und dies als Motivation für die Belegschaft nutzen;
- das Warum als Basis für jegliches Tun nutzen (vgl. Northstar Metric)
- Ihre Marketingbotschaften hinterfragen und nicht nur Produkte verkaufen (Was), sondern eine Überzeugung oder ein Lebensgefühl (Warum).[21]

Und so funktioniert's

Den größten Effekt erzielen Sie, wenn alle Teammitglieder zuerst den Golden Circle auf persönlicher Ebene anwenden und erst danach die Diskussion auf die unternehmerische Ebene gelenkt wird. Dies ist kein Muss, lediglich eine Empfehlung.

Auf persönlicher Ebene

1. **Sparringspartner suchen:** Suchen Sie sich einen geeigneten Sparringspartner für diese Übung. Optimalerweise jemanden, der ebenfalls sein persönliches Warum reflektieren möchte. Nehmen Sie sich ein bis zwei Stunden Zeit.
2. **Vorbereiten:** Zeichnen Sie jeweils den Golden Circle auf ein Flipchart, Whiteboard oder großes Blatt Papier: drei Kreise, beginnend im Zentrum mit dem kleinsten Kreis (Warum), darum einen mittelgroßen Kreis (Wie) und einen großen äußeren Kreis (Was). Oder drucken Sie sich die Vorlage aus, die Sie auf *www.playtochange.de* finden.
3. **Warum-Weshalb-Was beantworten (3 x 3 Minuten):** Nehmen Sie sich drei mal drei Minuten Zeit, in denen jeder für sich auf Post-its seine persönlichen Antworten auf die drei Fragen aufschreibt und zwar in der richtigen Reihenfolge:

- »Warum tue ich, was ich tue?« Beispiel: Weil ich Menschen dabei unterstütze, erfolgreich zu sein und über sich hinauszuwachsen.
- »Wie tue ich, was ich tue?« Beispiel: Indem ich als Sparringspartner die Situation des Unternehmens analysiere, Herausforderungen erkenne und zeitgemäße Lösungen anbiete.
- »Was genau tue ich denn eigentlich?« Beispiel: Ich berate traditionelle Unternehmen bei ihrer Digitalstrategie.

4. **Reflektion (3 Minuten):** Danach erläutert einer von beiden im Anschluss seine Gedanken. Hierfür haben Sie wieder drei Minuten Zeit. Der Zuhörer hört aufmerksam zu, er soll in dieser Phase weder kommentieren noch nachfragen, sondern sich Gedanken gegebenenfalls notieren.

5. **Spiegeln (15 Minuten):** Im Anschluss versucht der Zuhörer auf den Punkt zu bringen, welche Aussagen er als Warum, Wie und Was verstanden hat. Es wird dann nochmals diskutiert, mit dem Ziel, Aussagen des Redners nochmals zu hinterfragen und danach zu schärfen. Der Redner schreibt dann das persönliches Warum-Wie-Was prägnant auf dem Flipchart oder in die Vorlage.

6. **Rollentausch und Wiederholung:** Dann wird Punkt 4 und 5 wiederholt, dieses Mal in vertauschten Rollen, das heißt der Zuhörer wird zum Redner.

Tipp

Die im Buch vorgestellte »Root Cause Analysis« (vgl. S. 152) eignet sich sehr gut, um mit der wiederholten Frage nach dem »Warum« die Aussagen des Redners nochmals kritisch zu hinterfragen. Oft hilft es dadurch, zum wahren Kern vorzudringen.

Beispiel aus der Praxis: Ein Workshop-Teilnehmer arbeitet in einem Krankenhaus, das sich auf die Wiedereingliederung von Burnout-Patienten ins normale Leben spezialisiert hat. Auf die Frage, weshalb er tut, was er tut, kam als Erstes: »Weil unser Arbeitgeber gut ist«. Warum? »Weil er uns viel Handlungsspielraum lässt«. Warum? »Weil er Mitarbeiter möchte, die bei der Arbeit mitdenken und sich im Sinne des Patienten jederzeit um sein Wohlbefinden kümmern können – egal, ob dies in unserer Hauptverantwortung liegt oder nicht«. Und beim letzten Warum waren wir beim Kern angekommen: »Weil es mich glücklich und stolz macht, wenn ich Menschen in meinem täglichen Tun bei der Wiedereingliederung im normalen Leben helfen kann.«

Auf Unternehmensebene

1. **Vorbereitung:** Der Golden Circle kann auf Unternehmensebene – je nach Unternehmensgröße – entweder mit dem gesamtem Team oder 8–20 Schlüsselpersonen definiert werden. Die Übung nimmt etwa zwei Stunden Zeit in Anspruch. Je nach Teamkonstellation moderiert die Führungskraft oder ein dedizierter Moderator die Übung. Wichtig ist, genügend Post-its sowie Stifte und Flipchart und/oder Whiteboards vor Ort zu haben. Zur Vorbereitung kann auch die Vorlage des Golden Circles auf A0 oder A3 ausgedruckt werden, die auf *www.playtochange.de* zum Download bereit steht.

Gruppenbildung: Optimal ist es, Gruppen von 2–4 Personen zu bilden. Jede Gruppe erhält die ausgedruckte Vorlage oder zeichnet den Golden Circle auf ein Flipchart, ein Whiteboard oder ein großes Blatt Papier: drei Kreise, beginnend mit dem kleinsten Kreis (Warum), darum einen mittelgroßen Kreis (Wie) und einen großen äußeren Kreis (Was).

2. **Warum – Weshalb – Was beantworten (3 x 4 Minuten):** Die Kleingruppen nehmen sich dann drei mal vier Minuten Zeit, in denen jeder für sich auf Post-its seine persönlichen Antworten auf die drei Fragen schreibt und zwar in der richtigen Reihenfolge:

- »Warum tun wir als Unternehmen, was wir tun?«
- »Wie tun wir als Unternehmen, was wir tun? «
- »Was genau möchten wir tun und was bieten wir an?«

3. **Reflektion und Konsolidierung in der 4er-Gruppe (10 Minuten):** Jeder Teilnehmer klebt seine Version des Warum-Wie-Was auf den Golden Circle und erläutert die eigenen Gedanken. Ziel ist es, dass sich die Gruppe auf eine Version einigt.

4. **Iteration und weitere Konsolidierung (15 Minuten):** Hier teilen die Kleingruppen ihre Ergebnisse mit jeweils einer anderen Kleingruppe und gleichen sie ab. In dieser Zeit sollen bewusst kontroverse Diskussionen zugelassen werden, um möglichst unterschiedliche Meinungen zu hören. Das Ziel ist es, dass die beiden Varianten des Warum, Wie und Was in einem gemeinsamen Statement zusammengeführt werden.

5. **Abstimmung im Plenum:** Anschließend präsentieren alle Gruppen nacheinander ihre Statements im Plenum und beantworten aufkommende Fragen. Per Abstimmung, zum Beispiel Klatschometer oder Stimmenauszählen, wird die von einer Mehrheit präferierte Variante ausgewählt.

6. **Finale Ausarbeitung:** Am Schluss werden weitere Überarbeitungsschleifen, der sprachliche Feinschliff sowie ggf. Abstimmungsrunden mit den Verantwortlichen für Unternehmenskommunikation geplant. Zudem wird besprochen, wie das neue Warum-Wie-Was an die Belegschaft kommuniziert wird und was sich sonst infolge dessen noch an Maßnahmen ergibt.

Tipp

Sie können die Wirkung des Golden Circles auch einfach mal in einem Meeting ausprobieren: Häufig gibt die einfache Frage nach dem Warum einer Besprechung eine unbequeme, aber notwendige Wendung und verhindert, dass die Teilnehmer zu lange über das Was oder Wie diskutieren.

Gemeint ist Folgendes: Zehn Meeting-Teilnehmer diskutieren lange darüber, dass man beispielsweise so schnell wie möglich einen Chatbot auf der Unternehmenswebsite integrieren möchte. Man plant bereits Details, plant Meilensteine und Zuständigkeiten. Irgendwann erlaubt sich jemand die Frage zu stellen, die niemand auf Anhieb beantworten kann: »Weshalb wollen oder brauchen wir den Chatbot eigentlich?«

> Oft sind Entscheidungen und Zielsetzungen nicht so durchdacht, wie sie
> sein müssten. Die Frage nach dem Warum zuerst zu stellen, hilft dies zu um-
> gehen.

Erfahrungen mit dem Golden Circle

Bonprix ist ein international agierendes Modeunternehmen mit Hauptsitz in Hamburg und eines der umsatzstärksten Unternehmen der Otto
Group. Gestartet vor über 30 Jahren als kleiner Versandhändler mit einem 32-seitigen Printkatalog, ist Bonprix heute in rund 30 Ländern aktiv
und zählt zu den zehn umsatzstärksten Onlineshops in Deutschland.[22]

»Als Online-Modehändler agieren wir in einem stark umkämpften Markt, der sich mit einer rasanten Geschwindigkeit weiterentwi-
ckelt«, erzählt Thomas Jorré, Agile Coach bei Bonprix. »Wir haben erkannt, dass wir unsere Arbeits- und Denkweise verändern müssen, um
mit dieser Geschwindigkeit mithalten zu können.« Um diese Herausforderungen bewusst zu machen und gemeinsam Lösungsstrategien zu
entwickeln, veranstaltete Bonprix für seinen gesamten Führungsstab
zweitägige Workshops und schulte anschließend alle 1200 Mitarbeiter
in Deutschland. »Wir wollten damit eine tiefgreifende Veränderung in
unserer Organisation anstoßen«, so Jorré.

Wie überzeugt man Führungskräfte, ihre bisherigen Verhaltensweisen
und Denkmuster zu überprüfen? Der Golden Circle half den Coaches bei
Bonprix dabei, berichtet Thomas Jorré: »Veränderungen liegen den meisten Menschen nicht besonders. Sie sind unbequem und rufen bei vielen
Menschen erst einmal Widerstand hervor – besonders, wenn sie das eigene
Verhalten und den eigenen Arbeitsplatz betreffen. Der Golden Circle ist ein
wunderbares Instrument, um die Menschen abzuholen und schafft es, auch
Zweifler ins Boot zu holen.« Vermittelt man den Menschen zuerst den Sinn
und Zweck einer Idee – das Warum –, sind sie viel geneigter, dieser Idee zu
folgen, auch wenn der Weg dahin unbequem und unsicher erscheint.

Im konkreten Fall von Bonprix hieß das: Die Coaches erklärten den
Workshop-Teilnehmern zuerst, warum es sinnvoll ist, Verhaltens- und
Arbeitsweisen zu verändern. Zur Veranschaulichung verwendeten sie

das VUCA-Prinzip (= Volatility, Uncertainty, Complexity, Ambiguity) des U. S. Army War College. Es beschrieb ursprünglich die volatile, unsichere, komplexe und vielschichtige Welt, die nach dem Ende des Kalten Kriegs entstanden war. Auf den Business-Kontext übertragen fasst das Prinzip die Herausforderungen zusammen, denen sich Unternehmen in einer zunehmend digitalen Welt stellen müssen.

Wie sie diese Veränderungen angehen sollten – der mittlere Kreis des Golden Circle also –, zeigten die Coaches im Anschluss mit dem VOPA-Prinzip des Digitalexperten Dr. Willms Buhse. Das Akronym steht für Vernetzung, Offenheit, Partizipation und Agilität. »Dieser mittlere Part des ›Wie‹ wird beim Golden Circle gern weggelassen oder mit dem ›Was‹ verwechselt. Er ist aber enorm wichtig, denn er erklärt den Menschen, welche Prinzipien sie erfolgreich durch diese Zeit der Unsicherheit führen«, so Jorré. Im Kern basiert VOPA auf transparenter Kommunikation, konsequentem Wissenstransfer, interdisziplinärer Zusammenarbeit von Teams, mehr autonomem und eigenverantwortlichem Arbeiten, klarer Definition von Zielen und einer ebenso klaren Fokussierung auf diese Ziele.

Auch das Was kam nicht zu kurz: Die Workshop-Teilnehmer bekamen ein Set an Tools mit, die ihnen bei ihren täglichen Herausforderungen helfen sollten, darunter die 20 % Time, die North Star Metric, Delegation Poker und Pretotyping.

Waren die Workshops am Ende erfolgreich? »Für geändertes Verhalten oder Denkweisen gibt es keine harten KPIs. Aber wir sehen deutlich an Beispielen, dass sich die Haltung unserer Führungskräfte und Mitarbeiter bereits verändert hat«, so Jorré. »Die Anzahl an interdisziplinären Projekten ist gestiegen, ebenso die Nachfrage nach bereichsübergreifendem Erfahrungsaustausch, und natürlich die Frage nach konkreten Tools.« Und welche Tipps hat Thomas Jorré, damit der Golden Circle gelingt? »Vor dem ersten Einsatz unbedingt den TEDx-Talk von Simon Sinek[23] anschauen! Er erklärt darin so deutlich, was der Golden Circle ist und was er bewirken kann, dass man gar nicht viel mehr braucht, um damit zu starten. Ich setze den Golden Circle heute gerne dann ein, wenn ich jemanden zum Handeln bewegen möchte – egal ob bei Vorträgen, Workshops oder beim Delegieren einer Aufgabe.«

All-hands-Meeting

Wie Sie Ihre Mitarbeiter erfolgreich auf gemeinsame Ziele einschwören

> »Mitarbeiterversammlungen sind für ein Business
> wie Shazam unglaublich wichtig. Wir haben acht
> Standorte weltweit und es ist eines der wenigen Male,
> wo so viele wie möglich von uns zur selben Zeit am selben
> Ort zusammenkommen. Wir nutzen diese Treffen
> als Raum zum Diskutieren, wo wir als Business stehen,
> was wir gut machen und was unser zukünftiger Fokus
> sein sollte. Gleichzeitig feiern wir den Einstand
> neuer Mitarbeiter, Geburtstage oder andere Events.«[24]

Ruth Penfold, Director von Shazam

Viele große Digitalunternehmen haben All-hands-Meetings als festes Ritual ihrer Firmenkultur etabliert, darunter Trello, Zappos, Square, Facebook, Google, LinkedIn und Xing. Twitter spricht von »Tea Time«, Google von »TGIF«, viele kennen sie unter dem Begriff »Town Hall Meeting«. Doch ganz egal, welchen Namen die All-hands-Meetings tragen, die Intention dahinter ist immer identisch: alle Mitarbeiter regelmäßig in einem unternehmensweiten Meeting zusammenzubringen, offen über aktuelle Themen zu sprechen und damit das Vertrauen und Gemeinschaftsgefühl zu stärken.

All-hands-Meetings sind an sich nichts Neues: Schon im 17. Jahrhundert konnten amerikanische Bürger in Town Hall Meetings in den offenen Dialog mit kommunalen Politikern treten und über wichtige Themen abstimmen.[25] Um diesen offenen Austausch geht es auch bei den heutigen All-hands-Meetings. Mark Zuckerberg erreicht beispielsweise mittlerweile 27 000 Mitarbeiter weltweit auf diesem Weg. Und diese schätzen es sehr, dass ihr CEO seit der Gründung von Facebook vor mehr als zehn Jahren dieser wöchentlichen Tradition treu geblieben ist: »Es ist eine Seite von Mark Zuckerberg, zu der die Außenwelt keinen Zugang hat«, so ein ehemaliger Mitarbeiter.[26]

Der direkte Dialog mit der Unternehmensspitze schafft Vertrauen bei den Mitarbeitern, transportiert das Gefühl, Teil eines großen Ganzen zu sein, stärkt die Identifizierung mit dem Unternehmen und trägt zu einer offenen Unternehmenskultur bei.

Wann ein All-hands-Meeting sinnvoll ist

Am besten ab sofort, zu einem festen Termin in regelmäßigen Zeitabständen: wöchentlich, vierzehntägig oder quartalsweise. Vor allem ist dieses Tool hilfreich, wenn es unterschiedliche Teams gibt oder Ihre Teams stark dezentral arbeiten, oder wenn Ihr Unternehmen rasant wächst und Sie viele neue Kollegen begrüßen durften.

Mit dem All-hands Meeting können Sie

- die eigene Vision und Mission regelmäßig in den Köpfen Ihrer Mitarbeiter verankern,
- den interdisziplinären Austausch zwischen Fachbereichen fördern und Silodenken verhindern (vgl. auch Hackathon),
- schwierige Situationen oder Entscheidungen transparent und verständlich erklären,
- das Gemeinschaftsgefühl in Ihrem Unternehmen stärken,
- das Vertrauen Ihrer Mitarbeiter in die Unternehmensleitung verbessern,
- durch einen transparenten und authentischen Dialog auf die Bedürfnisse der Mitarbeiter eingehen und die Motivation steigern,
- die aktuelle Stimmung im Unternehmen noch besser verstehen und negative Stimmungen auffangen,
- einen direkten Draht zum Topmanagement etablieren.

Acht Grundregeln für All-hands-Meetings

- Wählen Sie einen Zeitpunkt für das Meeting, an dem möglichst alle Mitarbeiter teilnehmen können und nicht aus ihrem Tagesgeschäft herausgerissen werden. Denken Sie auch an Ihre Teilzeitkräfte!
- Ein All-hands-Meeting ist keine Eintagsfliege. Machen Sie bereits in der ersten Einladung klar, dass es sich hierbei um eine regelmäßige Zusammenkunft handelt und ab sofort ein Ritual in Ihrem Unternehmen werden soll.
- Um die Wichtigkeit des Termins zu signalisieren, lassen Sie die Geschäftsführung zum All-hands-Meeting einladen.
- Ermöglichen Sie auch Teams an anderen Standorten, live am Meeting teilzunehmen, zum Beispiel per Videoschaltung.
- Neben der Durchsprache der KPIs haben vor allem Themen der Fachbereiche und Fragen der Mitarbeiter hier ihren Platz. Geben Sie allen Anwesenden vorher die Möglichkeit, Fragen einzureichen (auch anonym) und bereiten Sie das Meeting auf dieser Basis vor.
- Bleiben Sie bei Ihren Antworten ehrlich und signalisieren Sie eine offene Fehlerkultur, indem Sie auch über Misserfolge sprechen.
- Geben Sie jedem Mitarbeiter die Möglichkeit, die gehaltenen Vorträge und Präsentationen sowie die Antworten auf die Fragerunde später noch einmal nachzulesen.

Und so funktioniert's

Unternehmen ticken sehr unterschiedlich. Wir geben Ihnen hier einfach ein Beispiel dafür, wie es laufen könnte. Bitte passen Sie dies für sich und Ihren Kontext sinnvoll an.

Dauer: ca. 1 Stunde
Rollen: Vertreter der Geschäftsleitung, Mitarbeiter und ggfs. ein Moderator
Teilnehmer: idealerweise das gesamte Unternehmen

Vorbereitung
Optimalerweise etabliert es sich, dass Mitarbeiter und Führungskräfte proaktiv Themen vorschlagen, die für das gesamte Unternehmen re-

levant sind. Je nach Unternehmenskultur können Sie gegebenenfalls – siehe »Company-Meetings bei XING« – auch dem Team im Vorfeld die Möglichkeit geben, mit einem »Mood-o-Meter« die Stimmung und Fragen der Belegschaft einzufangen und die heißen Fragen im Plenum zu beantworten.

Start (8 Minuten)
Durch das Einspielen von Musik wird eine offene Atmosphäre geschaffen (5 Minuten). Der Einstieg ins Meeting soll bewusst locker und persönlich sein. Beispielsweise: Ein Geschäftsführer oder Mitarbeiter könnte zu Beginn eine persönliche Geschichte erzählen oder ein Highlight der Woche. Viele Unternehmen nutzen diese Möglichkeit auch, um zum Beispiel die aktuellen Geburtstagskinder oder Jubilare vorzustellen (3 Minuten).

KPIs und Vision: Geschäftsführung (10 Minuten)
Für die Mitarbeiter ist es immer spannend zu wissen, wie erfolgreich das eigene Unternehmen ist. Eine kurze und knackige Vorstellung und einfache Erklärung der aktuellen Geschäftszahlen von einem Vorstandsmitglied und ein Ausblick auf die bevorstehenden Monate ist für alle relevant. Optimalerweise wird die Zeit aber auch genutzt, um Mitarbeiter immer wieder aufs Neue von der Vision zu begeistern, sich für den Einsatz zu bedanken und für weitere gemeinsame Erfolge zu motivieren.

Tops und Flops: Fachbereiche (15 Minuten)
Diese Meetings sind explizit dafür gedacht, dass Mitarbeiter zu Wort kommen. Beispielsweise, indem einzelne Fachbereiche ihre Erfolge vor allen Kollegen vorstellen können oder auch Misserfolge thematisiert werden können (Stichwort: lernende Organisation). Auch dezentrale Teams sollten regelmäßig Vorträge via Videoschaltung beisteuern können.

Fragen und Antworten: moderierter Dialog (30 Minuten)
Wurde im Vorfeld die Möglichkeit eröffnet – zum Beispiel mittels Mood-o-Meter –, dass Mitarbeiter Fragen stellen können, dann wird

auch erwartet, dass auf diese reagiert wird. Beantworten Sie diese authentisch durch die Geschäftsleitung oder die Fachabteilung. Kann eine Frage zum aktuellen Zeitpunkt nicht beantworten werden, lieber offen und ehrlich dazu stehen und den Punkt in das nächste All-hands-Meeting aufnehmen. Es kann optionalerweise auch noch der Ring freigegeben werden, um weitere Fragen aus dem Publikum und per Videoschaltung zu beantworten.

Offene Fragen und Arbeitsaufträge
Sind aus der Fragerunde konkrete Arbeitsaufträge entstanden, ist es sehr wichtig, einen Verantwortlichen und einen definierten Zeitrahmen für die Umsetzung zu benennen und Fortschritte in den nächsten Meetings vorzustellen.

Nachbereitung
Alle Vorträge, Präsentationen und offen gebliebenen Antworten sollen den Mitarbeitern nach dem Meeting zeitnah zur Verfügung gestellt werden.

Mitmachen erwünscht!

Involvieren Sie Mitarbeiter aus unterschiedlichen Teams und Rollen bei den Inhalten sowie der Struktur des Meetings und suchen Sie Freiwillige, die eine spezifische Verantwortung übernehmen. Das All-hands-Meeting ist ein Event vom und für das Team.

Erfahrungen mit dem All-Hands-Meeting

Company-Meetings bei Xing
Das deutsche Businessnetzwerk Xing setzt seit Jahren auf wöchentliche All-hands-Meeting und nennt diese »Company-Meetings«. Zu den normalen Themen, die jeweils besprochen wurden, suchte man im Rahmen einer Prototyping-Week nach Lösungen, wie man mit einem einfachen und zeitgemäßen Feedback-Instrument das All-hands-Meeting

nutzen kann, um die Stimmung zu erfolgskritischen Themen im Unternehmen zu messen und Herausforderungen frühzeitig transparent zu machen Eine jährliche Mitarbeiterbefragung war dem Xing-Führungsteam nicht genug, um wirklich am Puls der Belegschaft zu sein. Daraus entstand ein wichtiges neues Element für die Company-Meetings, nämlich das sogenannte Mood-o-Meter mit dem Ziel, Unzufriedenheiten zu erkennen, bevor sie zu echten Problemen werden. »Was Mitarbeiter wirklich bewegt, wird oft in Räumen diskutiert, zu denen wir als Vorstand keinen Zugang haben«, erklärt Thomas Vollmöller, CEO von Xing. »Das Mood-o-Meter hilft uns, diese Vorstandsblase aufzulösen und nicht nur gefiltertes, sondern authentisches Feedback von jedermann zu bekommen.«

Heutzutage wird das Tool von rund der Hälfte aller Xing-Mitarbeiter regelmäßig genutzt und ist ein fester Programmpunkt im wöchentlichen Company-Meeting, in dem eines der Vorstandsmitglieder und ein Mitglied des Mitarbeiterkomitees auf die Belange und Fragen der Mitarbeiter aus der aktuellen Umfrage eingehen. Themen, die im Mood-o-Meter von der Mehrheit der Mitarbeiter im Vorfeld diskutiert oder bewertet wurden, werden vom Vorstand in den wöchentlichen fünf Topkommentaren beantwortet.

»Wir wollen Dialoge zwischen Vorgesetzten und Mitarbeitern, Dialoge auf Augenhöhe«, sagt Vollmöller.[27] Das Online-Tool alleine mache aber nicht den Unterschied. Es sei die konsequente Einbettung und die Routine im Umgang mit den Ergebnissen, die dazu führten, dass schnelles Feedback bei Xing wirklich gelebt wird.

Der Tuesday Townhall Talk bei Axel Springer

Die Vorstände bei Axel Springer wünschten sich einen regelmäßigen und ungefilterten Austausch mit allen Mitarbeitern, bereichs-, unternehmens- und länderübergreifend. Daraus entstand der sogenannte Tuesday Townhall Talk. Alle sechs bis acht Wochen lädt der Vorstand im Berliner Verlagshaus die Mitarbeiter zu einem etwa 45-minütigen Austausch ein. Die offene Fragerunde findet in einem großen Konferenzraum statt und wird per Livestream an alle Standorte weltweit übertragen.

»Der Vorstandsvorsitzende Mathias Döpfner führt zusammen mit seinen Vorstandskollegen durch den Townhall Talk«, so Anne Uhlemann, Head of Change & Integration Communication. Für den Vorstand sei der Tuesday Townhall Talk, kurz TTT, ein regelmäßiger Puls-Check, der es erlaubt, wichtige Themen im direkten Austausch mit den Mitarbeitern zu adressieren. »Anfangs haben wir versucht, einen Ablauf vorzugeben und zu antizipieren, welche Fragen gestellt werden«, erzählt Uhlemann. »Wir haben jedoch schnell gemerkt, dass dieser Versuch kontraproduktiv ist für die Atmosphäre und das Ziel des Treffens. Heute nimmt die offene Fragerunde den meisten Raum beim Tuesday Townhall Talk ein und ist völlig ungeplant.«

Regelmäßig sind neben dem Vorstand auch Kollegen aus den zu Axel Springer gehörenden Unternehmen oder von wichtigen Marken zu Gast, die ihr Geschäftsmodell, ein strategisches Projekt oder ein anderes relevantes Thema vorstellen. »Zum Tuesday Townhall Talk nach der Fußball-Weltmeisterschaft 2018 hatten wir beispielsweise den Fußballchef der *Sport Bild* zu Gast, der von seiner Arbeit als WM-Berichterstatter in Russland erzählte«, sagt Uhlemann. Der Tuesday Townhall Talk soll aber auch immer einen Einblick erlauben, woran andere Kollegen gerade arbeiten.

Im Unterschied zum oben genannten Beispiel von XING gibt es hier keine vorab eingereichten Fragen, dem Vorstand geht es um den ungefilterten, ehrlichen Austausch mit den Mitarbeitern. »Alle Fragen sind erlaubt, kritische Fragen ausdrücklich erwünscht«, so Uhlemann. »Das leben die Vorstandsmitglieder und zeigen, dass sie es toll finden, wenn sich Mitarbeiter trauen, auch mal unbequeme Fragen zu stellen. Nur so kommen gute und wichtige Diskussionen in Gang.« Die Fragen reichen von strategischen, unternehmenskulturellen bis hin zu persönlichen Themen:

- Was tut der Konzern, um im Rennen gegen die amerikanischen Technologieriesen mitzuhalten?
- Wie kann Virtual Reality digitale Geschäftsmodelle bei Axel Springer bereichern?

- Was passiert im Bereich künstliche Intelligenz?
- Wie soll künftig die Zusammenarbeit aussehen?
- Wohin fahren die Vorstände in den Sommerurlaub?

Angekündigt wird der TTT über Plakate und Aufsteller, per E-Mail an alle Mitarbeiter und Führungskräfte oder auch per Video-Teaser. »Auch wir müssen um die Aufmerksamkeit unserer Mitarbeiter werben«, erklärt Uhlemann. »Es muss sich für unsere Mitarbeiter lohnen, beim Tuesday Townhall Talk dabei zu sein. Deshalb nutzen wir das Forum auch, um Informationen zu teilen, die bisher noch nicht kommuniziert worden sind.«

Gibt es noch weitere Erfolgsrezepte bei Axel Springer? »Dass unsere Vorstände zu 100 Prozent hinter dem Format stehen und wissen, wie wertvoll ihnen der ungefilterte, direkte Austausch mit den Mitarbeitern ist«, sagt Uhlemann.

Und welche Stolpersteine sollte man gemäß Uhlemann vermeiden? »Legen Sie sich nicht allzu sehr auf vorgefertigte Konzepte fest, sondern probieren Sie aus, was in Ihrem Unternehmen am besten funktioniert: An welchem Tag und zu welcher Uhrzeit erreiche ich die meisten Mitarbeiter? Welche Kanäle kann ich nutzen, um die Veranstaltung anzukündigen? Haben Sie keine Angst, dass vor Ort keine Fragen gestellt werden, und widerstehen Sie dem Impuls, das Meeting vorab mit interessanten Agendapunkten zu füllen. Die besten Diskussionen entstehen immer spontan!«

Team Canvas

Warum Teams mit einer gemeinsamen Arbeitskultur erfolgreicher sind

> *»Die Team Canvas ist ein hilfreiches Tool, um dem Team eine klare Richtung vorzugeben. Stellen Sie es sich wie eine Sitzung zur Teambildung von zwei bis acht Personen vor, die einen wirklichen Unterschied macht. Das Tool wurde mithilfe von Ideen aus der Gruppendynamik, dem Team-Building und der Moderation von Gruppen entwickelt. Es wurde von großen Konzernen und jungen Start-ups benutzt, um sicherzustellen, dass die Teammitglieder nicht wegen Streitigkeiten eine schwache Leistung zeigen, sondern zusammenkommen und Spaß daran haben, miteinander zu arbeiten.«[28]*

Alex Ivanov, Autor von *Team Canvas*

Strategische Neuausrichtungen haben einen Effekt auf die Art und Weise, wie Teams zusammenarbeiten, und teilweise müssen sie sich sogar neu erfinden. Mitarbeiter sehnen sich oft danach, möglichst schnell zu verstehen, was bevorstehende Veränderungen für sie persönlich bedeuten und möchten einen Anteil leisten bei der Definition der neuen Realität. Das erhöht die persönliche Sicherheit und das Commitment der Mitarbeiter.

Digitale Riesen sind ständig in Bewegung, da sie permanent an neuen Produkten und Services tüfteln, mit denen sie die Kundenwünsche und Marktbedingungen von morgen antizipieren. Sie richten deshalb auch ihre Organisation regelmäßig neu aus – nehmen aber Mitarbeiter sehr früh auf die Reise mit. Cisco, IBM und andere digitale Start-ups nutzen eine wirkungsvolle Methode, um die Effektivität von Teams in Veränderungsprozessen zu erhöhen und eine gemeinsame Arbeitskultur zu etablieren: die Team Canvas. Entwickelt von Design-Consultant Alex Ivanov unterstützt sie Teams dabei, ein Zugehörigkeitsgefühl zu entwickeln, den Dialog untereinander zu stärken, unausgesprochene Missverständnisse aufzudecken und eine produktive Arbeitskultur aufzubauen.[29] Ähnlich wie die Business Model Canvas von Alexander Osterwalder[30] bietet dieses Tool eine einfache und sofort einsatzbereite Vorlage, um erfolgreiche Teams aufzubauen und den Zusammenhalt in Teams langfristig zu stärken.

Insbesondere neu gegründete Teams unterschätzen häufig, wie wichtig es ist, erst die grundlegenden Fragen zum Aufbau des Teams und zur Art der Zusammenarbeit zu klären, bevor sie mit der Arbeit loslegen. Nicht verwunderlich deshalb: 92 Prozent der neu gegründeten Start-up-Teams sind zum Scheitern verurteilt.[31] Bei über 60 Prozent davon ist das Scheitern auf Probleme innerhalb der Teams zurückzuführen, zum Beispiel Missverständnisse, ungelöste Konflikte, Meinungsverschiedenheiten zwischen den Gründern oder Schlüsselpersonen, die Teams in entscheidenden Momenten verlassen haben.[32]

»In der Teamarbeit sind Dinge, über die man nicht spricht, oft am wichtigsten«[33], sagt Ivanov. Diese Erkenntnis bringt den Nutzen der Team Canvas auf den Punkt: Sie bringt unausgesprochene Themen zwischen Teammitgliedern an die Oberfläche, hilft Missverständnisse zu vermeiden und die Teammitglieder auf ein gemeinsames Ziel einzuschwören.

Die Team Canvas Lite liefert Antworten auf folgende Fragen:

- **Zweck:** Was ist der höhere Zweck unseres Teams? Warum tun wir eigentlich, was wir tun?
- **Gemeinsame Ziele:** Was wollen wir gemeinsam als Team erreichen? Welche persönlichen Ziele haben die einzelnen Teammitglieder?
- **Werte:** Wofür stehen wir? Welche Prinzipien und Werte bestimmen unser Handeln als Team?
- **Personen und Rollen:** Wer sind die Mitglieder unseres Teams und welche Stärken und Fähigkeiten bündeln wir damit in unserem Team? Wie können wir die Rollen so zusammensetzen, dass wir unsere Ziele bestmöglich erreichen?

- **Regeln und Aktivitäten:** Welche Regeln zur Zusammenarbeit möchten wir nach diesem Workshop einführen? Welche Aktivitäten wollen wir konkret angehen und wie bewerten wir, was wir tun?[34]

Hinweis: Sie finden unter http://theteamcanvas.com zwei unterschiedliche Vorlagen, die Sie kostenlos verwenden können. Es sind zwei Team Canvas – eine davon in einer einfachen (»Team Canvas Lite«), die andere in einer ausführlichen Version (»Team Canvas«).

Wann eine Team Canvas sinnvoll ist

Mit der Team Canvas ziehen Sie sich für einen kurzen Zeitraum aus dem operativen Geschäft heraus und widmen sich effizient Ihrer Teamstrategie. Ihr Unternehmen steht vielleicht vor einer Reorganisation, in deren Folge neue Teams gebildet werden, oder Sie wollen sich als Startup neu aufstellen, weil neue Mitglieder zum Team gestoßen sind. Auch beim Start neuer Projekte, die ein schlagkräftiges Team erfordern oder wenn Sie merken, dass die Zielvorstellungen in bestehenden Teams auseinanderdriften oder die Stimmung insgesamt schlecht ist, können Sie mithilfe der Team Canvas gegensteuern.

Mit der Team Canvas können Sie

- Teams den Herausforderungen entsprechend auf- oder umstellen,
- neue Teammitglieder integrieren und sie über die Aufstellung und Art der Zusammenarbeit in Ihrem Team informieren,
- Ihr Team auf ein gemeinsames Ziel ausrichten und die Rollen, Aufgaben und anstehenden Aktivitäten klären,
- die Kultur und Werte in Ihrem Team gemeinsam gestalten und das Zugehörigkeitsgefühl der Mitglieder stärken,
- den Dialog im Team fördern und Konflikte beziehungsweise Unstimmigkeiten aufdecken und »sanft« lösen,

- Diskussionen im Team strukturieren und sicherstellen, dass Sie alle wichtigen Faktoren berücksichtigt haben, die Ihr Team und das Unternehmen voranbringen.

Und so funktioniert's[35]

Dauer: 2 bis 8 Stunden (je nach Team-Größe)
Rollen: neutraler Moderator oder Führungskraft des Teams
Teilnehmer: das gesamte Team oder 8–10 Schlüsselpersonen
Zubehör: Metaplanwand A0 oder A1, Klebezettel, Stifte, Vorlagen von http://theteamcanvas.com

Vorbereitung
Der Team-Verantwortliche sendet die Einladung für den Workshop an das gesamte Team oder an ausgewählte Schlüsselpersonen und erklärt bereits die Zielsetzung des Termins: Klarheit und Fokus im Team durch Team Canvas zu schaffen. Drucken Sie für den geplanten Workshop die Team Canvas-Vorlage auf eine Metaplanwand Größe A0 oder A1 aus und sorgen Sie für ausreichend bunte Post-its und Stifte. Die Vorlage finden Sie auf theteamcanvas.com.

Durchführung
Zweck
Wie auch bei der vorgestellten Methode des »Golden Circle« (vgl. S. 20) macht es bei der Team Canvas Sinn, zuerst beim »Warum« zu starten. Fragen Sie in der Rolle eines Moderators deshalb zuerst nach dem Zweck des Teams. Sie können dies entweder im Plenum machen oder nach dem 1-2-4 Prinzip. Das bedeutet: Jeder Mitarbeiter nimmt sich eine Minute Zeit, um die untenstehenden Fragen zu beantworten. Danach werden diese Ideen mit einem Sparringspartner während zwei Minuten ausgetauscht und konsolidiert, gefolgt von einer vierminütigen Session zu viert. Alle Resultate werden danach im Plenum diskutiert und abgeglichen sowie am Schluss der Zweck mit den meisten Stimmen ausgelobt.

Fragen

- Warum tun wir das, was wir tun?
- Was treibt uns an, dieses Projekt umzusetzen und diesen Service oder dieses Produkt zu entwickeln?
- Was wollen wir damit erreichen?

Beispiele

- Carsharing-Unternehmen: Wir wollen dazu beitragen, Verkehr zu reduzieren und die Umwelt zu entlasten.
- Verpackungsfreie Online-Food-Plattform: Wir wollen dazu beitragen, (Mikro-)Plastik in unseren Meeren/Fischen zu reduzieren – für kommende Generationen und zum Schutz der Natur und Artenvielfalt.

Gemeinsame Ziele

Bitten Sie danach nach dem gleichen Prinzip alle Teammitglieder, sich eine Minute alleine Zeit zu nehmen, um sich Gedanken dazu zu machen, was die Ziele des Teams sein könnten. Diese Ideen werden notiert und danach mit einem Sparringspartner während zwei Minuten ausgetauscht und konsolidiert. Danach werden wiederum diese gemeinsamen Ziele während vier Minuten zu viert diskutiert und abgeglichen, um danach im Plenum vorgestellt zu werden.

Konkret werden in diesen drei Iterationen folgende Fragen beantwortet:

Fragen

- Was wollen wir als Team wirklich erreichen? Was ist unser wichtigstes Ziel, das machbar, messbar und zeitlich begrenzt ist?
- Was sind unsere persönlichen Ziele, die wir miteinander teilen möchten?

Beispiele

- Wir werden bis 2020 das führende Carsharing-Unternehmen in unserer Region sein.

- Wir werden bis Herbst 2019 die erfolgreichste verpackungsfreie On-line-Food-Plattform (gemessen an Verkaufs-, Nutzerzahlen, Umsatz etc.) entwickelt und am Markt etabliert haben.

Personen und Rollen
Bitten Sie die Teammitglieder, ihren Namen und ihre jeweilige Rolle im Team auf einen Klebezettel zu schreiben. Wenn eine Person mehrere Rollen hat, verwenden Sie separate Post-its dafür. Besprechen Sie danach im Plenum alle Rollen und stellen Sie sicher, dass alle das gleiche Verständnis haben und die Auflistung vollständig ist.

Werte
Finden Sie heraus, welche Kernwerte und Prinzipien Sie im Team teilen wollen. Beantworten Sie im Plenum – oder in Zweierteams – die untenstehenden Fragen. Das Team sollte sich in der Diskussion auf gemeinsame Werte einigen.

Individuelle Werte
Die Ermittlung der Werte, die einem wichtig sind, ist nicht so einfach, wie man vermuten würde. Hier eignet sich ein zweistufiges Vorgehen. Sie reflektieren zuerst die individuellen Werte und leiten davon ab, was für Sie als Team gelten soll. Beginnen Sie damit Paare zu bilden. Einer von beiden beginnt während drei Minuten zu beantworten, welche Werte ihm in seinem (Arbeits-)Leben wichtig sind und weshalb. Das Gegenüber kommentiert weder verbal noch mit Mimik und Gestik, sondern hört einfach nur zu und macht sich gegebenenfalls Notizen. Danach erläutert der Zuhörer während maximal zwei Minuten, welche Werte er glaubt rausgehört zu haben. Der Erzähler wählt einen Wert aus, der ihm am wichtigsten scheint. Dieser wird auf ein Post-it geschrieben. Danach wiederholt sich der oben beschriebene Ablauf und der Zuhörer wird zum Erzähler. Im Plenum wird dann abschließend der Zuhörer immer in maximal einer Minute erklären, weshalb welcher Wert den Kollegen wichtig ist. Die Werte des gesamten Teams werden an der Wand gesammelt und geclustert.

Danach geht es darum, sich als Team auf gemeinsame Werte zu einigen. Beantworten Sie im Plenum folgende Fragen zu den **gemeinsamen Werten** basierend auf den Erkenntnissen der vorhergehenden Übung:

Fragen
- Wofür stehen wir?
- Was sind unsere Leitsätze?
- Was sind gemeinsame Werte, die wir in den Mittelpunkt unseres Teams stellen möchten?

Beispiele
- Vertrauen,
- Kreativität,
- Qualität,
- Transparenz,
- gegenseitiges Verständnis,
- Gleichheit,
- Respekt,
- Fehlbarkeit ohne Strafe ...

Regeln und Aktivitäten
Bitten Sie das Team, sich auf gemeinsame Regeln der Zusammenarbeit und Aktivitäten zu einigen. Aufbauend auf den vorigen Antworten legen Sie damit ein konkretes Regelwerk und Aktivitäten fest, die Sie gemeinsam umsetzen möchten.

Fragen
- An welchen Regeln und Vereinbarungen möchten wir uns als Team orientieren?
- Wie wollen wir miteinander kommunizieren und alle auf dem Laufenden halten?
- Wie treffen wir Entscheidungen?
- Wonach bewerten wir, was wir tun und wie setzen wir es um?

Beispiele
- Wöchentliche Status-Updates und regelmäßige Meetings
- Kommunikation über Slack, Anrufe via Skype
- Gemeinsames Mittagessen jede zweite Woche
- Homeoffice rechtzeitig per E-Mail vorher ankündigen

Zusätzlich zu den genannten Themenbereichen kann eine SWOT-Analyse für Ihr Team helfen, strategische Budget- oder Personalentscheidungen zu treffen.

Abschluss
Bitten Sie die Teammitglieder zum Abschluss, eine wichtige Erkenntnis mit den anderen zu teilen, die sie während des Workshops gewonnen haben. Fragen Sie die Teilnehmer, was Sie an der Team Canvas für künftige Meetings verändern oder beibehalten sollten.

Tipps für den Moderator

- Unterbrechen Sie, wenn Gespräche sehr lange dauern oder Unstimmigkeiten auftreten, die nicht gelöst werden können. Halten Sie diese Themen im Themenspeicher fest und planen Sie ein separates Treffen dafür.
- Als Moderator des Workshops werden Sie vielleicht gefragt: »Wie sollen wir diese Frage beantworten? Was sollen wir denn hier sagen?« Es ist wichtig zu verstehen, dass die Team Canvas den gemeinsamen Kontext für das Team schafft, nicht den Inhalt. Deshalb sind alle Antworten gültig. Beantworten Sie solche Fragen vorsichtig, zum Beispiel: »Es geht um Ihre Meinung. Wie könnte denn eine Antwort lauten?«

Erfahrungen mit der Team Canvas

Konstantin Heckmann ist Strategic Innovation Manager bei der Airbus Group und verantwortete unter anderem die globale Einführung der Airbus-Innovationsplattform Idea Space. Er ist großer Fan von Canvases und setzt die Team Canvas, die Business Model Canvas oder auch selbst entwickelte Vorlagen gern in seinem Team ein. »Die Team Canvas ist ein starkes Tool, mit dem man den aktuellen Zustand seines Teams gemeinsam reflektieren und diskutieren kann«, so Heckmann. Insbesondere nach längeren Pausen, wie etwa nach Weihnachten, oder für neu gebildete Teams sei es wichtig, die Regeln der Zusammenarbeit zu besprechen. »Wir sprechen über unsere Ziele, Kompetenzen und Rollen, über die Arbeitsteilung und Werte im Team und vermeiden so Missverständnisse und Konflikte, bevor sie entstehen.« Die Basis eines erfolgreichen Teams sei Vertrauen, so Heckmann. Und das werde mithilfe der Team Canvas gestärkt, da sich Teammitglieder durch Fragen nach persönlichen Zielen und Erwartungen besser kennenlernen. Habe man den gemeinsamen Zweck des Teams geklärt, könne man wunderbar mit der Business Model Canvas weitermachen und gemeinsam die Business-Strategie entwickeln. »Die ausgefüllte Team Canvas hänge ich prominent auf, sodass alle Teammitglieder regelmäßig einen Blick darauf werfen können und an die gemeinsamen Vereinbarungen erinnert werden«, erzählt Heckmann.

Regret Minimization Framework

Wie ein mentales Modell Ihnen bei wichtigen Entscheidungen hilft

>*Das Einzige, was ich bereuen würde, wäre,*
>*es noch nicht einmal versucht zu haben.*«[36]

Jeff Bezos, Mitgründer und CEO von Amazon

Jeff Bezos hatte einen gut bezahlten Job an der Wall Street, ein gutes Ansehen bei seinem damaligen Boss sowie ein ausgewogenes Leben. Doch eines Tages hatte er eine verrückte Idee: Er wollte Bücher online verkaufen und zu diesem Zweck eine eigene Firma gründen. »Ich ging zu meinem damaligen Chef und sagte ihm, ich würde diese digitale Buchhandlung starten. [...] Mein Chef sagte: >Ich glaube, dass das eine gute Idee ist. Aber ich glaube, dass es eine noch bessere Idee für jemanden wäre, der nicht schon einen guten Job hat.< Er bat mich, ein paar Tage darüber nachzudenken.« [37] Das klang logisch für Bezos. Schließlich stand die Frage im Raum, ob er sein sicheres Arbeitsverhältnis aufgeben sollte oder nicht. [38]

Seine Frau und seine Freunde sicherten ihm volle Unterstützung zu, aber er musste die Entscheidung fällen. Bei einer ausgiebigen Recherche nach Entscheidungshilfen wurde er nicht fündig. Ihm wurde jedoch bewusst, dass er die Anzahl der Dinge, die er in seinem Leben bereuen würde, minimieren wollte. Bezos entwickelte deshalb ein simples Modell für sich, das ihn bei seiner Entscheidung unterstützen sollte: das Regret Minimization Framework. [39] Ohne dieses Framework würde es Amazon heute wahrscheinlich nicht geben.

Bezos projizierte sich gedanklich in die Zukunft und stellte seinem 80-jährigen Ich die einfache Frage: »Bereust du, dass ich es nicht getan habe?« Bezos wurde klar, dass er es mit 80 Jahren niemals bereuen würde, diese Sache ausprobiert zu haben, selbst wenn er damit gescheitert wäre. Im Gegenteil, es hätte ihn sogar stolz gemacht: »Ich wusste, es würde mich für immer verfolgen, wenn ich es nicht tue.« [40] Er wollte es nicht bereuen, an dieser neuen Geschichte »Internet« teilzunehmen, die er damals für eine wirklich große Sache hielt. Und so fiel ihm die Entscheidung nach diesem Gedankenexperiment ganz leicht. Seither hat er diese Methode der Entscheidungsfindung in seinem beruflichen Alltag verankert. Ziel ist es, Entscheidungen immer so zu treffen, dass man sie an seinem Lebensende nicht bereut. Meist sind das laut Bezos die Chancen, die man nicht ergriffen hat. [41]

Auch Business-Coach Tony Robbins nutzt diese Methode. In einem Interview sagte er, wenn er vor einer Entscheidung zögere, weil er Angst habe, stelle er sich vor, er wäre 85, säße in seinem Schaukelstuhl und schaue auf sein Leben zurück. Was würde er eher bereuen: die furchteinflößenden Dinge getan oder nicht getan zu haben? [42] Menschen bedauern eher Dinge, die sie nicht getan haben als Versuche, mit denen sie gescheitert sind – diese Erkenntnis wird auch von Forschungsergebnissen gestützt.[43] Niemand will irgendwann auf sein Leben zurückblicken und sagen: »Ach, hätte ich doch nur …«

Wann das Regret Minimization Framework sinnvoll ist

»Wer die Wahl hat, hat die Qual.« Dieses Sprichwort ist in der heutigen Welt treffender als je zuvor. Nicht nur privat, sondern auch im Arbeitsalltag müssen wir schnell komplexe Entscheidungen treffen, die große Auswirkungen auf unser Leben haben könnten. Viele Entscheidungen fallen uns schwer, weil wir zu oft nur an die kurzfristigen Konsequenzen und nicht an das große Ganze denken. Diese Kurzsichtigkeit wird durch das Regret Minimization Framework ausgeschaltet.

Mit dem Regret Minimization Framework können Sie:

- sich bewusst herausziehen aus dem Stress und den Wirren des Alltags,
- sich die langfristigen Auswirkungen Ihrer Entscheidung vor Augen führen und kurzfristig gedachte, angstmotivierte Fehlentscheidungen vermeiden.

Und so funktioniert's

Machen Sie es sich an einem vertrauten Ort gemütlich oder gehen Sie eine Runde spazieren. Stellen Sie sich vor, Sie sind 80 und schauen auf Ihr Leben zurück. Nehmen Sie sich die nötige Zeit und Ruhe für diese Visualisierung und lassen Sie Ihrer Fantasie freien Lauf: Wo sitzt Ihr 80-jähriges Ich? Neben einem Haus am See? Im Schaukelstuhl am Kamin? Am Meer? An Ihrem Lieblingsurlaubsort? Wer ist bei Ihnen? Wie sehen Sie aus?

Fragen Sie sich nun: Werden Sie Ihre Entscheidung aus dieser zukünftigen Perspektive bereuen? Wenn ja, weshalb? Wie fühlt es sich an, den Schritt gewagt und vielleicht sogar Erfolg damit zu haben?

Gemeinsam grübeln

Wenn Sie sich danach immer noch unsicher sind, suchen Sie sich einen Sparringspartner und sprechen Sie gemeinsam über Ihre anstehende Entscheidung. Wichtig dabei: Entscheiden Sie sich! Denn auch nicht getroffene oder vertagte Entscheidungen könnten Sie später bereuen.

Erfahrungen mit dem Regret Minimization Framework

Stanwood ist eine erfolgreiche internationale Digitalagentur mit 40 Mitarbeitern, die vollständig remote aus ganz Europa zusammenarbeiten. Seit zehn Jahren designt, entwickelt und vermarktet das Unternehmen Premium-Apps und Websites für Kunden aus den Bereichen Publishing & Entertainment, Health & Fitness und Automotive.

Entscheidungen habe es seit der Gründung von Stanwood einige gegeben, die die Zukunft des Start-ups nachhaltig verändert haben, erzählt Hannes Kleist, Mitgründer und heutiger Geschäftsführer der Digitalagentur: die Kündigung seiner damaligen Festanstellung im Konzern, um sich vollständig auf sein Start-up zu fokussieren, die Trennung von seinen damaligen Mitgründern und Geschäftspartnern, die Suche nach einem externen Investor und letztlich die strategische Partnerschaft mit der Funke Mediengruppe. »Im Nachhinein sehen Unternehmenspfade immer ganz stringent und unausweichlich aus. Vor diesen Entscheidungen war für mich aber gar nichts klar. Ich habe nächtelang alle möglichen Szenarien durchgespielt, die Pros und Kontras abgewogen und mich mit meinen Gedanken im Kreis gedreht. Als ich die Entscheidung dann getroffen hatte, reduzierten sich diese Szenarien in meinem Kopf drastisch und ich musste endlich nicht mehr damit hadern, was ich machen sollte, sondern konnte mich voll darauf konzentrieren, wie ich es tun konnte«, schildert Kleist die Schwierigkeiten.

Bei der Entscheidung, seine sichere Festanstellung zugunsten seines Start-ups aufzugeben, half ihm das Regret Minimization Framework. »Ich habe mich bewusst gefragt: Wenn ich auf dem Sterbebett liege und auf mein Leben zurückschaue: Würde ich es bereuen, wenn ich mein Leben lang Konzernpolitik gespielt hätte? Wäre mein Leben erfüllt gewesen? Hätte ich etwas gemacht, was ich als wertvoll empfinde? Oder wäre ich einfach nur Mitläufer gewesen, ein kleines Zahnrädchen im großen Konzerngetriebe? So fiel mir die Entscheidung am Ende ganz leicht.«

Die eigenen Gedanken zu artikulieren helfe ihm außerdem dabei, Probleme zu lösen und Entscheidungen zu treffen: »Unser Gehirn ist leider ein sehr schlechter Speicher und verbraucht unheimlich viele Ressourcen, um Dinge zu behalten. Das Aussprechen oder Aufschreiben von Problemen hilft mir dabei, loszulassen. Ich muss nicht mehr alle 25 Faktoren für oder gegen eine Entscheidung im Kopf behalten und kann die freigewordene Kapazität nutzen, um kreative Lösungen für das Problem zu finden. Heute spreche ich mit meinem Führungsteam oder meiner Frau darüber, oder ich schreibe mir selbst eine E-Mail, wenn ich wieder einmal nachts wach liege und sich meine Gedanken im Kreis drehen.«

Was ihn bei Entscheidungen am meisten hemmt, ist die Angst davor, Menschen mit seinen Entscheidungen zu verletzen oder zu enttäuschen. Bei Stanwood komme zusätzlich die Überlegung dazu, wie sich seine Entscheidungen auf die Firmenkultur auswirken könnten. »Ich hadere zum Beispiel oft vor Personalentscheidungen, weil ich mich immer frage: Was löse ich damit bei den restlichen Mitarbeitern aus? Schüre ich damit Angst und Unsicherheit, schauen sie sich auf dem Markt um?«, so Kleist. »Bei Stanwoods heutiger Größe kann ich nicht mehr mit jedem Mitarbeiter persönlich sprechen und meine Entscheidungen erklären, ich muss mich auf mein Führungsteam verlassen. Alle meine Team-Leads habe ich primär nach ihren sozialen Fähigkeiten, ihrer hohen Empathie ausgewählt. Damit haben sie ihr Ohr immer nah an den Mitarbeitern und sind wertvolle Sparringspartner für mich vor wichtigen Entscheidungen.«

Mit falschen Entscheidungen kann Hannes Kleist gut umgehen. »Ich gehe prinzipiell davon aus, dass neun von zehn Entscheidungen falsch sind. Mit dieser Einstellung kann ich nachts gut schlafen, auch wenn ich oder jemand aus meinem Team mal einen Fehler gemacht hat. Fehler passieren, Projekte fahren mal gegen die Wand. Wichtig ist, dass man möglichst billig scheitert und daraus lernt.

SCARF-Modell

Wie Sie die Ursachen menschlichen Verhaltens verstehen lernen

*»Zuhören war jeden Tag meine allerwichtigste Tätigkeit,
denn mir war klar, es würde das Fundament meiner Führung
für die kommenden Jahre bilden.«* [44]

Satya Nadella, CEO von Microsoft

»Wir können schon ein bisschen stolz sein, welche kulturelle Veränderung wir in den letzten Jahren hinbekommen haben bei Microsoft. Wir galten bei vielen als die ›bösen Monopolisten‹ und bei Zukunftstechnologien als technisch abgeschlagen. Heute können wir mit Recht sagen, wir gestalten die Zukunft wieder mit«, sagt Alexander Stüger, Vice President und Transformation Lead bei Microsoft. [45] Er berichtet, wie das Unternehmen seit der Führung durch Satya Nadella schrittweise begonnen hat, seine gesamte Kultur so auszurichten, dass sie permanentes Lernen und Innovation ermöglicht. So wurden neue kulturelle Leitsätze und Führungsprinzipien erarbeitet, Lernsessions mit den Mitarbeitern, »Hackfeste« mit Kunden und Partnern (vgl. »Hackathon«) eingeführt. Die Umsetzung wird mit einer verflachten Hierarchie und neuen Management-Tools wirkungsvoll begleitet. [46]

In diesem Kontext befasste sich der General Manager of Talent, Learning, and Insights bei Microsoft, Joe Whittinghill, gemeinsam mit dem Neurowissenschaftler Dr. David Rock, Direktor des NeuroLeadership Institutes damit, wie unser Gehirn in sozialen Situationen funktioniert, welche Reaktionen im Gehirn ablaufen, wenn wir Feedback erhalten, und welche Implikationen dies im Führungsalltag hat. Dies mit dem Ziel, die Führungskompetenzen gezielt zu verbessern.

Um das zu erreichen, wurde SCARF entwickelt als ein Modell, das in Zeiten von Digitalisierung und kontinuierlicher Veränderung hilft, die Zusammenarbeit in Teams zu verstehen und auch positiv zu beeinflussen. Als Methode eingesetzt zeigt es auf, was das soziale Verhalten von

Menschen antreibt, und kann damit helfen, Führungsqualitäten zu verbessern.[47]

Stellen Sie sich folgende Situation vor: Sie haben vor Kurzem die Leitung eines neuen Teams übernommen und bemerken, dass einer Ihrer Mitarbeiter das neu eingeführte Projektmanagement-Tool falsch einsetzt. Sie geben ihm ein paar gut gemeinte Tipps. Einen Tag später sehen Sie, dass Ihr Mitarbeiter das Tool immer noch falsch einsetzt. Sie setzen sich also erneut mit ihm zusammen und erklären ihm das Programm so lange, bis Sie das Gefühl haben, er beherrsche es. In den darauffolgenden Tagen bemerken Sie, dass der Mitarbeiter Ihnen gegenüber auffällig kurz angebunden ist und das Gespräch mit Ihnen meidet. Warum ist der Mitarbeiter plötzlich so schwierig geworden und reagiert so negativ auf Ihre Hilfe?[48]

Solche oder ähnliche Situationen haben wir alle schon einmal erlebt. Wir tun etwas in bester Absicht und sind erstaunt, dass die Reaktion unserer Kollegen oder Mitarbeiter ganz anders ausfällt als erwartet. Meist tun wir solch ein negatives, für uns unverständliches Verhalten von anderen ab. Jeder hat schließlich mal einen schlechten Tag. Dabei haben wir mit unserem Verhalten wahrscheinlich unbewusst einen der fünf SCARF-Bereiche getroffen. Wären Sie mit dem SCARF-Modell vertraut, wäre Ihnen in dem Moment klar: Der Mitarbeiter ist nicht schwierig geworden, sondern fühlt sich von Ihrem Verhalten in seinem Status und seiner Autonomie bedroht. Ihre wohlgemeinten Ratschläge und die gemeinsamen Trainingseinheiten haben bei ihm das Gefühl ausgelöst, dumm und unfähig zu sein, sodass sein Gehirn instinktiv auf Abwehrmodus geschaltet hat.

Das SCARF-Modell wurde 2008 von dem Neurowissenschaftler David Rock[49] entwickelt. Das Akronym steht für die fünf Kernbereiche, die das Verhalten von Menschen in sozialen Situationen beeinflussen:

- **Status (Status):** Wie wichtig und angesehen sind wir im Vergleich zu anderen?
- **Certainty (Sicherheit):** Können wir Verhalten oder Situationen sicher vorhersagen?

- **Autonomy (Autonomie):** Haben wir das Gefühl, Dinge selbst kontrollieren zu können?
- **Relatedness (Verbundenheit):** Fühlen wir uns sicher in unserem Umfeld?
- **Fairness (Fairness):** Fühlen wir uns fair behandelt von anderen Menschen?

Unser Gehirn ist evolutionär darauf gepolt, Bedrohungen zu vermeiden und Belohnungen zu maximieren. Verdorbene Nahrung wird als giftig abgespeichert und fortan vermieden. Süße Beeren sprechen das Belohnungszentrum des Gehirns an und erzeugen den Wunsch, sie regelmäßig zu verzehren. Dieser Mechanismus war entscheidend für das Überleben der Menschheit. Die moderne Hirnforschung zeigt, dass er nicht nur bei der Erfüllung von körperlichen Grundbedürfnissen wie Nahrungsaufnahme greift, sondern auch auf soziale Grundbedürfnisse reagiert.[50] Das menschliche Gehirn ist also auch »sozial gepolt« und möchte demzufolge soziale Gefahren vermeiden und soziale Belohnungen maximieren.

Verantwortlich für die Abwehr von Gefahren ist das limbische System, genauer gesagt die Amygdala. Dort werden soziale Gefahrenreize reflexartig verarbeitet und wir reagieren mit negativen Emotionen, noch bevor sich unser Bewusstsein einschalten und diese Reaktion analysieren kann (vgl. auch OODA-Loop). Menschen müssen also nur unterschwellig eine Bedrohung ihrer sozialen Grundbedürfnisse (SCARF) wahrnehmen und schon ist ihr Gehirn nicht mehr in der Lage, rational zu reagieren. Es entstehen für Außenstehende oft unerklärliche negative Reaktionen wie in dem beschriebenen Beispiel.

Das Gefühl der Bedrohung blockiert unsere Fähigkeit, klar zu denken, hemmt unsere Kreativität, unsere Fähigkeit, Probleme zu lösen, und macht es schwerer, mit anderen Menschen zu kommunizieren und zusammenzuarbeiten. Fühlen wir uns belohnt und geschätzt, steigt hingegen unser Selbstvertrauen, wir fühlen uns bestärkt und sind motiviert, einen guten Job zu machen.[51]

Wann das SCARF-Modell sinnvoll ist

Das Wissen um Ihre persönlichen SCARF-Bereiche hilft Ihnen zu verstehen, warum Sie in manchen Situationen unverhältnismäßig stark emotional (negativ) reagieren. Schieben Sie diese Gefühle nicht zur Seite, sondern analysieren Sie, welcher der fünf Kernbereiche in der Situation angegriffen wurde. Das SCARF-Modell ist hilfreich, wenn Sie sich und Ihre Reaktionen hinterfragen und analysieren möchten, um eine bessere Führungskraft, ein besserer Kollege, Partner oder Elternteil zu werden.

Als Führungskraft hilft das SCARF-Modell immer dann, wenn Sie Reaktionen Ihres Gegenübers »unangemessen« finden. Mit hoher Wahrscheinlichkeit wurde eine der SCARF-Ebenen verletzt, doch weil Ihre Trigger andere sind, wird Ihnen das unter Umständen nicht sofort bewusst.

Manche Konflikte im Team sind so tief verankert, dass sie unlösbar scheinen. Hier bewirkt das SCARF-Modell häufig Wunder, denn es kann konfliktüberlastete Teams wieder in eine vertrauensvolle Zusammenarbeit zurückführen und die zwischenmenschlichen Interaktionen positiv beeinflussen.

Mit dem SCARF-Modell können Sie

- die leicht aktivierbaren Bedrohungsreaktionen (irrationales oder negatives Verhalten) Ihrer Mitmenschen minimieren und stattdessen positive, engagierte Zustände bei ihnen erzeugen,
- die Leistungsfähigkeit Ihres Teams deutlich steigern,
- Belohnungssysteme, Kommunikation, Entscheidungsprozesse und Informationsfluss in Ihrem Team so gestalten, dass sie auf maximale Belohnung und minimale Bedrohung gepolt sind.

Individuelle Trigger

Die Reaktionen, die bestimmte Situationen in Menschen auslösen, sind in höchstem Maße individuell. Was für den einen eine Bedrohung ist, nimmt der andere als anspornende Herausforderung wahr und umgekehrt. Die Trigger hängen von unserer Persönlichkeit und unseren Erfahrungen ab.

Und so funktioniert's

Nutzen Sie folgende Hinweise, um bei Ihren Mitmenschen ein Gefühl der Belohnung zu erzeugen und subjektiv wahrgenommene Bedrohungen zu minimieren.[52]

Status
Bedrohungen minimieren
Achten Sie darauf, ob manche Menschen Ihre Unterstützung oder Ihr Feedback missverstehen und sich dadurch bedroht fühlen, vielleicht sogar verärgert oder defensiv reagieren. Geben Sie solchen Menschen erst die Chance, ihre Leistung selbst zu reflektieren oder versuchen Sie, Ihr Feedback in einen positiveren Rahmen zu bringen.

Gerade in Veränderungssituationen sehen Menschen ihren Status schnell bedroht. Diesen Aspekt in Transformationsprojekten direkt mitzudenken und wenn möglich zu adressieren bringt Schwung in manch festgefahren scheinenden Prozess.

Belohnungen maximieren
Sprechen Sie Ihren Teammitgliedern regelmäßig Lob aus, wenn sie gute Leistungen erbracht haben, und machen sie diese sichtbar. Geben Sie ihnen die Möglichkeit, ihre Fähigkeiten und ihr Wissen zu erweitern, zum Beispiel durch mehr Verantwortung oder ein neues Projekt. Achten Sie aber darauf, sie dabei nicht zu überfordern.

Certainty (Sicherheit)
Bedrohungen minimieren
Unsicherheiten nimmt unser Gehirn gern als Bedrohung wahr und versucht diese zu vermeiden statt aktiv anzugehen. Brechen Sie daher komplexe Prozesse in kleinere, besser verständliche Teilschritte herunter, formulieren Sie klare und überschaubare Arbeitspakete für große Projekte et cetera.

Behalten Sie diesen Aspekt bei Veränderungsvorhaben besonders im Blick und sorgen Sie für Transparenz im Hinblick auf die Auswirkungen, die die Veränderung für die Beteiligten haben wird. Kommunikation ist das Allerwichtigste, selbst wenn man im Moment nur sagen kann, dass man noch nichts Substanzielles zu verkünden hat.

Belohnungen maximieren
Das menschliche Gehirn fühlt sich sicher in Situationen, die vorhersehbar sind. Diese Sicherheit ist eigentlich schon Belohnung genug für unser Gehirn. Sie können dieses Gefühl noch steigern, indem Sie Ihren Mitarbeitern klar sagen, was Sie von ihnen erwarten. So können diese sicherstellen, dass sie mit ihrer Arbeit auf dem richtigen Weg sind, egal wie unsicher oder wechselhaft das Unternehmensumfeld auch sein mag.

Autonomy (Autonomie)
Bedrohungen minimieren
Mikromanagement ist die größte Bedrohung für die Autonomie Ihrer Mitarbeiter oder Projektteams. Vermeiden Sie, sich zu sehr in das Tagesgeschäft Ihrer Mitarbeiter einzumischen. Zeigen Sie stattdessen, dass Sie ihrem Urteilsvermögen und ihren Entscheidungen vertrauen und delegieren Sie Aufgaben vollständig und vertrauensvoll.

Belohnungen maximieren
Motivieren Sie Ihre Mitarbeiter, selbstständiger zu werden und Eigeninitiative zu zeigen. Übertragen Sie ihnen mehr Verantwortung und schaffen Sie Freiräume, in denen sie neue Ideen ausprobieren können (vgl. »Psychologische Sicherheit«).

Relatedness (Verbundenheit)
Bedrohungen minimieren
Fehlende Verbundenheit mit unseren Kollegen kann dazu führen, dass wir uns isoliert und einsam fühlen. Buddy-Programme oder Mentoring-Systeme können hier helfen. Kümmern Sie sich besonders feinfühlig um »gefährdete« Teammitglieder wie zum Beispiel Teilzeitkräfte, frisch gebackene Eltern, virtuelle oder Homeoffice-Mitarbeiter.

Belohnungen maximieren
Fühlen wir uns verbunden und zugehörig zu einem Team oder einer Organisation, schüttet unser Gehirn große Mengen des Zuneigungshormons Oxytocin aus. Also stärken Sie die Verbindung zu und in Ihrem Team, nehmen Sie sich Zeit für regelmäßige Gespräche mit jedem Mitarbeiter, organisieren Sie gemeinsame Mittagessen mit dem gesamten Team oder investieren Sie auch mal in ein gemeinsames Event.

Fairness
Bedrohungen minimieren
Ein Beispiel: Sie trennen sich von einem im Team geschätzten Mitarbeiter und erklären Ihrem Team nicht hinreichend die Beweggründe für Ihre Entscheidung. Viele Mitarbeiter werden Ihre Entscheidung als unfair empfinden und das löst in ihren Gehirnen eine starke Abwehrhaltung aus. Reduzieren Sie diese negativen Reaktionen und sprechen Sie offen und ehrlich mit Ihren Mitarbeitern darüber, was passiert ist und warum Sie so entschieden haben.

Gerade in Transformationskontexten erleben Mitarbeiter zunehmend, dass das, was sie in der Vergangenheit geleistet haben, heute nichts mehr wert ist. Auf einmal werden ganz andere Profile und Menschen gebraucht und trotz guter Leistungen in der Vergangenheit spielt man – gefühlt – bei den Planungen für die Zukunft keine Rolle mehr. Dieses Erleben von schwindender Fairness gilt es zu reflektieren und zu kontextualisieren. Stellen Sie sicher, dass Sie alle Teammitglieder fair behandeln und niemanden bevorzugen oder ausschließen, und fordern Sie dies auch von Ihrem Team ein.

Belohnungen maximieren
Das Gefühl von Unfairness entsteht eher, wenn die Erwartungen, Ziele und Spielregeln im Team nicht allen klar sind. Stellen Sie deshalb gemeinsam mit Ihrem Team ein Chart auf, in dem Sie Rollen, Hierarchien, Aufgaben und Ziele, Entscheidungsprozesse et cetera für alle transparent machen. Wichtig: Beziehen Sie alle Teammitglieder in diesen Prozess mit ein!

Gerade in Teamsituationen bietet SCARF einen sehr guten strukturellen Analyserahmen und hilft, Konflikte in Teams zu reflektieren und zu benennen und kann zum Beheben genutzt werden.

Erfahrungen mit dem SCARF-Modell

Carolyn Schlak arbeitet seit mehr als 20 Jahren in unterschiedlichen HR-Executive-Rollen und begleitet Menschen und Organisationen bei Wachstums- und Transformationsprozessen. Als ehemalige HR-Chefin von Sony Music Entertainment und Mytheresa.com ist sie heute auch als erfolgreicher Führungskräfte-Coach aktiv.

Die Rolle des Menschen in Veränderungsprozessen war für sie immer zentral, denn sie hat Change-Phasen aus verschiedenen Perspektiven begleitet – als Personalchefin, als externer Coach sowie als Führungskraft. Sie kennt viele unterschiedliche Führungs- und Kommunikations-Tools und hat einige Methoden ausprobiert. In SCARF hat sie ein Modell gefunden, das als neurowissenschaftliche Erklärung ihre Intuition bestätigt: »SCARF kennenzulernen war für mich ein Aha-Moment. Es liefert eine sehr verständliche Erklärung für die unterschiedlichen Erlebnisse, die ich in den letzten Jahren in Change-Prozessen in Unternehmen egal welcher Größe erlebt habe«, sagt Schlak. Die Methode habe ihr zudem geholfen, ihre Eindrücke und Handlungsvorschläge wissenschaftlich besser zu untermauern.

Das hilft ihr nicht nur selbst im Umgang mit ihren Teams und der Geschäftsführung, sondern bildet auch eine hervorragende Grundlage, wenn sie im Rahmen von Coachings Führungskräfte begleitet. »Emotionalität erschreckt manche Menschen – und gerade in Veränderungsprozessen tendieren Menschen dazu, zuerst emotional zu reagieren. Wenn diese Emotion in ein neurowissenschaftliches Modell gegossen wird und damit greifbarer und kognitiv besser zugänglich ist, entsteht mehr Offenheit zuzuhören. Die Dimensionen des Modells sind so formuliert, dass man die Relevanz für das eigene Erleben sofort erkennt und daraus umgehend Handlungsimpulse ableiten kann«, so Schlak.

Bei der Dimension »Status« wird ihrer Erfahrung nach der Zusammenhang zwischen Veränderungen und emotionalen Reaktionen besonders deutlich. Gerade für Führungskräfte ist ein gefühlter Angriff auf den eigenen Status besonders schlimm. Wird in digitalen Transformationsprozessen davon gesprochen, dass die »Lähmschicht« mittleres Management nicht mehr benötigt wird und in einem falsch verstandenen Ansatz von Agilität plötzlich alle Hierarchien entfallen sollen, fühlen sich Vorgesetzte häufig in ihrer Autonomie eingeschränkt und unfair behandelt. »Die Transformation zu einer Rolle als Leader, der als Motivator und Enabler agiert, ist dann nur schwer zu leisten«, stellt Schlak fest. »Die Reaktion, die auf die subjektiv wahrgenommene Bedrohung und die Angst vor Macht- und Bedeutungsverlust erfolgt, kommt aus dem limbischen System und damit scheidet eine rationale Diskussion erst einmal aus. Durch die konsequente Anwendung des SCARF-Modells gelingt es, im Dialog mit den Führungskräften eine Reflexion anhand wissenschaftlich nachgewiesener Faktoren anzustoßen. Es wird sehr schnell deutlich, dass die aus dem »Dino-Hirn« stammende Abwehrreaktion den eigenen Gestaltungsspielraum massiv einschränkt und als selbsterfüllende Prophezeiung den Eindruck von mangelnder Kompetenz in Veränderungssituationen erst recht befördert. Gerade sehr analytische Menschen, die man oft auf der Entscheiderebene in Unternehmen antrifft, profitieren hiervon immens«, so Schlak.

Narratives Memo

Warum Sie mit guten Geschichten die besseren Entscheidungen treffen

> »Das traditionelle Unternehmens-Meeting beginnt
> mit einer Präsentation. Jemand geht nach vorne und stellt
> seine PowerPoint-Präsentation vor, eine Art Diashow.
> Man bekommt viele Stichpunkte, aber nur wenig
> Informationen. Der Präsentierende hat es einfach,
> das Publikum aber umso schwerer. Also gestalten wir
> stattdessen alle unsere Meetings bei Amazon anhand
> sechseitiger narrativer Memos.«[53]

Jeff Bezos, Mitgründer und CEO von Amazon

Was haben Jeff Bezos, Elon Musk, Richard Branson und andere inspirierende Leader gemeinsam? Sie alle verzichten in ihren Vorträgen auf Bullet-Points. Bezos bringt es auf den Punkt: »Bullets don't inspire. Stories do.«[54] Der Amazon-CEO geht diesen Weg sehr konsequent: In seinem Annual Letter 2018 an seine Stakeholder erstaunte er mit der Aussage, dass bei Amazon PowerPoint vollständig aus Meetings verbannt wurde. Zur Klarstellung: Nicht das Programm an sich ist das Problem, sondern die Art und Weise, wie es in den meisten Unternehmen genutzt wird. Oft gilt es doch nur, ein guter Rhetoriker zu sein, PowerPoint-Präsentationen perfekt aufbereitet zu haben und diese überzeugungsstark präsentieren zu können. Das beeindruckt Entscheider und Anwesende – lenkt aber oft von den eigentlichen Inhalten und der Komplexität der dahinter liegenden Themen ab.

Bezos setzt stattdessen auf die Macht des Geschichtenerzählens, um in seinem Unternehmen Entscheidungen vorzubereiten. Er glaubt fest daran, dass es wirkungsvoller und effizienter ist, eine Idee als Geschichte zu verfassen, als einen Business-Case in Bullet-Points auf eine Folie zu packen. Denn Geschichten erfordern einen logischen Aufbau und eine tiefe Auseinandersetzung mit dem Thema.[55] »Eine Geschichte steht für sich selbst. Sie braucht keine Erläuterung«, sagt auch Bill Paladino, ein ehemaliger Direktor bei Amazon.[56] Konkret bedeutet das: Die Mitarbeiter bereiten ihre Ideen in Form eines sechsseitigen Memos vor, das wie eine Geschichte strukturiert ist (vgl. auch Perfect Pitch). Anstatt also eine PowerPoint-Präsentation durchzugehen oder mit einer Debatte zu beginnen, verbringen die Führungskräfte bis zu einer halben Stunde in völliger Stille und lesen – jeder für sich – zuerst die narrativen Memos.

Ein gutes narratives Memo ist »sauber, klar, scharf und kundenorientiert. Es ist ganz einfach, es ist genau wie in der Schule, wenn man ein Referat schreibt. Man braucht keine großen Schreibkenntnisse, man braucht eine gute Idee und eine klare, einfache Geschäftssprache«, beschreibt es Paladino.[57] Und was unterscheidet mittelmäßige narrative Memos von großartigen? »Gute Memos werden geschrieben und neu geschrieben, mit Kollegen zum Verbessern und Optimieren geteilt, für ein paar Tage beiseitegelegt, um dann wieder mit frischem Verstand weiter daran zu arbeiten«[58], so Bezos.

Wann ein narratives Memo sinnvoll ist

Sie planen die Einführung eines neuen Produkts, einer neuen digitalen Maßnahme, eines neuen Projekts oder Ähnliches und benötigen dafür die Zustimmung der Kollegen oder eines Entscheidergremiums, beispielsweise des Vorstands. Oder Sie möchten alle Stakeholder auf den gleichen Wissensstand bringen und ihre Ideen in einer konstruktiven Diskussion herausfordern lassen.

Mit dem narrativen Memo können Sie

- vor dem Start eines Projekts dessen Komplexität und Realisierbarkeit besser erkennen und einschätzen,
- sicherstellen, dass Geschäftsideen und Themen gut durchdacht sind, da sich Verfasser und Leser der Geschichte intensiv mit der Thematik befassen,

- Inhalte vor Rhetorik stellen, da weder das Design der Präsentation noch die Fähigkeit des Redners relevant sind,
- alle Teilnehmer eines Meetings auf den gleichen Wissensstand bringen, da die Geschichte in sich geschlossen ist und kein Vorwissen verlangt,
- Leser auf eine Gedankenreise mitnehmen und Ideen in ihren Köpfen verankern,
- Team-Meetings und Entscheidungssitzungen effizienter und ergebnisorientierter gestalten,
- durch die gemeinsame Diskussion und Überarbeitung der Geschichte zu Teamleistungen motivieren.

Und so funktioniert's

Verzichten Sie im nächsten Meeting bewusst auf die klassische Power-Point-Präsentation und überraschen Sie Ihre Kollegen mit einem narrativen Memo. Gestalten Sie Ihr Memo so, dass alle potenziellen Fragen bereits bei der Lektüre beantwortet werden.

- **Schreiben:** Verfassen Sie ein zwei- bis maximal sechsseitiges Memo und bauen Sie es wie ein Schulreferat auf. Versuchen Sie, eine Geschichte zu erzählen. Starten Sie mit dem Problem, machen Sie einen persönlichen, emotionalen Einstieg daraus und verdeutlichen Sie, warum das dargestellte Problem relevant ist. Beantworten Sie dabei folgende Fragen:
- **Inhalt:** Was ist Ihre Idee? Welches Problem möchten Sie mit Ihrer Idee lösen? Welche Frage möchten Sie damit beantworten?
- **Relevanz:** Warum ist Ihre Idee ein wichtiges Thema? Warum ist es für den Kunden wichtig? Warum sollte es priorisiert und jetzt angegangen werden?
- **Mittel:** Was brauchen Sie, um die Idee umsetzen zu können? Welche Maßnahmen sind dafür in den verschiedenen Bereichen erforderlich?
- **Mehrwert:** Worin liegt der zentrale Mehrwert gegenüber bestehenden Ansätzen?

Nichts überstürzen

Verfeinern Sie Ihr Memo, bis Sie damit zufrieden sind. Schlafen Sie ruhig eine Nacht darüber und gehen Sie es noch einmal mit frischem Blick an. Sie können Ihr erstes narratives Memo auch zusammen mit einem Sparringspartner verfassen und es gemeinsam verbessern. Gute narrative Memos sind immer das Resultat von Teamwork!

Diskutieren. Geben Sie das narrative Memo zu Beginn Ihres Meetings allen Teilnehmern zum Lesen – und zwar in Stille (15 bis 30 Minuten). Diskutieren Sie Ihre Idee mit allen Anwesenden, beantworten Sie auftretende Fragen und lassen Sie Ihre Idee herausfordern. Welche Gegenargumente gibt es? Wo mangelt es an Belegen, wo ergeben sich Datenlücken? Welche Informationen braucht Ihre Idee noch, um weiter zu reifen und besser zu werden?

Feinschleifen. Überarbeiten Sie das Memo im Anschluss an Ihr Meeting so, dass alle Fragen und Kritikpunkte beantwortet werden. Senden Sie die modifizierte Version an die Teilnehmer mit der Bitte um Ergänzung und Korrektur.

Nicht immer und für alle Anwendungsfälle ist das narrative Memo das Mittel der Wahl. Für externe Kundengespräche eignet sich vermutlich nach wie vor PowerPoint besser. Möchten Sie jedoch unternehmensintern Ihren Kollegen die Chance geben, ein Thema vom Kunden her tief greifend zu durchdenken, ist es einen Versuch wert. Alleine sich von den üblichen PowerPoint-Schlachten abzuheben wird meist schon positiv bemerkt. Und honoriert, dass das Format mehr Detailtiefe zulässt als die üblichen Buzzword-Schlachten.

Erfahrungen mit dem narrativen Memo

Hapimag ist ein europäischer Anbieter von Ferienwohnrechten, der sein Businessmodell seit seiner Gründung im Jahr 1963 nicht angepasst hat. Im Jahr 2017 erkannte das Unternehmen, dass ein Wandel dringend nötig war, da sich der Markt und die Kundenbedürfnisse durch die Digitalisierung und neue Player wie Booking.com oder Airbnb massiv verändert hatten.

Im Rahmen der digitalen Business-Transformation wurde klar, dass Bullet-Point-Phrasen nicht ausreichen, um die Komplexität zu erfassen, die hinter der Digitalisierung der Marketing- und Sales-Aktivitäten steckt. Aus diesem Grund entschied sich Thomas Weber, Head of Marketing Services, dafür, ein Experiment zu starten und die gesamte Digitalstrategie als narratives Memo schreiben zu lassen: »Ein narratives Memo zu schreiben anstelle der üblichen PowerPoint-Schlacht hat uns massiv dabei geholfen, die digitalen Strategie-Workshops effektiver zu gestalten. Wir haben gemerkt, dass die Buzzwords in PowerPoint uns mehr irritieren als Orientierung und Klarheit geben. Die Form des Erzählens in Prosa war zwar anstrengend, weil ungewohnt, aber sehr effektiv. Jeder von uns hat durch die Mitarbeit Fragen bereits implizit im narrativen Memo beantwortet und wir gingen danach mit einem gemeinsamen Verständnis, was Digitalisierung für Hapimag bedeutet, aus dem Meeting«, sagt Weber.

3. Wirksamkeit erhöhen

Warum sind Transformationsprojekte so herausfordernd? Sie laufen immer parallel zum Tagesgeschäft. Zudem verändern sich Marktanforderungen und Kundenbedürfnisse heute schneller denn je. Die Konsequenz: Mitarbeiter müssen mit den gleichen Ressourcen erheblich mehr leisten. Die folgenden Werkzeuge helfen Mitarbeitern dabei, die Wirksamkeit ihres Handelns zu erhöhen und die Ergebnisse von Transformationsprojekten sichtbar zu beeinflussen.

Werkzeuge im Überblick

Gerade in Zeiten des Wandels ist es für Mitarbeiter unabdingbar, eine klare Richtung zu erkennen, in die das Unternehmen steuert. Lernen Sie mit der **North Star Metric,** Ihr Unternehmen auf ein Ziel auszurichten und auf die eine Kennzahl zu fokussieren, die als wichtigster Treiber langfristig den Kundennutzen steigert und damit zum Unternehmenswachstum beiträgt.

Mit verschiedenen **Productivity Hacks** können Sie sofort an Effektivität gewinnen und sicherstellen, dass Sie an den wirklich relevanten Themen arbeiten. Die Hacks unterstützen vor allem dabei, einen klaren Fokus zu bewahren und wichtige von dringlichen Aufgaben zu unterscheiden.

Mit **Planning Poker** reduzieren Sie die Komplexität von Projekten und zerlegen Mammutaufgaben in handhabbare Stücke. So bringen Sie Ihre Teams schnell in den Umsetzungsmodus. Vor allem aber können Sie damit ein gemeinsames Verständnis der Herausforderung im Team schaffen und das implizite Wissen Ihrer Teammitglieder nutzen.

Wenn Sie Meetings deutlich straffen und klarer strukturieren wollen, hilft Ihnen das **Tactical Meeting**. Sie können damit Teams in sehr kurzer Zeit synchronisieren und auf den aktuellen Projektstand bringen. Gleichzeitig können Sie schnellere Entscheidungen herbeiführen und konkrete nächste Schritte für Ihre Projekte festlegen.

Mithilfe des **OODA-Loops** können Sie bewusst den Autopiloten ausschalten, um in Entscheidungsprozessen neue Wege einzuschlagen. Sie können so normalerweise implizit ablaufende Entscheidungsprozesse sichtbar machen und gegebenenfalls gemeinsam mit Ihrem Team durchlaufen.

Wenn Sie Themen prägnant und auf den Punkt darstellen müssen, dann unterstützt Sie **Perfect Pitch**. Damit können Sie Informationen so transportieren, dass sie sich gut im Gedächtnis Ihrer Zuhörer verankern. Das Tool hilft Ihnen, Menschen für Ihre Ideen zu gewinnen und von Ihrem Vorhaben zu überzeugen.

Mit **Delegation Poker** können Sie als Führungskraft Verantwortung und Entscheidungsfreiräume transparent und kontrolliert an Ihre Teammitglieder abgeben und klare Zuständigkeiten definieren. Damit stärken Sie auch die Kommunikation und Selbstorganisation in Ihrem Team.

North Star Metric

Wie der Nordstern Sie zu nachhaltigem Wachstum führen kann

>*»Facebook wählte eine einfache Metrik aus,*
die das Augenmerk von allen Wachstumsbemühungen wurde.
Die ›lingua franca‹ für alle Teams – alle Mauern einreißend.
Diese Metrik ist für deine Dienstleistung, dein Produkt das,
was die Schwerkraft für Bowling ist. Viel fundamentaler
für den langfristigen Erfolg als alles andere.«[59]

Mike Hoefflinger, ehemaliger Head of Global Business
Marketing bei Facebook

Kennen Sie den Nordstern, auch Polarstern genannt? Das ist der hellste Stern im Sternbild Kleiner Bär und er wird bis heute in der Seefahrt dazu verwendet, um die geografische Nordrichtung zu identifizieren. Unternehmen haben gewissermaßen einen eigenen Nordstern: die eine Kennzahl, die mehr Strahlkraft besitzt als alle anderen.

In Zeiten der organisatorischen Veränderung ist eines für die Mitarbeiter unabdingbar: eine klare Richtung, in die das Unternehmen steuert. Viele erwarten nicht, den genauen Weg zu kennen, aber zu wissen, wohin die Reise geht.

Das Nordstern-Prinzip wurde von den Tech-Riesen aufs Business übertragen und steht als North Star Metric für den wichtigsten Erfolgsfaktor für alle Teams, aber insbesondere die Produktteams eines Unternehmens. Die North Star Metric beschreibt implizit das Kundenproblem, das es zu lösen gilt und den Wert, den der Kunde durch ein Produkt oder eine Dienstleistung erhält, sowie den Umsatz, der damit erzielt werden willl.[60]

North Star Metric entscheidet über Erfolg oder Misserfolg

»*Die Identifizierung einer sinnvollen North Star Metric kann – gerade bei Tech-Giganten – der Unterschied zwischen einem großartigen Unternehmen und einem Unternehmen ohne Zukunft sein*«[61] ist Investor Buckley Barlow überzeugt. Seiner Ansicht nach ist MySpace im Gegensatz zu Facebook gescheitert, weil sie auf die Northstar Metric der registrierten Benutzer gesetzt haben. Facebook glaubte zu Beginn, dass das Hinzufügen von sieben Freunden in den ersten zehn Tagen das mit Abstand stärkste Signal für eine langfristige Bindung ist. Dies hat in einer ersten Wachstumsphase eine Orientierungshilfe für die Teams geboten. Erst als man auf eine neue Northstar Metric umgeschwenkt hat, nämlich auf die Anzahl der täglichen aktiven Nutzer – begann eine neue Phase des exponentiellen Wachstums. Es wurden intern konsequent alle Aktivitäten auf diese Kennzahl ausgerichtet. Das bedeutet: Alle Maßnahmen bei Facebook müssen seither dazu beitragen, möglichst viele Menschen täglich auf die Plattform zu bringen und möglichst lange dort zu halten. Je mehr Nutzer täglich Facebook nutzen, desto mehr aktuelle Inhalte in Form von Fotos, Kommentaren, Likes, Shares gibt es, was wiederum die Attraktivität der Plattform für alle Nutzer steigert. Die Attraktivität erhöht in der Folge die Wahrscheinlichkeit, dass die Nutzer weiterhin aktiv sind, jeden einzelnen Tag, und dies schafft Wert für Werbetreibende und sichert damit letztlich die Monetarisierung der Plattform. Kurzum: Ist der Kunde glücklich, kommt der monetäre Erfolg fast von ganz allein.

Große strategische Neuausrichtungen erfordern die Anpassung der North Star Metric »Wachstum bedeutet nicht, Kennzahlen mit Anekdoten und kurzfristigen Taktiken zu beeinflussen. Ein gesunder und nachhaltiger Wachstumsplan sollte mit großartigen Produkten einhergehen, die sicherstellen, dass die Mitglieder und Kunden einen zunehmenden Mehrwert erhalten«, heißt es im LinkedIn Engineering Blog. Das bedeutet primär die Umsetzung der Unternehmensvision – »to create economic opportunity for every member of the global workforce« zu beschleunigen. Konkret: die Schaffung von wirtschaftlichen Möglichkeiten für jede Arbeitskraft und zwar weltweit. Es geht darum, ein gesundes und nachhaltiges Wachstum sicherzustellen, das Hand in Hand mit großartigen Produkten geht, die Mitglieder kontinuierlich Mehrwert bieten.

LinkedIns »True North Metric«, wie die Zahl intern genannt wird, hat sich im Laufe der Zeit gewandelt und ist nach Tausenden von Experimenten als wertvoll erkannt worden. Denn das Unternehmen stellte fest, dass es nichts bringt, einfach nur auf reines Nutzerwachstum zu setzen, sondern auf wirklich wertvolle sogenannte Engaged Quality Member. Diese Mitglieder heben sich durch ein bestimmtes Kriterienset vom durchschnittlichen User ab. Und in Tests wurde bestätigt, dass die Erhöhung der »Quality-Signup-Rate« zu einer Erhöhung der langfristigen Engagement Rate führt, deshalb wurde dies kurzerhand zur True North Metric. Je mehr Engaged-Quality-Mitglieder es gibt, desto mehr Nutzen wird für das Individuum, aber auch für die gesamte Community durch den dadurch generierten Mehrwert geschaffen. Als »Quality Signups« gilt die Anzahl der neuen Mitglieder, die innerhalb der ersten Woche der Mitgliedschaft ihr Profil mit einem Bild komplettiert sowie insbesondere die aktuelle Berufsbezeichnung sowie den Arbeitgeber möglichst vollständig ausgefüllt haben und ihr Netzwerk bereits mit neuen Kontakten erweitert haben. »Wir glauben, dass dies die Grundvoraussetzungen dafür sind, dass jedes Mitglied einen Wert auf LinkedIn erhält«, ist im LinkedIn-Blog zu lesen.[62] Mittlerweile orientiert sich das global führende Business-Netzwerk verstärkt am täglichen Engagement der Nutzer.

Weitere Beispiele der North Star Metric auf Unternehmensebene:

- Bei Airbnb fokussiert man auf die Erhöhung der Anzahl gebuchter Nächte, da dies den Wert für den Reisenden als auch den Gastgeber gleichermaßen beschreibt.
- Für die Publishing-Plattform »Medium.com« ist es die gesamte Lesezeit pro Benutzer.
- Bei Uber oder Lyft wird eine Erhöhung der Anzahl der wöchentlichen Fahrten angestrebt, weil dies implizit die Anzahl der wiederkehrenden und neuen Fahrgäste beschreibt. Je mehr Fahrten gebucht werden, desto interessanter sind die Plattformen für Fahrer, und je mehr Fahrer es gibt, desto attraktiver wird die Plattform für die Fahrgäste.

North Star Metric auf Teamebene
Gerade bei global agierenden Unternehmen kann es in der Praxis aber auch notwendig sein, ein Zwischenziel zu definieren, um den länderspezifischen Teams eine der Wachstumsphase entsprechende Metrik zu geben: »LinkedIn ist weltweit fast überall das führende Business-Netzwerk. Deutschland ist allerdings noch eine Ausnahme, hier gilt es unsere Position noch zu stärken und uns dem lokalen Wettbewerb zu stellen. Dies bedeutet, dass wir – obwohl unsere True North Metric langfristig der des Unternehmens entspricht – im Gegensatz zu den anderen Ländern für unser Team mittelfristig andere Ziele, wie zum Beispiel den Fokus auf neue Mitglieder in bestimmten Zielgruppen, identifiziert haben, die uns besser beim nachhaltigen Wachstum unterstützen«, erläutert Christian Byza, zuständig für Growth für Deutschland, Schweiz, Österreich.

North Star Metric auf Produktebene

Die North Star Metric wird auch für Produktteams immer wichtiger. Gerade für die digitalen Produktverantwortlichen in Medienhäusern herrscht aktuell die Diskussion darüber, wie die etablierte North Star Metric »Leser« oder »Abonnenten« der Printzeitung in einer digitalen Welt abgelöst werden muss. Sind es »Digitale Abonnenten«, auf die man primär setzen soll? Geht es darum, dass alle Maßnahmen möglichst viele digitale Abos verkaufen oder geben die aktiven täglichen Nutzer nicht eine bessere Orientierung für langfristiges Wachstum?

Intuitiv wird auf die Frage nach der North Star Metric oft die Neukundenakquise genannt, zum Beispiel neue User oder Abonnenten. Aber genau hier liegt das Problem, denn neue User korrelieren nicht immer mit unternehmerischem Erfolg. Wie das oben erwähnte Beispiel von MySpace oder LinkedIn aufzeigt.

Die richtige North Star Metric herauszufinden erfordert: Daten, Daten, Daten. Es gilt faktenbasiert zu erkennen – wie im LinkedIn-Beispiel weiter oben erläutert – welche Faktoren nicht nur kurzfristiges, sondern nachhaltiges Wachstum unterstützen. Das bedeutet aber auch, für Marketing-Kampagnen, Einführungen von Apps, einem Online-Shop oder anderen Aktivitäten macht es Sinn, sich sehr konkret Gedanken zur North Star Metric zu machen, denn sie schafft auch hier Klarheit und macht die Teams verantwortlich für die Resultate.

Wann die North Star Metric sinnvoll ist

Die North Star Metric zu hinterfragen und/oder neu zu definieren ist in unterschiedlichen Phasen und Ebenen eines Unternehmens sinnvoll. Sie gibt den Teams einen klaren Fokus und damit Klarheit, welches Wachstumsziel verfolgt wird. Insbesondere in einer Zeit, in der in vielen Unternehmen mehr datengetriebene Entscheidungen gefordert werden und Ressourcen knapp sind, hilft sie Mitarbeitern und Führungskräften gezielter auf Maßnahmen zu setzen, welche im Sinne der North Star Metric die größte Wirksamkeit aufweisen.

Mit der North Star Metric können Sie

- die unkonkrete Größe »Wachstum« mit einer konkreten Kennzahl greifbar machen – sei es auf Unternehmens-, Team- oder Produktebene,
- herausfinden, welche Maßnahmen den größten Einfluss auf Ihr Wachstumsziel haben und indirekte Wirkzusammenhänge sichtbar machen,
- datengetriebenere Entscheidungen fällen, indem man sich auf die eine Kennzahl konzentriert, die als wichtigster Treiber langfristig den Kundennutzen steigert und damit zum Unternehmenswachstum beiträgt,
- alle Aktivitäten für ein spezifisches Vorhaben – sei es auf Unternehmens-, Team- oder Produktebene –auf diese Kennzahl ausrichten und Ihre Mitarbeiter für nachhaltiges Wachstum sensibilisieren,
- durch die Klarheit der Zielsetzung optimale Rahmenbedingungen für Ihre Teams schaffen, um mit neuen Ideen und Methoden zu experimentieren, ohne dabei vom Kurs abzukommen.

Einer der wichtigsten Punkte: Teams für ein Ergebnis verantwortlich zu machen.

Und so funktioniert's

Sie können die prinzipielle Funktionsweise der North Star Metric auf jeder Ebene anwenden, sei es auf Unternehmens-, Team-, Produkt- oder Maßnahmenebene. Es hilft in allen Bereichen Klarheit zu geben. Es gilt lediglich darauf zu achten, dass die eigene North Star Metric auf das übergeordnete Ziel einzahlt.

North Star Metric im Workshop erarbeiten
Dauer: ca. 4 Stunden (je nach Vorarbeit und Anzahl Teilnehmer)
Rollen: interdisziplinäres Team, ein Moderator, insbesondere eignen sich Mitarbeiter aus dem Bereich Marketing und Sales, Customer Experience, Business Development, Data sowie Produktverantwortliche
Teilnehmer: 6 bis 12

Vorbereitung
Jeder Teilnehmer bereitet für seinen Bereich Zahlen und Fakten über das aktuelle Kundenverhalten vor oder nimmt einfach bestehende Reports mit.

Erklärung des Ziels (15 Minuten)
Der Moderator stellt das Ziel des Workshops vor und erläutert anhand der Praxisbeispiele (siehe oben) den Sinn und Zweck der North Star Metric und das Ziel des Workshops. Dieses ist konkret: das Identifizieren und Hinterfragen der aktuell wichtigsten Kennzahl und wie diese Zahl zugunsten der neuen strategischen Ausrichtung und für zukünftiges Wachstum sein müsste. Je nach Branche macht es Sinn, dass jemand im Vorfeld nach North Star Metrics vergleichbarer Unternehmen recherchiert, das hilft oft als Ausgangspunkt für die Diskussion.

Intro – Status quo (15 Minuten)
Sinnvollerweise wird zu Beginn nochmals der Status quo präsentiert und alle auf den gleichen Stand gebracht in Bezug auf die Messung von Erfolg in der Vergangenheit und Gegenwart. Was war/ist bisher die wichtigste Kennzahl und weshalb? Und wie hat sich diese entwickelt und weshalb?

Gedankenexperiment (15 Minuten)
Danach ruft der Moderator zu einem Gedankenexperiment auf. Dieses wird in 2er-Gruppen durchgeführt. Zu beantworten ist die Frage: »Was passiert, wenn wir in drei Jahren immer noch mit derselben Kennziffer Erfolg messen? Welche wichtigen Maßnahmen werden dann gegebenenfalls nicht ergriffen, um heute schon am Erfolg von morgen zu arbeiten?« Die Antworten werden im Plenum dann ausgetauscht. Ziel der Übung: Notwendigkeit der neuen North Star Metric aufzeigen als Basis für die Zukunft.

Kundenproblem und Nutzen identifizieren (20–30 Minuten)
Der Moderator stellt im Plenum weitere Fragen: »Was ist der zentrale Nutzen und Wert, den Sie für Ihren Kunden erbringen? Und welches Problem/Bedürfnis lösen Sie für ihn damit?« Antworten werden möglichst konstruktiv und vielfältig diskutiert und auf Flipcharts/Whiteboard kurz und prägnant dokumentiert.

Monetarisierung heute und morgen (20–30 Minuten)
Die nächste Frage im Plenum ist die Frage nach dem relevantesten Umsatztreiber respektive der Monetarisierung heute und morgen: a) »Wie und was wird heute monetarisiert?«, b) »Und wie könnte/muss sich die Monetarisierung in der Zukunft verändern?«

Passende Metrik entwickeln (20–30 Minuten):
Zur Beantwortung der Fragestellung nach der passenden Metrik eignen sich Gruppenarbeiten mit 2–4 Personen. Der Moderator fasst nochmals alle Erkenntnisse bisher zusammen oder bittet jemanden aus der Gesamtgruppe. Die Kleingruppen beantworten folgende Frage: »Welche Metrik müssen wir als Treiber für zukünftiges Unternehmenswachstum wählen, wenn wir oben genannten Kundennutzen erbringen möchten und damit langfristig unseren Erfolg und Umsatz sicherstellen wollen?«

North Star Metric – Konsolidierung (20–30 Minuten)
Jede Gruppe stellt danach die Erkenntnisse in der Gruppe vor und pitcht die eigene »North Star Metric«. Die Teilnehmer können diesbezüglich Fragen stellen und gemeinsam wird im Plenum erörtert, ob man sich im Team auf eine oder zwei bis drei potenzielle North Star Metrics einigen kann.

North Star Metric – Challenge (20–30 Minuten)
Die selektierten Metriken werden danach nochmals im Plenum oder in Gruppen – je nachdem, wie es sich abhängig von der Dynamik der Teilnehmerrunde besser eignet – herausgefordert. Konkret: a) »Was spricht dafür, dass xy die richtige Metrik ist?«, b) »Was spricht dagegen, dass

xy die richtige Metrik ist?«, c) »Was sind die drei größten strategischen Veränderungen, welche die Einführung der neuen Metrik zur Folge hätte?« Aufgrund dieser Überlegung wird im Plenum gemeinsam die Wahl für die Metrik getroffen für Ihre neue North Star Metric.

Planung nächste Schritte (15 Minuten)

Der Moderator oder ein Teilnehmer fasst nochmals alle Resultate zusammen. Gemeinsam werden nächste Schritte definiert und die Fragen beantwortet, wer zuständig ist für die Aufbereitung der Workshop-Resultate, welche Stakeholder nun ins Boot geholt werden sollen, mit wem man den Vorschlag für die neue North Star Metric unbedingt noch besprechen soll und wie allfällige kleine Tests aussehen könnten, um einfach mal anhand eines Beispiels die Folgen der neuen Metrik auf die strategische Ausrichtung und die Arbeitsabläufe offen zu legen.

Kommunikation und Maßnahmen

Es lohnt sich, Zeit in eine klare und verständliche Kommunikation zu investieren, damit die neue Kennzahl im alltäglichen Handeln verankert wird. Ebenfalls lohnt es sich, hier Meinungen von kritischen und analytischen Mitarbeitern einzuholen, damit Sie einerseits das Committment der Personen erhalten, aber auf der anderen Seite nochmals eine zusätzliche Meinung und Perspektive mit einfließen lassen können.

Entscheidungs- und Abstimmungsprozesse sind in jedem Unternehmen unterschiedlich. Sobald jedoch die neue North Star Metric angenommen wurde, empfehlen wir eine sehr klare Kommunikation an alle Mitarbeitern. Denn diese werden bald vor der Herausforderung stehen, dass sie konkrete Maßnahmen planen müssen, um Ihre North Star Metric zu beeinflussen. Am Beispiel von Facebook: Was muss alles getan werden, damit die Aktivität der Nutzer auf der Plattform gesteigert werden kann?

Erfahrungen mit der North Star Metric

»Eine digitale North Star Metric zu definieren, fiel uns zuerst schwer, ist aber eigentlich unabdingbar«, gibt Thomas Weber, Head of Marketing Services bei Hapimag, einem europäischen Anbieter von Ferienwohnrechten, zu. Im Rahmen der digitalen Business-Transformation war deutlich geworden, dass die bisher wichtigste Unternehmenskennzahl – nämlich die Anzahl der Aktionäre von Wohnrechten – nicht mehr der wichtigste Indikator für den größten Kundennutzen und damit für nachhaltiges Unternehmenswachstum war. Die neue North Star Metric bilden die monatlich aktiven Nutzer auf den digitalen Plattformen des Unternehmens. Denn je mehr User auf den Online-Plattformen wie App, Website und Blog aktiv sind, desto mehr Leads, Anfragen und Buchungen werden generiert. Diese Metrik gilt bei allen geplanten Maßnahmen und deren Priorisierung als Orientierung. »Sie hilft dem gesamten Team, fassbar und messbar zu machen, an welchem relevanten Kernziel man sich zu orientieren hat. Das gibt uns in der täglichen Arbeit mehr Sinn und beschleunigt den digitalen Veränderungsprozess«, beschreibt Weber die Vorteile.

Productivity Hacks

Wie Sie mit Fokus und Prioritäten Ihre Zeit gezielter nutzen

>»Zu entscheiden, was man nicht tut,
> ist mindestens so wichtig wie zu entscheiden,
> was man tut.«[63]

Steve Jobs, Mitgründer und langjähriger CEO von Apple

Am Tag von Facebooks Börsengang postete Mark Zuckerberg auf seiner Facebook-Timeline den Spruch: »Bleib fokussiert und am Ball.«[64] Viele andere Führungskräfte hätten den Börsengang ihres Unternehmens vielleicht exzessiv gefeiert statt zu arbeiten. Zuckerberg zeigte mit seiner Aussage deutlich, wo seine Priorität lag: den Erfolg von Facebook weiter voranzutreiben.

Ein Jahr besteht aus 8760 Stunden. Wenn man die Zeit abzieht, die wir mit Schlaf und Erholung verbringen, bleiben rund 6000 Stunden übrig, in denen wir arbeiten können. Gar nicht so viel, oder? Die entscheidende Frage lautet daher: Wie nutzen wir diese Zeit am effektivsten, um den maximalen Impact für unser Unternehmen zu generieren?[65]

In unserer schnelllebigen Zeit tun wir uns oft schwer, einen klaren Fokus zu bewahren und wichtige von dringlichen Aufgaben zu unterscheiden. Alle Aufgaben sind doch irgendwie wichtig, viele davon sind zeitkritisch, die Erwartungen sind hoch, die Ziele ambitioniert. Konzentriert zu bleiben und sich nicht ablenken zu lassen, ist daher ein besonders wichtiger Faktor, um so produktiv zu sein wie möglich.

Zum richtigen Fokus gehört auch, klare Prioritäten zu setzen. Entscheidend ist, dass Sie nur diejenigen Tätigkeiten selbst machen, die Sie definitiv nicht delegieren können. Für das Unternehmen insgesamt gilt es zu erkennen, welche Aufgaben wichtig sind und welche das Unternehmen besser nicht erfüllen sollte. Mit den folgenden Productivity Hacks stellen Sie sicher, dass Sie diesen Fokus jeden Tag aufs Neue beibehalten.

Wann Productivity Hacks sinnvoll sind

Verlieren Sie manchmal den Überblick, welche Aufgaben wirklich wichtig sind, und wissen nicht, welche Aufgabe Sie zuerst erledigen sollen? Müssen Sie im Arbeitsalltag viele einzelne, voneinander unabhängige Aufgaben erledigen? Haben Sie öfter das Gefühl, den ganzen Tag unter Stress zu stehen, ohne am Ende des Tages die gewünschten Ergebnisse zu erreichen?

Mit Productivity Hacks können Sie

- sicherstellen, dass Sie und Ihr Team an den relevanten Themen arbeiten,
- Aufgaben konsequent an die Stellen delegieren, die sie tatsächlich erledigen sollen,
- sich selbst entlasten und Ihre Mitarbeiter besser einbinden,

- Deadlines entspannter erreichen,
- Ihren Stresslevel und den Ihres Teams reduzieren,
- Aufgaben ablehnen, die weder wichtig noch dringend sind.

Und so funktioniert's

To-dos hinterfragen

Zu oft sind wir in unserem Arbeitsalltag getrieben, in blindem Aktivismus unterwegs und überlegen dabei kaum, warum wir Dinge tun und ob uns diese Tätigkeiten beim Erreichen unserer Ziele tatsächlich unterstützen. Bevor Sie also voller Eifer loslegen, prüfen Sie doch erst einmal, ob die Aufgaben, die Sie sich vornehmen oder die an Sie herangetragen werden, wirklich notwendig sind. Fragen Sie sich: Was könnte schlimmstenfalls passieren, wenn Sie diese Aufgabe nicht erledigen?

Differenzieren Sie dabei zwischen übergeordneten Zielen und konkreten Maßnahmen, um diese Ziele zu erreichen. Warum? Ganz einfach: Übergeordnete Ziele bewegen sich oft außerhalb unserer Kontrolle. Definieren Sie daher lieber konkrete, wiederholbare Prozesse, die Sie dann auch wirklich umsetzen können. Ein Beispiel: 500 Menschen dazu zu bringen, Ihren Blog zu abonnieren, ist ein übergeordnetes Ziel, das durch viele unterschiedliche Faktoren beeinflusst wird, die Sie logischerweise nicht alle kontrollieren können. 500 Wörter pro Tag für Ihren Blog mit interessantem Content zu schreiben ist hingegen eine Maßnahme, die Sie jeden Tag wiederholen können und die allein in Ihrer Hand liegt. Also: Finden Sie konkrete Prozesse, die Sie vollständig beeinflussen können und die auf Ihre Ziele einzahlen![66]

Einer der Gründe, warum wir chronisch zu viel zu tun haben: Wir haben niemanden, an den wir Dinge delegieren können, oder wir haben zwar jemanden, tun es aber nicht. Fragen Sie sich daher immer: »Ist das meine Aufgabe, braucht es meine Expertise wirklich? Oder gibt es jemanden, der es besser/schneller erledigen kann und/oder eher zuständig ist?«

Kein Multitasking

Es ist mittlerweile wissenschaftlich erwiesen: Multitasking funktioniert nicht. Also versuchen Sie es am besten gar nicht erst. Denn es bremst Ihre Produktivität, führt zu schlechteren Ergebnissen und verschwendet Zeit.[67] Nehmen Sie sich lieber eine Aufgabe nach der anderen vor. Blocken Sie sich zudem Zeiten für sogenannte tiefe Arbeitsphasen. Denn das vermeintlich schnelle Checken des E-Mail-Postfachs, der WhatsApp-Nachrichten und anderer konstant auf uns einströmenden Informationen – all das lenkt uns von der eigentlichen Tätigkeit ab und führt dazu, dass wir uns immer wieder neu hineindenken müssen, so Informatikprofessor und Buchautor Calvin Newport.[68]

Imperfekt ist perfekt!

Zu oft versuchen wir, alle Dinge zu erledigen und das auch noch perfekt. Hier hilft die 80/20-Regel, auch bekannt als Paretoprinzip. Arbeiten Sie agil am Bedürfnis Ihres Kunden und erhalten Sie schnell Feedback zu Ihren Arbeitsergebnissen, bevor Sie zu viel Zeit in das Perfektionieren von etwas investieren, das am Ende vielleicht niemand in dieser Form möchte (vgl. auch Learning by Testing sowie Pretotyping).

Mehr Fokus

Bereiten Sie jeden Abend den morgigen Tag vor. Das dauert mit etwas Übung gerade einmal fünf Minuten: Schreiben Sie jeden Abend die sechs wichtigsten Dinge auf, die Sie am folgenden Tag erledigen möchten. Jeden Tag genau sechs! Sortieren Sie diese Aufgaben anschließend nach ihrer Wichtigkeit. Beginnen Sie am nächsten Morgen direkt mit der ersten, wichtigsten Aufgabe und nutzen Sie hierfür die Pomodoro-Technik: Setzen Sie sich ein Zeitlimit von 25 Minuten und arbeiten Sie konzentriert und ohne Ablenkung an dieser Aufgabe.

Produktiver mit der Pomodoro-Technik

Mit fünf einfachen Schritten können Sie Ihre Produktivität erhöhen.

1. Wählen Sie eine Aufgabe aus.
2. Stellen Sie sich einen Timer auf 25 Minuten.
3. Arbeiten Sie 25 Minuten konzentriert an der Aufgabe, ohne E-Mails zu checken, Telefonate zu führen oder mit anderen Menschen zu interagieren.
4. Machen Sie 5 bis 10 Minuten Pause, tanken Sie sich neue Energie und checken Sie – wenn nötig – kurz Ihre E-Mails und Ihre anderen Nachrichtenkanäle.
5. Wiederholen Sie Schritt 1 bis 4 insgesamt drei Mal. Dabei können Sie in Schritt 1 wählen, ob Sie erneut 25 Minuten in die gleiche Aufgabe investieren oder ob Sie sich der nächsten Aufgabe zuwenden. Nach den drei Durchgängen sind rund 90 Minuten um und Sie haben eine längere Pause von 30 Minuten verdient. Anschließend planen Sie eine längere Pause von mindestens 30 Minuten, in der Sie Anrufe tätigen oder andere Gespräche führen können.[69]

Wiederholen Sie diesen Prozess für alle sechs Aufgaben. Schaffen Sie an einem Tag Ihr geplantes Pensum nicht, kommen die offenen Aufgaben automatisch auf die Liste für den nächsten Tag.

Beenden Sie jeden Arbeitstag damit, eine Liste für den nächsten Tag zu schreiben und machen Sie daraus eine Routine. Haben Sie bereits eine Routine am Morgen (vgl. Morning Routine), können Sie diese Liste natürlich auch dort integrieren.[70]

Die Eisenhower-Matrix

Bereits alt und gerade deshalb bewährt, wird diese Methode – entwickelt von und benannt nach dem 34. Präsidenten der Vereinigten Staaten, Dwight D. Eisenhower (1953–1961) – von vielen digitalen Führungskräften auf der ganzen Welt eingesetzt. Mit diesem genialen Schema können Sie Ihre täglichen Aufgaben priorisieren.

Laden Sie sich zunächst eine Vorlage aus dem Internet herunter oder zeichnen Sie eine Matrix mit den beiden Achsen »wichtig« und »dringlich« auf ein Blatt Papier. Sie erhalten vier Quadranten, in die Sie Ihre Aufgaben einsortieren.

- **Dringlich und wichtig:** Tragen Sie Aufgaben, die sowohl wichtig als auch dringlich sind, in den ersten Quadranten rechts oben ein. Diese sogenannten A-Aufgaben sollten Sie so schnell wie möglich persönlich erledigen.
- **Wichtig, aber weniger dringlich:** Im zweiten Quadranten stehen die B-Aufgaben. Sie sind zwar wichtig, aber nicht zeitkritisch. Idealerweise planen Sie diese Aufgaben ein und legen schon einmal grob fest, wann Sie sich darum kümmern könnten.
- **Dringlich, aber weniger wichtig:** Die C-Aufgaben im dritten Quadranten sollten zwar zeitnah bearbeitet werden – aber keinesfalls von Ihnen selbst! Diese Aufgaben delegieren Sie an Ihre Mitarbeiter.
- **Weder dringlich noch wichtig:** Die D-Aufgaben sind die Schaumkrone der Zeitfresser, die Sie von anderen, wichtigeren Aufgaben abhalten. Idealerweise nehmen Sie solche Aufgaben gar nicht erst an oder delegieren Sie zumindest unmittelbar an jemand anderen.[71]

Prüfen Sie am Ende noch einmal, ob Sie alle Aufgaben korrekt eingeordnet und auch nichts vergessen haben. Einmal im Monat und einmal im Jahr sollten Sie zudem einen umfassenden Review Ihrer Aufgaben machen und besonders auf die B-Aufgaben achten. Denn diese nicht so dringlichen, aber wichtigen Themen gehen im hektischen Arbeitsalltag oft unter, sind jedoch oftmals strategisch bedeutsam.

Die Macht der Gewohnheit

Ihre volle Wirkung entfaltet die Eisenhower-Matrix erst, wenn die Kategorisierung der anfallenden Aufgaben zu Ihrer täglichen Routine wird. Nehmen Sie sich deshalb jeden Morgen kurz Zeit und planen Sie Ihre Aufgaben nach diesem Schema.
Generell gilt: Die meisten Produktivity-Hacks brauchen etwas Zeit und Routine, damit Sie davon profitieren – dann aber richtig!

Realistisch planen

Schätzen Sie den Aufwand für Ihre Aufgaben und verplanen Sie dabei maximal 60 Prozent Ihrer Kapazitäten. Erfahrungsgemäß verbringen Sie nämlich rund 40 Prozent Ihrer täglichen Arbeitszeit damit, auf unvorhergesehene Ereignisse zu reagieren.

Nein sagen

Jack Ma, der Mitgründer und CEO von Alibaba, betont in seinen öffentlichen Reden immer wieder, wie wichtig es ist, zu einer (guten) Idee auch Nein zu sagen, wenn sie vom eigenen Weg abbringt. Das ist oft schwieriger als gedacht.

Welches sind Ihre Lieblings-Hacks?

Zum Schluss noch ein Tipp von Dan Silvestre, Autor des Buches »41 Productivity Hacks«: Schreiben Sie eine E-Mail an sich selbst mit Ihren Lieblings-Hacks und lesen Sie diese immer dann, wenn Sie sich gerade besonders unproduktiv fühlen.[72]

Erfahrungen mit Productivity Hacks

Morten Hartmann, der Mitgründer und Geschäftsführer von Penseo, einer digitalen Komplettlösung zur betrieblichen Altersvorsorge, setzt im Tagesgeschäft auf die Eisenhower-Matrix: »In meinem Arbeitsalltag bin ich mit einer Vielzahl von Aufgaben konfrontiert, bei denen die richtige Priorisierung entscheidend für die Effizienz meines Unternehmens ist. Bewährt hat sich dabei für mich die Eisenhower-Matrix. Ich bin immer wieder erstaunt, wie viel man an einem einzelnen Tag schaffen kann, wenn man sich auf die wirklich wichtigen Aufgaben konzentriert. Auf die Idee gebracht hat mich ein guter Kumpel, der eine digitale Version der Matrix gebaut hat und damit unerwartet Erfolg hatte.«[73]

János Heé, Global Director Digital Operations bei der Adecco Group, der weltweit größten Vermittlungsagentur für Zeitarbeitskräfte, hat ein sehr breites Aufgabengebiet und muss innerhalb kurzer Zeit sichtbare Ergebnisse erzielen. Mehrmals täglich steht er vor der Herausforderung, dass er seine Aufgaben für den Tag situativ überdenken und neu priorisieren muss. Aus diesem Grund sortiert er seine eingehenden E-Mails nach dem Eisenhower-Prinzip: »Das hilft mir, im täglichen Chaos fokussiert zu bleiben und meine Prioritäten trotzdem schnell verändern zu können, wenn es erforderlich ist.«

Planning Poker

Wie Sie große Projekte kleinkriegen und ihre Komplexität reduzieren

>*»Das Gesetz von Hofstadter:*
>*Es dauert immer länger als erwartet,*
>*selbst wenn man das Gesetz*
>*von Hofstadter berücksichtigt.«*[74]

Die meisten Projekte haben eines gemeinsam: Wir unterschätzen chronisch den nötigen Zeitaufwand. Das ist die Quintessenz von Hofstadters Gesetz. Menschen planen in Best-Case-Szenarien, die in der realen Welt niemals eintreten. In der Psychologie nennt man dieses Phänomen auch »Planungsfehlschluss«. Die Herausforderungen der digitalen Transformation verstärken diesen Planungsfehlschluss zusätzlich. Zum einen, weil wir die meisten Aufgaben zum ersten Mal angehen und demzufolge keine Erfahrungswerte haben. Die Folge: Die Halbwertszeit unserer Planung ist äußerst gering. Doch wie geht es besser?

Die großen digitalen Unternehmen setzen seit vielen Jahren auf agile Methoden, um mit der hohen Komplexität und Planungsunsicherheit von Projekten umzugehen. Nach und nach ziehen nun auch mittelständische Unternehmen und Konzerne außerhalb der IT-Branche nach, weil sie erkannt haben, dass die bisherigen Planungsmethoden bei digitalen Projekten an ihre Grenzen stoßen. Lasten- und Pflichtenhefte für ein digitales Produkt oder einen neuen digitalen Vertriebskanal sind wenig hilfreich, wenn die heutigen Anforderungen der Kunden und des Marktes morgen schon veraltet sein könnten.[75]

Ein Instrument, das Ihnen helfen kann, den Aufwand für Ihr nächstes digitales Projekt zu schätzen und dessen Komplexität zu reduzieren, ist Planning Poker. Im Kern geht es dabei darum, ein komplexes Problem zu erfassen und in einzelne Aufgaben herunterzubrechen, bis die Aufgaben so greifbar und klar sind, dass Sie sie sofort und in kurzer Zeit umsetzen können. Die Ergebnisse testen Sie sofort mit Ihren Kunden und nutzen die Erkenntnisse aus dem Feedback für Ihre nächste Planungsphase (für die Umsetzung siehe Delegation Poker in diesem Kapitel).

Der wahrscheinlich wichtigste Unterschied zwischen Planning Poker und klassischer Projektschätzung ist: Sie schätzen die Dauer einer Aufgabe nicht in Personentagen, sondern die Komplexität einer Aufgabe – und zwar vergleichend und in einer abstrakten Maßeinheit wie etwa Story-Points.[76]

Story-Points: die modifizierte Fibonacci-Reihe

Mit Story-Points schätzen Sie die Komplexität einer Aufgabe in abstrakten Zahlenreihen und setzen die Werte in Beziehung zueinander. In der Praxis etabliert hat sich hierfür die modifizierte Fibonacci-Reihe nach Mike Cohn: 0, 0,5, 1, 2, 3, 5, 8, 13, 20, 40, 100.[77] Der Vorteil dieser Zahlensequenz: Sie können damit die Komplexität von Aufgaben schneller miteinander in Beziehung setzen. Und das geht so: Zu Beginn einigen sich die Teammitglieder auf eine Referenzaufgabe, bei der alle die Komplexität gut einschätzen können. Dieser Referenzaufgabe wird gemeinsam der Wert 1 zugeordnet – so wird die Bewertungsskala geeicht. Bewerten die Teammitglieder nun eine andere Aufgabe mit drei Story-Points, heißt das, diese Aufgabe ist dreimal so komplex und umfangreich wie die Referenzaufgabe, die sie am Anfang gemeinsam mit einem Punkt bewertet haben.[78]

Der Vorteil dieser vergleichenden, abstrakten Schätzungen mit Story-Points: Die meisten Menschen tun sich schwer, sich auf absolute Zahlen festzulegen. Sie schwanken oft zwischen zwei Werten, die Diskussion darüber frisst wertvolle Zeit und nimmt vielen die Lust, an der eigentlich so aufregenden, neuen Aufgabe zu arbeiten. Menschen fällt es viel leichter, Dinge zueinander in Beziehung zu setzen und zu fragen: Größer oder kleiner?

Das Schöne an Komplexitätsschätzungen ist: Sie altern nicht. Die Komplexität einer Aufgabe bleibt immer gleich, während sich die Umsetzungsgeschwindigkeit im Laufe des Projekts durch die gewonnene Erfahrung häufig erhöht. Sie trennen also die Komplexität einer Aufgabe von der Person oder Gruppe, die diese Aufgabe umsetzt.[79]

Wann Planning Poker sinnvoll ist

Oft genug stehen wir vor komplexen Herausforderungen, die schwer oder nur mit immensem Zeitaufwand komplett einzuschätzen sind. Mit Planning Poker lassen sich Mammutaufgaben in überschaubare Arbeitspakete herunterbrechen, und in dem Zuge schaffen Sie ein gemeinsames Verständnis dieser Herausforderung im Team.

Mit Planning Poker können Sie

- Unsicherheiten bei neuen Projekten reduzieren und die natürliche Hemmschwelle Ihrer Mitarbeiter vor neuen Aufgaben abbauen,
- gemeinsam schnell in den Umsetzungsmodus kommen,
- Erfahrungen und implizites Wissen Ihrer Teammitglieder offenlegen und für die aktuelle Herausforderung nutzen,
- schnell erste Ergebnisse erzielen und Feedback von den Kunden einholen.

Fünf Regeln für das Planning Poker

1. Kalibrieren Sie vor jeder Planning Poker-Runde Ihr Punktesystem und stellen Sie sicher, dass alle Teammitglieder dieselbe Größenordnung im Kopf haben, wenn sie ihre Bewertungen abgeben: Wie komplex ist eine Aufgabe mit 1, 3 oder 20 Story-Points?
2. Verkopfen Sie sich nicht! Sie müssen hier keine exakten Prognosen zur Umsetzung einer Aufgabe abgeben. Es geht bei den Einschätzungen darum, die Komplexität eines Projekts gemeinsam zu verstehen und es in überschaubare, schnell umsetzbare Aufgaben herunterzubrechen.
3. Alle schätzen gleichzeitig! So vermeiden Sie, dass sich Ihre Teammitglieder an den Schätzungen der anderen orientieren, aus Sorge, mit der eigenen Schätzung »daneben« zu liegen. Gerade die Ausreißer interessieren Sie, denn dahinter verbergen sich meist verstecktes Teamwissen und ein Erfahrungsschatz, den Sie offenlegen und nutzen können.
4. Wenn Sie merken, dass eine Aufgabe zu groß ist, um geschätzt zu werden, diskutieren Sie nicht lang und breit darüber, wie viel zu groß. Brechen Sie die Aufgabe einfach so lange in Teilaufgaben herunter, bis Ihr Team sie schätzen kann. Ihr Ziel ist es, gut einschätzbare und umsetzbare Arbeitspakete zu erhalten.

5. Nageln Sie Ihre Teammitglieder nie auf ihre Schätzungen fest und leiten Sie niemals Deadlines daraus ab! Sonst werden die Teilnehmer nächstes Mal zur Sicherheit Puffer dazurechnen und damit die Schätzung verwässern.

Und so funktioniert's

Dauer: ca. 1 Stunde
Rollen: Moderator, Protokollant
Teilnehmer: alle Projektmitglieder
Zubehör: Planning Poker-Karten (im Internet erhältlich), ein Set pro Teammitglied, Moderationskarten oder Post-its, Sanduhr oder Timer

Vorbereitung
Der Moderator erklärt das Vorgehen und verteilt jeweils ein Set Planning Poker-Karten an jedes Teammitglied. Sind keine Karten zur Hand, schreibt jedes Teammitglied auf Moderationskarten oder Klebezettel die Zahlen 0, 0,5, 1, 2, 3, 5, 8, 13, 20, 40 und 100 auf.

Kluge Vorauswahl

Schätzen Sie nicht Ihr gesamtes Projekt, sondern nur die Aufgaben, die Ihr Team in den kommenden Wochen umsetzen soll.

Referenzwert
Kalibrieren Sie Ihr Punktesystem. Legen Sie dazu gemeinsam eine einfache Aufgabe fest, die alle Teilnehmer mit einem Punkt bewerten würden. Das ist der Referenzwert, mit dem Sie alle weiteren Schätzungen vergleichen: doppelt so komplex, dreimal so komplex, fünfmal so komplex et cetera.[80]

Schätzung

Nun stellt der Moderator der Reihe nach alle Aufgaben vor, die geschätzt werden sollen. Dann geht es pro Aufgabe weiter. Alle Teammitglieder legen dabei gleichzeitig die Punktzahl auf den Tisch, mit der sie die Komplexität der Aufgabe bewerten.[81]

Diskussion

Die Teilnehmer mit der höchsten und niedrigsten Bewertung begründen nun ihre Schätzung. Das ist der ideale Moment, um Missverständnisse zu klären, verschiedene Wahrnehmungen der Aufgabe zu beleuchten und unterschiedliches Erfahrungswissen sichtbar zu machen. Lassen Sie Ihr Team für fünf bis maximal zehn Minuten über die geschätzte Aufgabe diskutieren. Nutzen Sie einen Timer oder eine Sanduhr, damit die Diskussionen nicht aus dem Ruder laufen.

Wiederholen

Lassen Sie die Aufgabe mit den neuen Informationen aus der Diskussion noch einmal schätzen. Wiederholen Sie die Schätzung so oft, bis sich Ihr Team einig über die Schätzung ist. Danach lassen Sie die nächste Aufgabe schätzen. Grundsätzlich hat die Stimme des Teilnehmers das meiste Gewicht, der die Aufgabe am Ende auch umsetzen wird.[82]

Feedbackschleife starten

Versuchen Sie, zu den Ergebnissen einer Runde sofort Feedback von Ihrem Kunden zu erhalten. Egal ob Sie Planning Poker im Finanzbereich, Business-Development oder in der IT einsetzen, alle Aufgaben sind immer auf einen Anwender/Kunden ausgerichtet. Je schneller Sie Feedback erhalten, desto besser können Sie die nächste Runde darauf ausrichten.

Keine Angst vor Fehleinschätzungen

Wiederholen Sie Ihre Planning Poker-Spiele regelmäßig, um den weiteren Projektverlauf zu planen und gleichzeitig zu überprüfen, wie gut Sie mit Ihren letzten Schätzungen lagen.

In den ersten Wochen werden Sie mit Ihren Schätzungen bestimmt fürchterlich danebenliegen. Bleiben Sie dran, es lohnt sich! Geben Sie sich und Ihrem Team Zeit, um die nötige Routine beim Schätzen zu entwickeln. Mit der Zeit wird sich Ihre Trefferquote deutlich verbessern.

Erfahrungen mit Planning Poker

Zalando wurde im Jahr 2008 in Berlin als Onlineshop für Schuhe gegründet und hat sich seitdem zu Europas führender Internetplattform für Mode entwickelt. Vom Onlinehandel über Eigenmarken und Shopping-Club bis hin zur Stilberatung bietet Zalando seinen Kunden vielfältige Möglichkeiten, mit Mode in Berührung zu kommen. Im Rahmen seiner Plattformstrategie eröffnet sich das Unternehmen neue Geschäftsfelder, es gewährt zum Beispiel Drittanbietern Zugriff auf seine Logistik, lässt Marken ihr eigenes Inventar über den Fashion-Store verkaufen oder berät sie bei Werbung und Marketing.

»Planning Poker setzen primär unsere Softwareentwicklungsteams in der Sprint-Planung ihrer Projekte ein«, erklärt Samir Keck, Team Lead Agile Coaching. Manche Teams schätzen Story-Points, manche lieber T-Shirt-Größen, zum Beispiel XS, S, M, L, XL, XXL. Damit sich die Teilnehmer beim Schätzen nicht gegenseitig beeinflussen, schätzen sie immer gleichzeitig. Interessant wird es erst, wenn bei Schätzwerten größere Schwankungen auftreten. Keck erläutert:»Hier ist implizites Wissen im Team vorhanden, das wir mit diesem Tool an die Oberfläche bringen wollen. Dazu schnappen wir uns die niedrigste und die höchste Schätzung und diskutieren darüber, welche Hintergrundinformationen die Teilnehmer zu ihrer Schätzung geführt haben. So legen wir die Erfahrung und das Wissen der Teammitglieder offen und nutzen es gemeinsam, um möglichst fundierte Schätzungen der Arbeitspakete abzugeben.«

Ob ein Arbeitspaket mit 3 oder 5 Punkten bewertet wird, ist dabei nachrangig, ebenso das Schätzmaß. »Viele Teams diskutieren oft wochenlang darüber, was sie nun eigentlich schätzen wollen – ob Komplexität oder Dauer, Story-Points oder T-Shirt-Größen. Die Leute sind zu sehr auf die Schätzmethode fixiert und verlieren dabei das Ziel aus den

Augen: dass alle Informationen zu einem Arbeitspaket auf den Tisch kommen und ein Wissenstransfer im Team stattfindet.«

Wichtig für den Erfolg: »Legen Sie zu Beginn jeder Runde einen gemeinsamen Referenzpunkt fest, damit Sie alle vom Gleichen sprechen. Besonders bei Teams, die das Tool neu einführen, werden die ersten Schätzungen mit Sicherheit weit auseinander liegen. Geben Sie sich Zeit, bis Sie ein gemeinsames Bauchgefühl entwickeln und haben Sie etwas Geduld mit sich. Nach ein paar Wochen werden Sie merken, dass sich Ihre Schätzungen verbessern. Liegen sehr große Zahlen auf dem Tisch, ist das ein Zeichen dafür, dass die Aufgabe offensichtlich zu groß ist. Teilen Sie diese Aufgabe deshalb unbedingt in kleinere Arbeitspakete und lassen Sie diese erneut von Ihrem Team schätzen«, so Samir Keck. »Als Faustregel gilt: Schätzen Sie immer nur die Aufgaben, die Sie in einem überschaubaren Zeitrahmen abarbeiten können.«

Auch abseits von Scrum-Methodik und Softwareprojekten kann Planning Poker helfen. »Eigentlich immer dann, wenn man eine komplexe Aufgabe vor sich hat und sie in kleine, überschaubare Arbeitspakete herunterbrechen möchte«, so Keck. Einzige Grundvoraussetzung dabei: die agile Herangehensweise an eine Aufgabe. »Bei Projekten mit klassischer Wasserfallplanung bringt Planning Poker wenig. Denn es geht nicht darum, Aufwände zu schätzen und Deadlines abzuleiten, sondern Probleme zu verstehen.«

Gut zugeschnittene Arbeitspakete liefern – ähnlich wie ein neues Software-Release am Ende eines Sprints – immer einen funktionsfähigen Prototyp mit einem konkreten Mehrwert für die Kunden, den man sofort testen kann. Anstatt wochenlang die Bedarfe zu analysieren und Projektphasen zu planen, können Teams damit schnell testen, welche Konzepte bei ihrer Zielgruppe funktionieren.

Tactical Meeting

**Wie Sie ein neues Meetingformat einführen, das mit wenigen
Regeln für Effizienz sorgt und die Entscheidungsfindung fördert**

> *»Meetings sollten wie Salz sein – eine Zutat,*
> *die bedacht über eine Speise gestreut wird*
> *und nicht in Kübeln ausgeschüttet.*
> *Zu viel Salz zerstört jedes Gericht.*
> *Zu viele Meetings zerstören Moral*
> *und Motivation.«*[83]

Jason Fried, Gründer und CEO Basecamp sowie Autor

Spricht man in Unternehmen das Thema Meeting an, erntet man
oft entsetzte Blicke, Stöhnen, rollende Augen und hört Begriffe wie
»Zeitverschwendung«, »sinnlos«, »ineffizient«, »zu viele und falsche Teilnehmer«, »Paralyse«, »Entscheidungsunfähigkeit« und
vieles mehr. Das sprichwörtliche rote Tuch. Nach wie vor werden in
den meisten Unternehmen Meetings mit unklarer Zielsetzung, ohne
im Vorfeld verschickte Agenda und ohne Vorbereitung durchgeführt.
Auch systematische Nachbereitung und Nachverfolgung von Themen
in der nächsten Besprechung unterbleiben vielfach. Dass zudem häufig die falschen Personen teilnehmen und vor allem meist viel zu viele
Menschen ohne Beitrag anwesend sind, setzt dem Ganzen die Krone
auf. Langwierige Diskussionen ohne Ergebnis sind dann program-
miert.[84]

Zappos, Zalando, Blinkist und Medium.com sind nur einige von vielen Unternehmen, die Meetings aus diesem Grund in neuer Form leben
wollen. Sie alle setzen auf sogenannte Tactical Meetings – Zappos übrigens bereits seit 2014.[85] Sie wurden von Brian Robertson, Begründer des
revolutionären Managementsystems Holacracy[86] (eine Form der Selbstorganisation im Unternehmen und die Mutter der Tactical Meetings)

eingeführt und sind darauf ausgerichtet, den Workflow voranzutreiben und die Umsetzung sicherzustellen.

Effiziente Meetings zahlen sich mehrfach aus: Eine Studie der Forscherinnen Simone Kauffeld und Nale Lehmann-Willenbrock kommt zu dem Ergebnis, dass dysfunktionale Kommunikation während der Meetings zu niedrigeren Marktanteilen, weniger Innovation und geringerer Beschäftigungsstabilität führt.[87]

Das Tactical Meeting bietet ein strukturiertes Format für extrem effiziente, lösungsorientierte Meetings. Kein Wunder, dass es in den digitalen Unternehmen immer beliebter wird. Was ist anders? Statt ineffizienter Diskussionen konzentrieren sich Tactical Meetings auf die operative Arbeit eines Kreises an Mitarbeitern, zum Beispiel ein Projektteam. Es geht im Kern darum, Probleme, die in der letzten Woche aufgetreten sind, zu erkennen und Hindernisse zu beseitigen, damit jeder problemlos weiterarbeiten kann.

Besonderer Fokus liegt darauf, wie Entscheidungen getroffen werden. Hier wird Konsent, kein Konsens angestrebt. Oft wird in Meetings stundenlang um Konsens gerungen, wo eigentlich Konsent[88] gefragt wäre. Der kleinste gemeinsame Nenner bringt niemanden weiter und nichts voran. Es gilt vielmehr eine Lösung zu finden, die zwar nicht allen gerecht wird, die aber alle mittragen können. Konsent bedeutet, die Entscheidung wird getroffen, wenn kein schwerwiegendes Argument dagegen spricht. Wichtig ist, es geht nicht darum, eine Entscheidung für alle Zeit in Stein zu meißeln, sondern sich zu fragen, ob die Entscheidung gut genug ist, um im nächsten Schritt in der Umsetzung Erfahrung zu gewinnen unnd Feedback zu bekommen. Dann kann die Entscheidung erneut evaluiert und ggf. angepasst werden.

Die gemeinsame Perspektive auf diese Entscheidungsform erleichtert und beschleunigt den Prozess, da alle wissen, wie am Ende entschieden wird und worauf entsprechend hingearbeitet wird. Auch wird die Entscheidungsfindung insgesamt beschleunigt.

Jeder Kreis führt taktische Treffen durch; sie werden meist wöchentlich gehalten und vom »Sekretär« des Kreises geplant.

Wann Tactical Meetings sinnvoll sind

Wenn Sie den Eindruck haben, Ihre Teammeetings sind ineffizient und dauern zu lange oder Ihre Teammitglieder diskutieren sehr lange über verschiedene Agenda-Punkte, ohne zu einer Lösung zu kommen, dann bietet die Lösungsorientierung des Tactical Meetings großes Verbesserungspotenzial.

Mit dem Tactical Meeting können Sie

- Teams in sehr kurzer Zeit synchronisieren und auf den aktuellen Projektstand bringen,
- Meetings klar strukturieren und damit die Effektivität steigern,
- den Status Ihrer Projekte, KPIs und alle Themen besprechen, die für Ihr Team gerade relevant sind,
- schnellere Entscheidungen herbeiführen durch Konsent statt Konsens,
- emotionale Spannung aus Ihren Meetings herausnehmen,
- Klarheit schaffen und konkrete nächste Schritte festlegen,
- Ihr Team motivieren, weil durch die extreme Lösungsorientierung des Tactical Meetings sofort Fortschritte sichtbar werden.

Und so funktioniert's[89]

Dauer: ca. 60 Minuten
Rollen: Moderator (das können Sie als Verantwortlicher sein oder ein anderes Teammitglied) und Sekretär (ein definiertes Teammitglied, das die Dokumentation übernimmt)
Teilnehmer: alle Mitglieder eines Projektteams, Teams, Abteilung oder Ähnliches
Zubehör: Laptop für die Meeting-Agenda

Check-in-Runde (2–3 Minuten)
Alle Meeting-Teilnehmer beschreiben in max. 1 Minute kurz, wie sie sich gerade fühlen. Dieser Check-in ist wichtig, um zu verstehen, aus

welchem Kontext und mit welchen Emotionen die Teammitglieder in das Meeting kommen. Zum Beispiel: »Ich fühle mich abgelenkt, weil ich an meine To-dos denken muss«, »Ich stand heute Morgen eine Stunde im Stau, deshalb fühle ich mich gestresst«, »Ich fühle mich großartig, weil ich gestern einen Deal mit unserem größten Kunden abgeschlossen habe.«

Überprüfung der Checkliste (2–3 Minuten)

Der Moderator liest aus seiner Checkliste regelmäßig wiederkehrende Aufgaben vor. Die Teilnehmer antworten mit einem kurzen »Check« (erledigt) oder »No Check« (nicht erledigt). Mehr passiert in diesem Schritt nicht. Wenn jemand eine Spannung, also ein Problem bei der Umsetzung hat, wird dies in Schritt 5 bearbeitet. In der Literatur zum Tactical Meeting finden Sie anstelle von »Spannung« häufig den englischen Begriff »Tension«.

Überprüfung der relevanten Kennzahlen (2–3 Minuten)

Jeder Teilnehmer, der relevante Kennzahlen verantwortet, gibt ein kurzes Update über die aktuellen Zahlen. Zum Beispiel: »Das Marketing hat diese Woche 20 neue Leads generiert.« Der Moderator hat die Aufgabe, hier etwaige Diskussionen abzubrechen.

Updates zu den Projekten (5 Minuten)

Der Moderator geht jedes Projekt durch und fragt die Verantwortlichen nach Updates. Der Verantwortliche antwortet entweder mit »Nichts Neues« oder gibt einen kurzen Überblick darüber, was sich seit dem letzten Meeting verändert hat. Nachfragen ist erlaubt, Diskussionen werden unterbunden. Achtung: Das kann gerade zu Beginn eine echte Herausforderung für den Moderator sein.

Agenda zu den Spannungen erstellen (5 Minuten)

Jeder schreibt auf Post-its seine Spannungen (= Tension), die er gerade mit sich herumträgt, also Themen, die ihm Sorgen bereiten. Zum Beispiel: »Juni-Umsätze«, »neue Online-Kampagne«, »Recruiting-Prozess«. Diese kleben alle auf ein Whiteboard oder eine andere geeignete Oberfläche. Auch hier gibt es keine Diskussion.

Bearbeitung der Spannungen (40 Minuten)

Jede Spannung wird reihum bearbeitet und nach dem folgenden strikten Ablauf besprochen, sodass auf alle Spannungen die gleiche Zeit verwendet wird und ein effektives Vorgehen sichergestellt ist. Ziel des Tactical Meetings ist es nicht, eine Spannung tief gehend zu analysieren, sondern sie schnell und effizient anzusprechen und klare nächste Schritte zu definieren, um weiterzukommen. Hier sind Lösungsideen gefragt. Wichtig ist das gemeinsame Verständnis, dass die Gruppe Ideen beiträgt, jedoch die Entscheidung, welche Lösung umgesetzt wird oder wie das weitere Vorgehen aussieht, der Inhaber der Spannung trifft.

Ablauf für die Bearbeitung von Spannungen

- Der Moderator fragt: »Das ist deine Spannung. Was brauchst du, um sie zu lösen?«
- Der Besitzer der Spannung bindet die Gruppe in die Lösung selbiger ein. So erhält er Ideen und Lösungsvorschläge. Er entscheidet dann eigenständig, wie er mit der Spannung weiter umgeht und welche Unterstützung er gegebenenfalls in Anspruch nimmt.
- Der Sekretär hält alle nächsten Schritte oder Projekte fest, die die Teilnehmer auf der Basis der Entscheidung des Spannungsinhabers als ihre Verantwortung angenommen haben.
- Das Moderator fragt den Besitzer der Spannung: »Hast du bekommen, was du brauchst?« Ist die Antwort Ja, wird die nächste Spannung adressiert.

Achtung: Sollte die Diskussion aufgeweicht werden und zum Beispiel jemand eine eigene Spannung versuchen mit zu diskutieren, wird das vom Moderator sofort unterbunden. Es wird immer nur eine Spannung besprochen. Manchmal scheint es verführerisch, zwei Fliegen mit einer Klappe zu schlagen, aber das ist leider nur vermeintlich effektiv.

Closing-Round (5 Minuten)

Jeder Teilnehmer kann ein persönliches Statement zum Meeting abgeben, wenn er möchte. Es gibt keine Diskussion.

Tipps zum Gelingen[90]

- Bleiben Sie streng bei der Agenda, sonst verliert das Tactical Meeting seine Effektivität. Schweifen Teammitglieder ab in Diskussionen oder analysieren sie ein Problem zu lang, greifen Sie konsequent ein und lenken Sie das Meeting wieder zu seinem aktuellen Agendapunkt zurück.
- Zu Beginn fühlt sich das vermutlich ungewohnt an. Gerade wenn man aus einer Welt der diskussionsfreudigen »Schön-dass-wir-alle-dabei-waren«-Meetings kommt. Geben Sie dem Ganzen wenigstens zwei Monate lang eine Chance.
- Jeder darf an der Diskussion über eine Spannung teilnehmen. Wichtig ist nur, dass die Diskussion bei der einen Spannung bleibt und nicht abdriftet zur Spannung eines anderen Teilnehmers. Das ist Aufgabe des Moderators. Er bietet an, andere Spannungen in die Liste aufzunehmen, damit sie zu gegebener Zeit mit der vollen Aufmerksamkeit der Meetingteilnehmer adressiert werden.
- Es geht um Entscheidungen, nicht Konsens. Oft suchen die Besitzer einer Spannung nach Konsensentscheidungen, die in der kurzen Gruppendiskussion entstehen können. Wichtig: Der Eigentümer einer Spannung darf sich die Meinungen der anderen Teilnehmer zwar anhören und sich daran orientieren. Die Entscheidung darüber, wie er die Spannung löst, trifft er aber selbst.
- Wenn Sie sich anschauen möchten, wie ein Tactical Meeting zum Beispiel bei Springest, einer Metasuchmaschine für Weiterbildungen und Trainings, abläuft, finden Sie dieses auf YouTube mit den Stichworten »Tactical Meeting Springest«.

Erfahrungen mit Tactical Meetings

Als Carmen-Maja Rex als globale HR-Managerin einer Division bei der Siemens AG ihr Team vor rund zwei Jahren übernahm, stellte sie fest, dass ihre Mitarbeiter noch nicht horizontal vernetzt miteinander arbeiteten. »Ich war das Nadelöhr, bei dem alle Informationen sternförmig zusammenliefen, und sollte sie weiterverteilen. Früher hatten wir tendenziell eher eine Präsenzkultur. Dadurch ist nicht unbedingt aufgefallen, dass Kollegen an anderen Standorten oft nicht richtig informiert waren über Themen, die sie eigentlich betroffen hätten. Das wollte ich ändern.« Ihr Ziel war es, eine agilere Art der Zusammenarbeit zu etablieren und einen direkteren, kürzeren Informationsfluss herzustellen, bei dem alle Teammitglieder unabhängig von ihrem Standort den gleichen Zugang zu relevanten Informationen erhielten. Deshalb stieß sie im Kontext einer größeren HR-Transformation in ihrem Team einen Transformationsprozess an, der von einer Beraterin begleitet wurde. Diese stellte dem Team das Tactical Meeting als agiles Führungsinstrument vor.

»In den ersten drei Meetings hat unsere Beraterin moderiert, damit wir uns an das Format und an die neuen Regeln gewöhnen konnten. Anfangs haben wir uns sehr genau an die formelle Herangehensweise des Tactical Meetings gehalten. Mit der Zeit haben wir es ein wenig abgewandelt, sodass es uns als Team besser entsprach.« Gemeinsam gehen Rex und ihr Team jeden Freitag das virtuelle Kanban-Board durch und besprechen alle aktuellen, fortlaufenden und erledigten Themen. Verständnisfragen sind erlaubt, Diskussionen werden bilateral geklärt. »In Teams herrscht immer eine hohe Diskussionsfreudigkeit, das ist bei uns nicht anders. Aber wir haben schnell gemerkt, wie sinnvoll diese klaren Regeln sind, um möglichst viele Informationen miteinander zu teilen. Viele wählen sich auch von unterwegs in die Meetings ein, um sich kurz über die Ereignisse der vergangenen Woche zu informieren.«

Carmen-Maja Rex sieht in dem extrem hohen Informationsaustausch in sehr kurzer Zeit große Mehrwerte: »In nur einer Stunde bekommen alle Teammitglieder einen Überblick, was in der Woche passiert ist. Für uns ist das nicht nur für den regelmäßigen Dialog mit Kollegen an anderen Standorten wichtig. Viele Themen, die wir im Tactical Meeting besprechen, haben mehr als eine Schnittstelle. Oft wissen Mitarbeiter gar nicht, dass ihre Entscheidungen Auswirkungen auf andere Bereiche haben. Vorher musste ich als Führungskraft oftmals die entscheidenden Informationen zusammenführen und sinnvoll verteilen. Jetzt passiert das ganz automatisch und effizient.«

Was sich für Rex und ihr Team verändert hat? »Früher wären meine Mitarbeiter mit einem Problem erst einmal zu mir gekommen. Heute übernehmen sie viel stärker Verantwortung für ihre Themen, tauschen sich direkt miteinander aus und überlegen gemeinsam, wie sie Herausforderungen lösen können. Durch die Transparenz im Tactical Meeting entstehen ganz neue Ideen und die Mitarbeiter trauen sich mehr zu und sind motivierter, Themen in die Hand zu nehmen. Ich werde dann entweder einfach in Kopie gesetzt, oder im nächsten Tactical Meeting über ihre Entscheidungen informiert.« Das bedeutet deutlich weniger E-Mails und bilaterale Abstimmungen, aber auch einen großen Vertrauensvorschuss an die Mitarbeiter, den man als Führungskraft zu geben bereit sein muss. »Es braucht ein Vorleben als Führungskraft, nur so ist es authentisch und kann funktionieren«, so Rex. »Ich gebe meinen Mitarbeitern mehr Freiraum, um Projekte verantwortlich zu steuern und Neues auszuprobieren. Natürlich möchte ich wissen, wenn ein Thema kritisch ist. Aber ich muss nicht mehr die Erste in der Informationsschleife sein. Das Mindset und die Zusammenarbeit müssen agiler werden, sonst bleibt das Tactical Meeting einfach nur ein Tool ohne Wirkung.«

OODA-Loop

Wie Sie mit dem Mindset der United States Air Force in chaotischen Situationen gelassener gute Entscheidungen fällen

> »Die permanente Kurskorrektur und die OODA-Loops –
> das Erstellen und Verwerfen von Plänen – fühlen sich weniger
> verwirrend an, wenn sie von Führungspersonen durchgeführt
> werden, die groß denken können.«[91]

Reid Hoffmann, Mitgründer und ehemaliger CEO LinkedIn

Unternehmen, die ihren digitalen Umsatz gesteigert haben oder durch die Automatisierung und Digitalisierung von Prozessen kosteneffizienter sind, haben eines getan: Sie haben bei beruflichen Entscheidungen bewusst oder unbewusst den Autopiloten ausgeschaltet, der uns tendenziell immer zuerst auf altbekannte Pfade führt. Sie haben sich für neue, unbekannte Wege entschieden. Ohne diesen Mut ist Veränderung nicht möglich.

Kennen Sie die legendäre Kampfjetszene des Action-Klassikers *Top Gun*? Auf einem Patrouillenflug soll Tom Cruise als Kampfpilot »Maverick« zwei feindliche MIG-Jets zum Abdrehen bringen. In einem waghalsigen Manöver stellt er seinen F14-Jet auf den Kopf, fliegt direkt über das gläserne Cockpit der gegnerischen MIG und zeigt dem Piloten den Stinkefinger. Der Feind dreht ab, Maverick rettet die Mission. Diese Action-Szene ging nicht nur in die Kinogeschichte ein, sondern zeigt eindrucksvoll eine der zentralen Entscheidungsmethoden des US-Militärs im Einsatz: den OODA-Loop. Die Abkürzung steht für Observe (Beobachten), Orient (Orientieren), Decide (Entscheiden), Act (Handeln) – eine wirkungsvolle Methode, um in chaotischen Situationen rational zu denken und sehr schnell zu agieren.[92]

Ein Vorteil dieses strukturierten Vorgehens: Es versorgt uns mit den sechs Sekunden Zeit, die wir benötigen, um unseren Verstand über unseren Bauch siegen zu lassen. Unser Gehirn verfügt über zwei unterschiedlich schnelle Systeme, die Daniel Kahneman in seinem Bestseller *Schnelles Denken, langsames Denken* als »System 1« und »System 2« bezeichnet. Das hilft uns zu verstehen, wie wir bessere Entscheidungen fällen können: System 1 ist schnell, emotional und intuitiv. System 2 ist reflektierter und logischer, braucht aber auch länger, bis es zum Einsatz kommt.

Mit dem OODA-Loop können wir das schnelle, intuitive Denken zugunsten des langsameren, analytischeren Denkens einbremsen und damit zu besseren Entscheidungen kommen. Statt aus dem Affekt agieren wir rationaler, überlegter, ohne jedoch massiv an Geschwindigkeit bei der Entscheidungsfindung einzubüßen, das heißt immer noch schneller als der »Gegner«.[93]

Gerade im schnelllebigen Unternehmenskontext hilft die Methode ebenfalls. Die Herausforderungen der Führungskräfte in einer zunehmend vernetzten Welt erinnern an die beschriebene Situation der Piloten: Erfolgreich ist, wer es schafft, noch schneller als der Wettbewerber die besseren Entscheidungen zu treffen. Wie beim Kampfflieger geht es darum, die Oberhand nicht dem schnellen, intuitiven System 1 zu überlassen, sondern uns in relevanten Situationen zu beobachten, daraus sehr schnell Erkenntnisse zu gewinnen, um dann entsprechende Handlungen zu treffen. Unser Autopilot, das heißt System 1, würde uns meist Entscheidungen zugunsten des Altbewährten fällen lassen. Gerade in Zeiten von Veränderung ist dies nicht förderlich.

Dabei gibt es nicht immer nur die *eine* Lösung, wir müssen jedoch genügend Gehirnkapazität verfügbar haben, um die relevanten Facetten bewerten zu können.

Wann der OODA-Loop sinnvoll ist

Beim OODA-Loop setzen Sie einen gezielten Stoppreiz und durchlaufen – vor allem in chaotischen Situationen – bewusst den vierstufigen Entscheidungsprozess. Das hilft, Entscheidungen aus dem Bauch heraus zu vermeiden und ermöglicht vertieftes Nachdenken. Sie werden sehen: Je häufiger Sie den OODA-Loop anwenden, desto stärker verinnerlichen Sie dieses Konzept und fügen es zu Ihrer mentalen Toolbox hinzu. Automatisch treten Sie dann in angespannten Situationen einen Schritt zurück und schalten Ihr System 2 ein, mit dem Ergebnis, dass Sie im Laufe der Zeit immer fundiertere, schnellere Entscheidungen treffen werden. Der OODA-Loop kann auch im Team wertvolle Dienste leisten und die Kultur im Team prägen. Dank System 2 führt die Reflexion der gemeinsamen Entscheidungsregulierung zu besseren Entscheidungen. So können Sie als Führungskraft agiler werden und bestehende Entscheidungswege erweitern.

Dies ist besonders hilfreich, wenn Sie sich in einem zunehmend dynamischen Markt bewegen, der Wettbewerbsdruck steigt, Innovationszyklen immer kürzer werden und Sie unter Druck rationale Entscheidungen treffen müssen.

Mit dem OODA-Loop können Sie

- sich bewusst machen, dass in einer Konfliktsituation neue Informationen über die sich verändernde Umwelt gesucht, beobachtet und in der eigenen Entscheidungsfindung berücksichtigt werden müssen,
- normalerweise implizit ablaufende Entscheidungsprozesse sichtbar machen und gegebenenfalls gemeinsam mit dem Team durchlaufen,
- bessere Entscheidungen in unsicheren oder chaotischen Situationen treffen,
- nachvollziehen, wie neu erlangtes Wissen hilft, neue mentale Modelle zu entwickeln, die ein Umdenken ermöglichen,
- das Bewusstsein schärfen, dass Unsicherheiten zu unserem Leben gehören und wir trotzdem entscheidungs- und handlungsfähig bleiben können.

Und so funktioniert's

Stellen Sie sich eine Situation in einem Entscheidergremium vor oder ein Gespräch unter vier Augen mit einem Vorgesetzten oder Mitarbeiter. Oder Sie bekommen eine E-Mail oder einen Anruf, in der eine wichtige Entscheidung gefragt ist.

Stufe 1: Beobachten

Geben Sie sich sechs Sekunden Zeit, bevor Sie etwas tun. Beobachten Sie genau, was gerade passiert beziehungsweise erfassen Sie die vorliegenden Informationen. Wer möchte etwas von Ihnen und weshalb? Und nun das Schwierigste: Versuchen Sie in diesem Schritt Datensammlung und -bewertung zu trennen. Erfragen und sammeln Sie im ersten Schritt konkrete Informationen und verstehen Sie genau die Situation, ohne sie zu bewerten. Durch die Trennung von Sammlung und Bewertung bremsen Sie spontane Entscheidungen, getroffen von System 1, aus und geben System 2 die Zeit, in Aktion zu treten. Widerstehen Sie dem ersten Handlungsimpuls.

Falls dies schwerfällt: Sagen Sie innerlich Ihre Telefonnummer rückwärts auf oder atmen Sie dreimal tief durch. Und Reize eliminieren zum Beispiel eine erhaltene, unschöne E-Mail einfach in einen Unterordner verschieben oder gleich löschen. Hauptsache, den Reiz entfernen und System 1 ruhigstellen.

Knackpunkt Stufe 1

Wagen Sie sich schrittweise an den OODA-Loop heran und bauen Sie langsam auf Stufe 1 auf. Wenn Sie es schaffen, Datensammlung und -bewertung zu trennen, ist das Fundament gelegt. Oft hilft es auch, sich einen Gleichgesinnten zu suchen, der Sie immer wieder an Stufe 1 und das Üben erinnert und umgekehrt.

Stufe 2: Orientieren

Die meisten Informationen, die wir sammeln, werden im Kontext unserer Kultur, unserer bisherigen Erfahrungen und unserer unbewussten Vorurteile bewertet. Nun geht es darum, die Interpretation der Informationen mit Abstand durchzuführen. Wir brauchen hier also viel Reflexion und viel Offenheit für andere Perspektiven und müssen unsere eigenen Annahmen immer wieder bewusst hinterfragen.

Stufe 3: Entscheiden

Nun gilt es, auf Basis der Datenlage die besten Optionen zu identifizieren. Noch handelt es sich um hypothetische Lösungen und Entscheidungen. Suchen Sie bewusst mögliche Schwächen und Probleme, die aus dieser Entscheidung hervorgehen könnten, denken Sie in Implikationen. Spätestens mit dieser Denkleistung laufen Sie voll auf System 2. Jetzt fällen Sie eine bewusste Entscheidung. Diese muss nicht automatisch gut sein, aber die Chancen dafür steigen.

Immer wieder

Denken Sie daran: Der OODA-Loop ist ein Kreislauf. Sie können ihn also wiederholt durchlaufen, bis Sie zu einer adäquaten Entscheidung kommen.

Stufe 4: Handeln

Obwohl der OODA-Loop ein Prozess zur Entscheidungsfindung ist, steht am Ende vor allem das konkrete Handeln, aus dem dann wiederum Daten für den nächsten Loop gewonnen werden. Die Handlung stellt gleichzeitig die Basis für den nächsten Loop dar, denn sie erzeugt auf der Gegenseite eine Reaktion. Diese leitet den nächsten Loop ein und Sie starten eine erneute Beobachtungsphase. So erfolgt eine flexible Anpassung an die jeweils aktuelle Situation.

Lösungen testen

Haben Sie Zeit, testen Sie in der Handlungsphase die verschiedenen Lösungsoptionen auf Herz und Niere (siehe auch Learning by Testing). Testen Sie hypothesengeleitet und suchen Sie bewusst mögliche Schwächen und Probleme, die aus dieser Entscheidung hervorgehen könnten. Diese Informationen können Sie für die nächste Beobachtungsphase nutzen.

Was sich nach einem langen Prozess anhört, kann tatsächlich oft eine Sache von wenigen Minuten sein. Bei kleinen Entscheidungen, die dennoch wichtig sind, reicht in der Regel ein kurzes Durchlaufen der einzelnen Phasen, es werden dabei auch meist keine großen Informationsmengen benötigt. Wichtig ist, dass Sie den Spontanimpuls zur Handlung aushebeln und über mögliche Implikationen Ihrer Handlungsoptionen nachdenken, bevor Sie eine Lösung auswählen.

Werden Sie zum Beispiel in einer Diskussion angegriffen, birgt der OODA-Loop die Chance, nicht direkt »aus dem Bauch heraus« auf den Angriff zu reagieren. Vielmehr atmen Sie ruhig durch, zählen rückwärts von 10 bis 0. Anschließend trennen Sie Angriff – das, was Sie persönlich berührt hat, vielleicht eine durch eine unglückliche Formulierung wahrgenommene Unterstellung oder eine nicht wertschätzende Betrachtung Ihrer Arbeitsergebnisse – von den Fakten. Fragen Sie nach und versuchen Sie genau zu verstehen, was der Kern ist, der Ihr Gegenüber zu der Aussage veranlasst hat. Meist verbirgt sich auch in einer von uns als Angriff wahrgenommen Aussage ein wahrer Kern.

Den gilt es nüchtern zu analysieren und in der Orientieren-Phase im Hinblick auf unsere eigenen Treiber und Werte zu prüfen. Das Innehalten verschafft Ihnen mehr Handlungsspielraum, denn Sie können bewusster entscheiden, wie Sie auf die Aussage und die Situation reagieren wollen. Selbst wenn Sie sich für eine harsche Reaktion entscheiden, dann tun Sie das aus einer Position der Reflexion heraus und die Chance, dass Ihnen die »aus dem Bauch-Reaktion« nachher leid tut, ist deutlich geringer.

Die Reaktion, für die Sie sich entscheiden, ist immer eine von vielen Varianten. Es gilt, die Reaktion Ihres Gegenübers mit Beginn des neuen OODA-Loops wieder sorgfältig zu analysieren und ggf. Alternativen auszuprobieren. Mehr vom selben hilft selten, eine Bandbreite an verschiedenen Reaktionsmöglichkeiten im Repertoire zu haben, bringt Sie auf jeden Fall in eine vorteilhafte Lage. Das können wir aber nur, wenn es uns mithilfe des OODA-Loops gelingt, unsere unbewusste Reaktion zu unterbinden, um Zugriff auf die vielen verschiedenen Optionen zu haben.

Was in einer einzelnen Situation funktioniert, leistet auch generell gute Dienste. In der Beobachtungsphase kann Big Data bei grundlegenden Themen die für Ihre Entscheidungsfindung wirklich relevanten Daten liefern. Konzentrieren Sie sich auf Informationen, die leicht zugänglich sind, vergessen Sie aber nicht auch die mitzudenken, die aufwendiger zu erhalten sind, aber dafür mehr Fundament in Ihre Entscheidung bringen können.

Erfahrungen mit dem OODA-Loop

René Demin ist Personalchef beim deutschen Anbieter für Erlebnisgeschenke Jochen Schweizer/Mydays. In über zehn Jahren Führungserfahrung im Personalwesen machte er immer wieder eine Beobachtung: »Menschen haben die Tendenz, in bestimmten Trigger-Situationen wenig rational, sondern stark aus dem Bauch heraus zu agieren. Diese spontanen Impulsentscheidungen rationalisieren sie dann im Nachhinein. Wenn es Menschen aber gelingt, diesen Impuls zu unterdrücken und erst den Verstand einzuschalten, gewinnen die Entscheidungen enorm an Qualität.« Klingt einleuchtend, ist im wahren Leben aber gar nicht so leicht umzusetzen.

Seinen persönlichen Aha-Moment hatte Demin, nachdem er das Buch *Schnelles Denken, langsames Denken* von Daniel Kahneman gelesen hatte. »Danach stellte sich für mich nur noch die Frage: Wie genau kann ich das tun, um bessere Entscheidungen zu treffen – sowohl im Business als auch privat?« Bei seiner Recherche stieß er auf viele gute Ansätze, doch der OODA-Loop war für ihn ein griffiges Tool, das einen klaren Handlungsrahmen bietet und das man konkret trainieren kann. »Wenn ich den OODA-Loop mit Mitarbeitern oder Führungskräften trainiere, fokussieren wir uns stark darauf, wie wir es schaffen, die Automatisierung von Reiz und Reaktion zu unterbrechen. Erst dann steigen wir tiefer in den Loop ein und üben, wie wir unsere Entscheidungen qualitativ noch weiter verbessern können«, beschreibt Demin die Vorgehensweise. Das Ergebnis war verblüffend für ihn: »Es war hochinteressant zu sehen, wie viel fundierter die Reaktionen der Menschen auf einmal ausfielen, wie die Qualität ihrer Entscheidungen stieg und wie entspannt und zufrieden sie dabei waren.«

René Demin möchte das Thema bewusst machen im Unternehmen und installiert dazu gerne Lerntandems. So können Manager im Dialog einander helfen, eingefahrene Entscheidungsmuster aufzubrechen und sich gegenseitig zu motivieren, Entscheidungen rationaler und bewusster zu treffen. »Eine typische Situation, in der Führungskräfte oft impulsive Entscheidungen treffen, sind Performanceprobleme von Mitarbeitern oder Teams. Hier geben sie häufig dem Trigger nach, Aufgaben lieber selbst zu übernehmen, statt zu überlegen, wo die Aufgabe eigentlich hingehört und wer sie übernehmen sollte.« Ein anderer Trigger für impulsive Entscheidungen sei es, wenn Mitarbeiter Schwierigkeiten mit einer Aufgabe hätten und damit zu ihrer Führungskraft kämen. »Hier nutzen wir den OODA-Loop, um den ersten Impuls zu durchbrechen und erst einmal mehr Informationen zu sammeln. Unsere Standardfrage ist deshalb: >Was schlägst du vor?< Das bringt den Mitarbeiter zum Denken und verschafft der Führungskraft Zeit, weitere Informationen zu sammeln und sich zu orientieren. Diese Musterdurchbrechung muss man immer wieder üben, damit sie irgendwann zum Automatismus wird«, so Demin.

Neben seiner Funktion als Personalchef bietet René Demin Box-Coachings für Führungskräfte an. »Sport ist ideal, um die Probleme, die in den ersten zwei Stufen des OODA-Loops auftreten, sichtbar zu machen und zu reflektieren. Hier erlebe ich Führungskräfte oft als extrem schwarz oder weiß. Der eine reagiert so gut wie immer impulsiv, aus dem Bauch heraus, ein anderer hat Schwierigkeiten, überhaupt in Aktion zu kommen«, erzählt er. Mit beiden Entscheidungstypen arbeitet René Demin im Coaching die Vor- und Nachteile ihres Entscheidungsverhaltens heraus und entwickelt mithilfe des OODA-Loops Strategien, wie sie zu ausgewogeneren Entscheidungen gelangen können. »Treffen Menschen ihre Entscheidungen immer impulsiv, treten sie gar nicht erst in den OODA-Loop ein und vergeben so wertvolle Chancen, die sie erst durch ein kurzes Innehalten erkennen können. Auf der anderen Seite verlieren Menschen, die krampfhaft die richtige Entscheidung treffen möchten, wertvolle Zeit und reagieren viel zu spät. Es gibt keine pauschal richtigen Entscheidungen. Nur solche, die in der aktuellen Situation gerade richtig sind. Und den Weg dahin kann man üben«, ist Demin überzeugt.

Perfect Pitch

Wie Sie Ihre Mitmenschen mit einem guten Pitch von Ihren Ideen überzeugen

> *»Selbst wenn du die beste Technologie besitzt,*
> *das beste Geschäftsmodell, wenn das Storytelling*
> *nicht großartig ist, spielt es keine Rolle.*
> *Keiner wird zuhören.«* [94]

Jeff Bezos, Mitgründer und CEO von Amazon

Erfolgreiche Transformationsmanager schaffen es, Menschen innerhalb von Sekunden für ein neues Thema zu begeistern und sie mit auf die Reise zu nehmen. Ähnlich wie Verkäufer überzeugen sie oft auch zunächst kritische Zuhörer mit den richtigen Worten von den Vorteilen einer neuen Realität. Dazu nutzen sie eine packende Geschichte.

Nicht erst die digitalen Pioniere unserer heutigen Marktwirtschaft haben die Macht des Storytellings in Form des Perfect Pitch für sich entdeckt. Seit Anbeginn der Zeit erzählen sich Menschen Geschichten und geben so auf direktem und persönlichem Weg Erfahrenes, Gelerntes oder Wissenswertes weiter. Geschichten erzeugen Emotionen und berühren uns, wir empfinden Empathie. Warum ist das so? Weil Geschichten mehr Hirnareale anregen, als für das reine Verständnis der Worte notwendig wäre. Als Zuhörer erleben wir das Gehörte mit und betten es dadurch in einen eigenen Kontext oder verwandeln es in eigene Ideen. Deshalb erinnern wir uns an gute Geschichten auch viel besser als an reine Zahlen, Daten und Fakten ohne Anknüpfungspunkte. Aber natürlich nur, wenn uns die Geschichte berührt. Gute Geschichtenerzähler waren und sind daher in allen Jahrhunderten gefragt.

Aus dem Start-up-Umfeld bekannt, erfreut sich der Pitch immer größerer Beliebtheit, um in Unternehmen Sachverhalte effizient und zielführend zu vermitteln und Menschen zu überzeugen.[95] Unterschieden werden hier vor allem zwei Formen:

- **Elevator-Pitch:** 30 Sekunden lang, ohne Hilfsmittel
- **Start-up-Pitch:** 3 bis 5 Minuten lang, mit Hilfsmitteln wie zum Beispiel PowerPoint

Mit höchstens fünf Minuten ist die Dauer knapp bemessen. Das sichert die Aufmerksamkeit der Zuhörer und sticht durch Prägnanz gegenüber den üblichen PowerPoint-Schlachten hervor.[96] Die längere Form ist der sogenannte Inspirational Talk, den die bekannten TEDx-Konferenzen kultiviert haben.[97]

Für alle gilt dasselbe Prinzip: dem Zuhörer einen umfassenden Einblick in Ausgangslage bzw. Problemstellung zu geben, auf die mit Spannungsbogen dann die Darstellung der Lösung erfolgt. Möchten Sie Regenschirme verkaufen, müssen Ihre Zuhörer erst einmal verstehen, was Regen ist, um zu sehen, wozu sie einen Schirm benötigen.

Die Struktur ist daher immer dieselbe:

1. Einleitungssatz
2. Problembeschreibung
3. Lösung
4. Call to Action[98]

Im Unternehmenskontext verdeutlicht ein guter Pitch ein Problem so, dass für den Zuhörer sofort klar wird, warum es sich um ein echtes Problem handelt, das auch ihn selbst betrifft und das gelöst werden muss. Ist dieses Problembewusstsein geschaffen, gilt es zu verdeutlichen, warum nur Sie das Problem lösen können und welche Ressourcen Sie dafür benötigen.

Anknüpfungspunkte

Versetzen Sie sich bei der Vorbereitung in Ihre Zuhörer und nutzen Sie Zahlen, Daten und Fakten so, dass sie an die Erlebenswelt Ihres Gegenübers anknüpfen (vgl. auch narratives Memo).

Wann ein Perfect Pitch sinnvoll ist

Wenn Sie aus einer Menge an Wettstreitern herausstechen und mit Ihrem Anliegen im Kopf Ihrer Zuhörer verankert bleiben, Ihre Zuhörer emotional ansprechen und einen sofortigen Handlungsimpuls auslösen wollen, kann Ihnen ein Perfect Pitch gute Dienste leisten.

Mit dem Perfect Pitch können Sie:

- Themen prägnant darstellen,
- relevante Informationen, Zahlen, Daten und Fakten so vermitteln, dass sie Ihren Zuhörern im Gedächtnis bleiben,
- die Aufmerksamkeit Ihres Publikums sicherstellen.

Und so funktioniert's

Der Einsatz dieses Tools bedarf weder kostspieliger Ressourcen noch großen Zeitaufwands. Dennoch gilt es ein paar Punkte zu beachten, um den größtmöglichen Erfolg zu erzielen.

Headline
Finden Sie einen aufmerksamkeitserregenden Titel, eine Überschrift, die im Kopf bleibt.

Herausforderung/Problem
Beginnen Sie mit dem Problem. Geben Sie dem Publikum einen umfassenden Einblick in die Ausgangslage, auf die mit Spannungsbogen dann die Darstellung der Lösung folgt.

Emotionen
Nutzen Sie bildhafte Sprache, Metaphern und Vergleiche, die das Kopfkino Ihrer Zuhörer anregen. Fotos und Videos sind ebenfalls gut geeignet, um Emotionen zu erzeugen.

Verbindung

Perfekt ist ein persönlicher Bezug, der eine emotionale Bindung erzeugt. Erzählen Sie daher zu Beginn eine persönliche Geschichte. Hilfreich sind hier konkrete Zahlen, zum Beispiel ein konkretes Datum, wann Sie etwa zum ersten Mal mit dem Problem konfrontiert wurden. Das Erlebte wird so besonders anschaulich und bietet sofort Anknüpfungspunkte für Ihre Zuhörer. Die Aufmerksamkeit ist Ihnen sicher!

Eile mit Weile

Oft sind wir verleitet, vor allem aufgrund des Zeitdrucks, sofort in die Präsentation zu springen. Dabei ist es essenziell, zuerst eine Verbindung zu den Zuhörern zu schaffen.

Inspirieren

Um möglichst viele Sinne beim Zuhörer anzusprechen, sind Adjektive gut geeignet. Sie hauchen Ihrer Geschichte noch mehr Leben ein und beflügeln die Vorstellungskraft Ihres Publikums.

Direkte Ansprache

Beziehen Sie Ihr Publikum mithilfe rhetorischer Fragen in Ihre Erzählung ein – direkte Ansprache ist ein effektives Mittel gegen gedankliches Abschweifen. Formulierungen wie: »Stellen Sie sich einmal vor, dass ...« oder »Haben Sie auch schon mal einen Moment erlebt, in dem ...?« können bereits genügen.

Faktenlage

Dabei sind Zahlen und Fakten aber ebenso wichtig, da sie Ihre Problemthese belegen. Bleiben Sie sprachlich einfach, bilden Sie kurze Sätze, denen man gut folgen kann. Achten Sie darauf, nicht zu schnell zu sprechen.

Nicht überfordern

Wenn Sie PowerPoint-Folien nutzen, gilt: Weniger ist mehr. Die durchschnittliche Aufmerksamkeitsspanne liegt bei zehn Folien. Verwenden Sie viele Bilder, da diese Emotionen erzeugen und besonders gut im Gedächtnis bleiben.

Lösung

Wenn das Problem verstanden ist, stellen Sie die Lösung anhand von Beispielen dar, damit der Mehrwert sofort ersichtlich wird. Hier ist eine klare Sprache gefragt, kein Buzzword-Bingo. Es muss klar werden, warum die Lösung, die Sie vorschlagen, das Problem beheben wird – und zwar besser als andere Alternativen. Argumentieren Sie vor allem mit dem Nutzen für den Kunden. Wichtig ist, dass Problem und Lösung gut zusammenpassen, arbeiten Sie daher an einer stringenten Logik.

»Magic Moment«

Dem Zuhörer muss klar sein, warum die vorgeschlagene Lösung anders ist als alles, was bisher versucht wurde, oder welche Lücke das Produkt füllt, was das Besondere, das Einzigartige an der Idee ist. Und natürlich warum Sie der Richtige für die Umsetzung sind.

Abschluss

Schließen Sie mit einem sogenannten Call to Action, also dem nächsten Schritt. Was sollen Ihre Zuhörer jetzt tun? Es kann auch ein Appell sein, etwas, das zum Nachdenken anregt oder zum Mitmachen auffordert.

Der Perfect Pitch ist der Start, für die anschließenden Fragen ist es wichtig, die Materie gut zu kennen, Zahlen, Daten und Fakten bereit zu haben und auf Fragen vorbereitet zu sein.

Erfahrungen mit dem Perfect Pitch

Die Signal Iduna Gruppe steckt in einem tief greifenden Veränderungsprozess. Ziel ist es, das etablierte Geschäft erfolgreich weiterzuführen und gleichzeitig die Chancen der Digitalisierung zu nutzen und neue

Geschäftsideen und -modelle einzuführen. Dazu braucht das Unternehmen einen neuen Modus der Zusammenarbeit, mit dem es noch schneller und konsequenter am Nutzen des Kunden orientiert agieren kann. Auch in Zukunft will die Unternehmensgruppe eine starke Marktstellung in einer modernen digitalen Welt einnehmen. Daher gilt es, sich adäquat aufzustellen. Dazu wurde ein umfangreiches Strategie- und Transformationsprogramm angestoßen, das die gesamte Organisation umfasst. In verschiedenen identifizierten Handlungsfeldern erarbeiten Mitarbeiter die (digitale) Zukunft des Unternehmens.

In der Menge der Informationen, die aus diesen verschiedenen Projekten zu den Mitarbeitern gelangen, und der Komplexität der Themen gilt es mehr denn je, Kommunikation zielgerichtet und effektiv zu gestalten.

»Bei Führungskräfte- und Mitarbeiterveranstaltungen, in Trainings, Meetings und Open Spaces – eigentlich in allen Informations- und Austauschformaten –, aber vor allem in kleineren Dialogszenarien nutzen wir Pitches in unserer Kommunikation, um eine große Themenzahl in kurzer Zeit nachhaltig rüberzubringen«, berichtet Meike Logermann, Handlungsfeldleiterin Unternehmenskultur. »Wir wollten damit die Kernideen unserer neuen Vision und Strategie pointiert vermitteln und konkrete Handlungsimpulse erzeugen. Pitches eignen sich hervorragend dafür, Vorträge und Impulse klar zu strukturieren und konsequent vom Nutzer her zu denken. Insbesondere komplexe Veränderungsthemen bringen wir in Pitches viel besser rüber, denn das Format erzeugt Begeisterung bei den Zuhörern und die Kernaussagen bleiben besser im Kopf als bei klassischen Vorträgen.«

Pitches liefern Kontext zu einem Problem und bieten gleichzeitig Lösungsperspektiven und konkrete Handlungsimpulse. Und darum geht es letztlich: die Teilnehmer in den Handlungsmodus zu versetzen. »Gerade die Pointierung hilft dabei, neue Ideen oder geplante Veränderungen klar und auf den Punkt zu argumentieren. Das hilft insbesondere in Situationen, in denen keine Zeit für einen längeren Austausch ist und man andere in kurzer Zeit von einer Idee überzeugen muss«, so Logermann.

Überzeugungsarbeit müsse das Unternehmen immer wieder aufs Neue leisten, um Mitarbeiter und externe Partner für das Transformationsprogramm und damit verbunden neue Ideen zu gewinnen, so Meike Logermann. »Ich sehe selbst, dass man mit einem Pitch ganz andere Emotionen bei seinen Zuhörern weckt. In einem großen Transformationsprogramm wird an so vielen Themen parallel gearbeitet, deshalb muss man Wege finden, um mit seinem Thema in dieser Menge Gehör zu finden und Begeisterung zu wecken.«

Der große Vorteil von Pitches außerdem: ihr genereller Nutzen. Ein Pitch gibt jeder Geschichte eine klare, auf Überzeugung und einfache Informationsverarbeitung ausgerichtete Struktur, egal ob sie in 30 Sekunden, 10 Minuten oder im Storytelling auch mal länger erzählt wird. Je öfter diese Struktur eingesetzt wird, desto mehr automatisiert sich die Argumentation. Das hilft letztlich in allen Kommunikationssituationen, auch ohne Vorbereitung.

Delegation Poker

Wie Sie spielerisch Vertrauen, Verantwortung und Entscheidungsfreude fördern

> *»Mitarbeiterführung bedeutet, die anderen durch deine*
> *Präsenz zu verbessern, und zu garantieren, dass diese*
> *Wirkung auch in deiner Abwesenheit anhält.«[99]*

Sheryl Sandberg, COO von Facebook

Partizipative Führung und das Delegieren von Verantwortung sind im digitalen Wandel nicht mehr wegzudenken. Nicht, nur weil das Arbeitspensum gestiegen ist. Die Freiheit, selbstständig Entscheidungen zu treffen, ist insbesondere für Millennials ein großer Performance-Hebel und fördert die langfristige Identifikation mit einem Unternehmen. Doch egal ob Millennials oder Generation X: Mitarbeiter brauchen einen klaren Rahmen, wer welche Entscheidungen treffen darf, und sowohl Unternehmen, Führungskräfte als auch Mitarbeiter müssen sich damit wohlfühlen. Führungskräften fällt es oft schwer, die Kontrolle abzugeben und ihren Mitarbeitern mehr zu vertrauen.

Dass sich dieses Vertrauen lohnt, weiß Facebook-CEO Mark Zuckerberg: »Wenn ich die Entwicklung von etwas beschleunigen will, ist das Beste, was ich tun kann, nicht selbst daran zu arbeiten, sondern sicherzustellen, dass ein wirklich guter Mensch Vollzeit daran arbeitet.«[100] Für ihn sind bei der Führung des Social-Media-Giganten zwei Dinge zentral: die Fähigkeit zu delegieren und die Mitarbeiter Dinge tun zu lassen, mit denen er nicht immer einverstanden ist. Mit diesem »Disagree-and-Commit«-Ansatz ist er in guter Gesellschaft. Auch Jeff Bezos (Amazon), Scott McNealy (Sun Microsystems) und Andrew Grove (Intel) folgen diesem Führungsverständnis.

Eine einfache und unterhaltsame Methode, Verantwortlichkeiten und Entscheidungsfreiräume im Team offenzulegen und zu diskutieren, ist Delegation Poker. Das Instrument wurde von Jurgen Appelo von der Initiative Management 3.0 entwickelt und unterscheidet zwischen sieben Stufen des Delegierens.[101]

Wann der Einsatz von Delegation Poker sinnvoll ist

Egal, um welches Thema es geht: Delegation Poker bringt alle Teammitglieder dazu, ihre Meinung zu äußern und offen miteinander über Verantwortlichkeiten und Entscheidungsfreiräume zu diskutieren. Auch sensible Themen werden in diesem sicheren, spielerischen Umfeld besprechbar, alle diskutieren offen und transparent darüber. Das Tool gibt allen Beteiligten Orientierung und Sicherheit (zum Thema Planung siehe auch Planning Poker).

Mit Delegation Poker können Sie:

- als Führungskraft Verantwortung und Entscheidungsfreiräume transparent und kontrolliert an Ihre Teammitglieder abgeben,
- Ihre Arbeitslast reduzieren und die Motivation Ihrer Mitarbeiter stärken,

- Zuständigkeiten und Entscheidungsprozesse spielerisch und einfach im Team besprechen,
- die Kommunikation und Selbstorganisation in Ihrem Team stärken.

Und so funktioniert's

Dauer: 4 bis 8 Stunden, je nach Anzahl der zu besprechenden Themen
Rollen: Moderator, Führungskraft, Team
Teilnehmer: 3 bis 7 Personen
Zubehör: 1 Set Delegation Poker-Karten pro Teilnehmer (im Internet bei unterschiedlichen Anbietern erhältlich)

Vorbereitung
Erklären Sie Ihrem Team vor dem ersten Termin, worum es bei diesem Tool geht und warum Sie es für wichtig halten, dieses Instrument im Team einzusetzen. Laden Sie Ihre Mitarbeiter rechtzeitig dazu ein, im Vorfeld aktuelle Themen und Herausforderungen einzureichen, für die sie eine Lösung suchen. Je nach Stimmung im Team können Themen anonym oder personalisiert eingereicht werden.

Auswählen
Pinnen Sie zu Beginn des Workshops alle eingereichten Themen an das Delegation-Board und lassen Sie das Team entscheiden, welches sie zuerst »bespielen« wollen.

Los geht's!
Stellen Sie zu jedem Thema die Frage: »Wer soll darüber entscheiden?« Auf Kommando legen alle Teilnehmer eine Karte aus ihrem Poker-Set auf den Tisch, die ihre Antwort am besten widerspiegelt.

Folgende sieben Spielkarten gibt es:

1. Tell (Verkünden): Die Führungskraft entscheidet und informiert die Mitarbeiter darüber.

2. **Sell** (Verkaufen): Die Führungskraft entscheidet, versucht aber, die Mitarbeiter von der Entscheidung zu überzeugen.
3. **Consult** (Befragen): Die Führungskraft befragt alle Mitarbeiter zu ihrer Meinung und berücksichtigt diese bei ihrer Entscheidung.
4. **Agree** (Einigen): Mitarbeiter und Führungskraft einigen sich im Diskurs auf eine gemeinsame Entscheidung.
5. **Advice** (Beraten): Der Mitarbeiter entscheidet, bezieht aber die Hinweise der Führungskraft mit ein.
6. **Enquire** (Erkundigen): Der Mitarbeiter entscheidet eigenständig und informiert anschließend seine Führungskraft.
7. **Delegate** (Delegieren): Der Mitarbeiter trifft die Entscheidung völlig eigenständig, ohne die Führungskraft in irgendeiner Form zu involvieren.

Loslassen und zutrauen

Delegation Poker ist eine Chance für Sie und Ihr Team, die Themen Verantwortung und Entscheidungsspielräume neu zu denken. Lassen Sie sich bewusst darauf ein und zeigen Sie Ihren Mitarbeitern, dass Sie es ernst meinen. Das bedeutet, künftige Entscheidungen Ihrer Mitarbeiter anzunehmen, auch wenn Sie nicht immer damit einverstanden sind. Nur so kann das Tool seine volle Wirkung entfalten.

Diskutieren

Meist gibt es unterschiedliche Meinungen im Team dazu, wer über ein Thema entscheiden soll, deshalb wurde das Thema schließlich für das Delegation Poker vorgeschlagen. Diskutieren Sie gemeinsam mithilfe des Moderators über die unterschiedlichen Entscheidungsvorschläge und involvieren Sie möglichst alle Mitspieler, bis Sie sich einig sind.

Neutraler Moderator

Setzen Sie einen neutralen Moderator ein, der die Themen klar und offen auf den Tisch bringt. Der Moderator sorgt dafür, dass alle Teammitglieder inklusive der Führungskraft in die Diskussion miteinbezogen werden. Manche Diskussionen dauern länger als andere, um einen gemeinsamen Konsens zu finden. Werden Sie nicht ungeduldig und versuchen Sie, konstruktiv zur Lösungsfindung beizutragen. Die Aufgabe des Moderators ist es, abschweifende Diskussionen wieder einzufangen.

Zwischentöne

Hören Sie genau hin. Oft werden Sie aus den Fragen und Bemerkungen Ihrer Mitarbeiter erkennen, dass sich hinter einem scheinbar trivialen Thema eine größere Baustelle befindet.

Notieren

Halten Sie die Entscheidungen und Vereinbarungen auf Ihrem Delegation-Board verbindlich fest.

Die Dinge, die Sie im Delegation Poker gemeinsam beschließen, sind immer die besten Lösungen für den jeweiligen Moment. Da sich Rahmenbedingungen im Unternehmen jedoch verändern können, ist es sinnvoll, in regelmäßigen Abständen Delegation Poker zu spielen. Je nach Veränderungsgeschwindigkeit des Unternehmens kann das einmal im Jahr Sinn machen oder gegebenenfalls sogar quartalsweise.

Erfahrungen mit Delegation Poker

Die Deutsche Bahn steckt mitten im Wandel hin zu mehr Flexibilität, Selbstverantwortung und Kundennähe. Deshalb wurde bei der Unternehmenstochter DB Vertrieb die KAI-Philosophie lanciert. KAI steht für Kundenzentrierung, Agilität und Innovation, und Delegation Poker ist ein wichtiger Bestandteil dieses Veränderungsmechanismus.

Detlev Trapp, Leiter der Online-Redaktion, ist seit 20 Jahren im Unternehmen und hat festgestellt, dass Mitarbeiter in den meisten Bereichen immer noch sehr hierarchisch geführt werden. »Die Zeiten, in denen Mitarbeiter Ansagen von oben einfach hingenommen haben, sind längst vorbei. Die meisten Kollegen sind heute viel selbstbewusster und wollen Verantwortung übernehmen.« Dem Routinier Trapp war es wichtig, dieses Selbstbewusstsein in seinem Team zu stärken: »Verantwortung abzugeben ist gar nicht so leicht, wenn man es jahrzehntelang anders gelernt hat. Aber ich merke, wie gut sich das Team und die Zusammenarbeit entwickelt hat, einfach dadurch, dass Unklarheiten in den Entscheidungskompetenzen beseitigt und die Freiräume für eigene Entscheidungen der Mitarbeiter erweitert wurden.«

Auch Nico Kirch, Senior-Referent für übergreifendes Projektmanagement/CMS bei DB Vertrieb, ist von der Wirkung des Delegation Poker überzeugt, »wenn sich Mitarbeiter und Führungskraft darauf einlassen, Verantwortung abzugeben und den Vertrauenszuwachs als wichtige Entwicklungsstufe sehen«. Die Themenfülle war breit gefächert: Von rein fachlichen Themen über die Frage nach Homeoffice bis hin zur Anschaffung neuer Büroutensilien war alles dabei. »Als wir das erste Mal die Karten aufgedeckt haben, lagen wir teilweise weit auseinander. Dabei haben wir zum Beispiel festgestellt, dass wir noch nie explizit über das Thema Homeoffice gesprochen haben. Daher gab es viele implizite Annahmen, die schlichtweg falsch waren. Delegation Poker ist also auch ein gutes Werkzeug, um bestimmte Themen explizit festzulegen«, so Kirch.

Ob neu aufgestellte Social-Media-Teams oder routinierte, langjährige Mitarbeiter: Trapp und Kirch sind sich einig, dass allen Kollegen damit geholfen ist, implizite Themen anzusprechen und explizit zu klären. Nach zwei ausführlichen Workshops wurde das Instrument Delegation Poker als spielerischer Kurzimpuls ins Tagesgeschäft und in Jour fixes aufgenommen. Es wird immer dann eingesetzt, wenn Unklarheiten bei Themen und Entscheidungsbefugnissen bestehen.

4. Groß & kundenorientiert denken

Warum sind Tech-Riesen wie Google oder Apple so viel innovativer als andere Unternehmen? Sie alle schwören ihre Mitarbeiter darauf ein, groß zu denken und ihre Produkte und Services streng aus Kundensicht weiterzuentwickeln. Sie geben sich nicht mit inkrementellen Verbesserungen zufrieden, die üblichen »zehn Prozent mehr« sind ihnen nicht genug. Nur so entstehen echte Innovationen: wenn die Ziele von Unternehmen so groß gesteckt sind, dass Mitarbeiter mit ihren üblichen Denk- und Handlungsmustern nicht mehr weiter kommen und radikal neu denken müssen. Die folgenden Werkzeuge helfen Ihnen dabei, diesen Sprung zu machen und wirklich groß und kundenorientiert zu denken.

Werkzeuge im Überblick

Mit **20 % Time** können Sie das Potenzial Ihrer Mitarbeiter effektiv für Innovationsthemen jenseits des Alltagsgeschäfts nutzen. Damit wird die Eigenverantwortung Ihrer Mitarbeiter gestärkt und die Innovationskapazität des gesamten Unternehmens erhöht.

Moonshot Thinking lädt bewusst zu Gedankenspielen ein. »Was wäre, wenn« lautet hier die Devise. Ihrer Fantasie sind hier keine Grenzen gesetzt und Sie lösen dabei die üblichen Denkblockaden. Was auf den ersten Blick verrückt anmutet, kann bei näherer Betrachtung großes Potenzial haben.

Skizzieren Sie vor einer Geschäftsexpansion, einer Produktneuentwicklung oder anderen investitionsstarken Aktivitäten Ihr Vorhaben per **Future Press Release,** um Probleme, Kundenbedürfnisse und Lösungen zu durchdenken und den möglichen Erfolg dieser künftigen Umsetzungen im Vorfeld besser abzuschätzen.

Denken Sie groß für Ihr Business und Ihre Kunden! Machen Sie es wie Airbnb und viele andere und kommen Sie mit der **11-Star-Experience** auf völlig neue Ideen für herausragende Kundenerlebnisse.

Erfahren Sie, wie Sie die Ergebnisse eines Moonshot Thinking-Workshops mit einem **Hackathon** verknüpfen können, in dem interne und/oder externe Teams an zukünftigen Themen arbeiten.

20 % Time

Warum Nebenprojekte oft zum Motor für Innovation werden

>*Wir ermutigen unsere Arbeitnehmer, zusätzlich zu ihren regulären Projekten 20 Prozent ihrer Zeit an dem zu arbeiten, was nach ihrem Ermessen Google am meisten voranbringt. Dies ermöglicht ihnen, kreativer und innovativer zu sein und ihr Potenzial einzubringen. Viele unserer großen Fortschritte sind daraus entstanden.*«[102]

Larry Page und Sergey Brin, Gründer von Google

Die Firma 3M begann bereits in den 1950er-Jahren mit einem 15-Prozent-Projekt. Sie ermutigte damit ihre Mitarbeiter, an Projekten zu arbeiten, die außerhalb ihres Arbeitsbereichs sowie ihrer Stellenbeschreibung lagen. Das Ergebnis: die Erfindung des bis heute beliebten Post-its!

Wirklich bekannt geworden ist das Konzept namens »20 % Time« vor knapp zehn Jahren durch eine Initiative von Google, die den Entwicklern mehr Freiheiten geben sollte. Dieses Konzept fördert die Kreativität, das Engagement und das unternehmerische Denken der Mitarbeiter und stärkt ganz nebenbei die Innovationsfähigkeit von Unternehmen. Die Google-Mitarbeiter konnten 20 Prozent ihrer Arbeitszeit an eigenen Projekten arbeiten, die das Unternehmen ihrer Meinung nach womöglich entscheidend voranbringen könnten. Aus diesen Nebenprojekten sind über die Zeit erfolgreiche Produkte und Wachstumstreiber wie Gmail, Google Maps, Google News und Ad Sense entstanden. Eric Schmidt, ehemaliger CEO von Google, teilte in dem Podcast »Masters of Scale« den Rat eines guten Freundes aus der Luftfahrt, man müsse sich gezielt ablenken, um auf neue Ideen zu kommen: »If you're flying planes, you won't be able to think of anything else.«[103]

Die Herausforderung war, dass zwar 20 Prozent der Arbeitszeit für eigene Projekte freigegeben wurden, die Leistungsziele aber nicht angepasst wurden. Das führte dazu, dass die 20 Prozent Innovationszeit häufig zu 120 Prozent Arbeitszeit wurden. Zudem entstand der Wunsch, dass die Projekte mehr auf die Unternehmensvision von Google einzahlen. Im Jahr 2010 wurde mit Google X ein eigenes Unternehmen gegründet, das sich seitdem zielgerichtet und mit einem starken Top-down-Approach auf die Suche nach Innovationen macht.

Die 20 % Time gibt es bei Google heute noch, um Innovationen zu fördern und den Mitarbeitern Freiräume zum Experimentieren zu geben.[104] Jedoch ist der Umfang etwas reduzierter. Die Mitarbeiter können weiterhin eigene Initiativen starten, diese nehmen aber vermutlich eher 10 Prozent ihrer regulären Arbeitszeit ein. Eigene Projekte werden als Teil der persönlichen Zielvereinbarung bewertet und die Erfolgsparameter gemeinsam mit den Vorgesetzten festgelegt.

Wann 20 % Time sinnvoll ist

Dass eine Initiative wie 20 % Time generell Sinn ergibt, ist mittlerweile in vielen traditionell aufgestellten Unternehmen angekommen. Das Konzept ermutigt Entscheider, Experimentierräume für ihre Mitarbeiter zu schaffen, die keinen organisatorischen Zwängen oder persönlichen Zielvereinbarungen unterliegen, und in denen sie neue Ideen abseits der Kernprojekte verfolgen können. Ziel ist es, die Verantwortung für Innovationen auf alle Köpfe in der Firma zu übertragen und Experimentierfreude als integralen Bestandteil der Unternehmenskultur zu etablieren. Die Kunst jedoch liegt darin, die 20 % Time so abzuwandeln, dass sie für das einzelne Unternehmen funktioniert und den gewünschten Nutzen bringt.

Mit der 20 % Time können Sie

- ein klares Zeichen setzen, wie wichtig Innovationen in Ihrem Unternehmen sind,
- Experimentierräume für neue Ideen jenseits von organisatorischen und betrieblichen Zwängen und eine positive Lernkultur schaffen,
- Ihren Mitarbeitern Handlungsspielräume und Freiheiten geben, ihren Job aktiv mitzugestalten,
- Mitarbeiter belohnen, die intrinsisch motiviert sind, unternehmerisch denken und neugierig sind, an Nebenprojekten zu arbeiten,
- ambitionierte Talente anziehen, die genau in einem solchen Umfeld arbeiten möchten,
- bisher unentdecktes Know-how und Hidden Talents aufspüren und so womöglich zusätzliche Kosten für externe Lösungsanbieter einsparen.

Und so funktioniert's

Auf Teamebene

Nutzen Sie Ihr nächstes Meeting, um das Konzept 20 % Time mit Ihren Mitarbeitern zu besprechen. Machen Sie deutlich, welche Chancen sich daraus für das gesamte Team ergeben. Diskutieren Sie mit Ihrem Team folgende Fragestellungen, um gemeinsam eine für Sie und Ihr Team passende Variante der 20 % Time zu finden und zu testen:

- Auf welche Themen möchten Sie sich konzentrieren?
- Sollen alle Mitarbeiter an eigenen Projekten oder gemeinsam an strategischen Themen arbeiten?
- Was müssten Sie nach ein bis zwei Jahren erreicht haben, damit Sie die 20 % Time als Erfolg bewerten können – qualitativ und quantitativ?

Überlegen Sie als Nächstes gemeinsam, wie die 20 % Time konkret aussehen müsste, damit sie für Ihren Bereich oder Ihre Abteilung funktioniert.

- Wie können Sie sicherstellen, dass die definierte Innovationszeit in die normale Arbeitszeit integriert wird und nicht in endlose Überstunden ausartet?
- Wie müssten Sie die individuellen Leistungsziele Ihrer Mitarbeiter anpassen und um ein neues Innovationsziel ergänzen?

Definieren Sie zum Schluss eine Pilotphase mit dem Team, zum Beispiel drei Monate. Setzen Sie sich alle zwei Wochen zusammen oder reservieren Sie eine Viertelstunde im Teammeeting dafür, sich über Ihre Erfahrungen auszutauschen und mögliche Probleme zu beseitigen.

Problem: Alltagsgeschäft

Das größte Problem ist erfahrungsgemäß der Alltag. Nicht selten kommen aktuelle Projekte und Deadlines dem Innovationsvorhaben in die Quere und fressen schnell die 20 % Time für Neues. Oder aber die Zeit addiert sich zum Arbeitspensum, was aber nicht der Sinn der Sache sein darf. Hier gilt es im Dialog mit den Mitarbeitern immer wieder zu justieren und zu priorisieren und den Nutzen für alle immer wieder zu verdeutlichen.

Im gesamten Unternehmen

Die unternehmensweite Einführung der 20 % Time sollte möglichst von allen Bereichen mitgetragen werden. Dazu sollten alle wichtigen Stakeholder zusammenkommen. Gut zum Start ist ein Workshop mit Innovationstreibern Ihres Unternehmens sowie Vertretern aus der Personalabteilung. Ziel ist es herauszufinden, wie eine 20 % Time in Ihrem Unternehmen funktionieren könnte. Die Workshop-Runde sollte dafür nicht möglichst groß, sondern möglichst entscheidungsstark sein.

Folgende Themen sollten Sie gemeinsam besprechen:

- Worin liegt der Nutzen einer 20 % Time für Ihr Unternehmen?
- Was wären Chancen, was wären Risiken?

- Wie müsste die 20 % Time konkret aussehen, damit sie für Ihr Unternehmen funktioniert?
- Wie können Sie sicherstellen, dass die 20 Prozent Innovationszeit Ihrer Mitarbeiter wirklich in die reguläre Arbeitszeit integriert werden?
- Wie müssten Sie die individuellen Leistungsziele der Mitarbeiter anpassen und um ein neues Innovationsziel ergänzen?
- Was müssten Sie nach ein bis zwei Jahren erreicht haben, damit Sie die 20 % Time als Erfolg bewerten?

Wählen Sie einen Bereich aus und setzen Sie einen ersten Pilot-Case auf. Testen Sie also zunächst im Kleinen – beispielsweise einfach mit einem Team – wie die 20 % Time im Unternehmen umgesetzt werden kann, damit sie am Ende den gewünschten Erfolg bringt. Starten Sie schnell Ihr Pilotprojekt und passen Sie die 20 % Time in schnellen Feedbackrunden und Iterationen an.

Erfolge feiern

Machen Sie schnell auch kleine Erfolge sichtbar. Veranstalten Sie zum Beispiel eine »Pitch-Night«, in der alle Ergebnisse oder Erkenntnisse unternehmensweit vorgestellt werden.

Erfahrungen mit 20 % Time bei der Deutschen Telekom

Die Deutsche Telekom steht vor der Herausforderung, ihre Veränderungsgeschwindigkeit an das hohe Innovationstempo anzupassen, das durch die Digitalisierung vorgegeben wird. Deshalb plädiert Christian Illek, ehemaliger Personalvorstand und ab Anfang 2019 Finanzvorstand der Telekom, für mehr Experimentierfreude. Mit der Einführung des 80/20-Projekts Ende 2017 wollte er kreative Freiräume schaffen, in denen Mitarbeiter mit neuen Ideen abseits der üblichen Reglementierungen experimentieren können und die ganz nebenbei eine positive Lern- und Fehlerkultur fördern.

Die Mitarbeiter können und sollen alle ihre Fähigkeiten ins Unternehmen einbringen, auch wenn diese nicht Teil der eigentlichen Stellenbeschreibung sind. Die Deutsche Telekom hat sich zwar von Googles 20 % Time inspirieren lassen, im Unterschied zu Google verfolgen Mitarbeiter aber keine eigenen Projekte, sondern suchen sich strategische Initiativen des Konzerns aus, an denen sie mitarbeiten möchten. »Das Talent der Mitarbeiter wird im Unternehmen viel sichtbarer, wir nutzen besser das interne Know-how, sparen so Kosten für externe Anbieter und kommen – hoffentlich – schneller zum Ziel. Wir werden sehen, ob diese Wette aufgeht«, so Illek.[105]

Moonshot Thinking

Wie Sie Denkräume für Innovationen schaffen

> *»Ihnen die Freiheit und Erwartung zu geben,*
> *so eigenartig wie möglich zu sein,*
> *das ist ›Moonshot Thinking‹.«*[106]

Astro Teller, CEO von Google X

Wir alle bewundern Menschen, die kreativ sind, die wie furchtlose Helden und mit maximaler Offenheit und Neugier Ideen vertreten, obwohl viele Kollegen sagen: »Der spinnt doch!« Diese Mitarbeiter sind Gold wert, denn sie bringen das Unternehmen weiter, wenn man ihnen die richtigen Methoden und den nötigen Handlungsspielraum gibt, um wirksam zu sein.

Am 25. Mai 1961 verkündete US-Präsident John F. Kennedy vor der gesamten amerikanischen Nation sein Vorhaben, in nur zehn Jahren den ersten bemannten amerikanischen Mondflug starten zu wollen: »Ich glaube, dass sich diese Nation verpflichten sollte, noch vor Ende dieses Jahrzehnts das Ziel zu erreichen, einen Mann auf den

Mond zu bringen und ihn sicher auf die Erde zurückzuholen.«[107] Diese Aussage war äußerst mutig, denn niemand wusste damals, ob Kennedys Vorhaben tatsächlich realisierbar wäre. Entscheidend ist aber eine wirklich große, kraftvolle Idee oder Vision, die Energie erzeugt und an der sich alle auf das Erreichen dieser Idee ausrichten können. So lassen sich Träume verwirklichen, die ansonsten unmöglich erscheinen.

Google leitete aus diesem historischen Moment ein Werkzeug ab, das heute zentral für seine Innovationskultur ist: das sogenannte Moonshot Thinking. Ziel der Methode ist es, echte Innovationen hervorzubringen, statt lediglich inkrementelle Verbesserungen zu erzielen. Es soll Mitarbeiter motivieren, nach den Sternen zu greifen, um ein Vielfaches größer zu denken und Ideen auszusprechen, die zum heutigen Stand vielleicht absurd oder utopisch erscheinen.

Moonshot Thinking prägt nicht nur die Innovationskultur bei Google, sondern hat sich auch in der Struktur des Digitalkonzerns verankert: Das Unternehmen hat seine komplette Organisation umgebaut und mit Google X[108] ein Umfeld erschaffen, in dem die Leitidee »Zehnmal größer« den passenden Raum erhält. Google X agiert unabhängig vom Kapital der Google-Aktionäre und ist mit einem eigenen Budget ausgestattet, das dazu benutzt wird, völlig absurd erscheinende Projekte zu finanzieren, Fehler zu machen und daraus zu lernen. Zu den Projekten von Google X gehören unter anderem die Augmented-Reality-Brille Google Glasses, die Entwicklung autonomer Fahrzeuge, Project Loon (Internetzugang mittels Ballonen in der Stratosphäre in abgelegene Gebiete zu bringen), die smarte Kontaktlinse, die den Blutzuckerspiegel misst, sowie Project Wing (Lieferdienst per Drohne).[109]

Viele Unternehmen geben sich mit den üblichen zehn Prozent zufrieden: zehn Prozent mehr Umsatz, zehn Prozent höhere Marktanteile, kleine Produktverbesserungen hier, kleine Wettbewerbsvorteile da. Google hat begriffen, dass dieses Mindset nicht dazu führt, Ideen komplett neu zu denken. Echte Innovation entsteht erst, wenn Unternehmen ihre Erwartungen massiv nach oben schrauben und eine mindestens zehnfache

Veränderung anstreben, also zehnmal schneller, zehnmal besser, zehnmal größer et cetera.[110] Diese bewusst hohe Messlatte schließt automatisch alle naheliegenden, konventionellen Ideen aus und zwingt Unternehmen dazu, radikal umzudenken. Wie Astro Teller, CEO von Google X, sagt: »Große Träume sind nicht nur Visionen. Sie sind Visionen gepaart mit Realisierungsstrategien.«[111]

Wann Moonshot Thinking sinnvoll ist

Als Kreativitätsübung entfaltet das Moonshot Thinking sein wahres Potenzial, denn es öffnet Denkräume. Selbst wenn die Ideen nicht zehnmal größer sind, so gehen sie auf jeden Fall über die inkrementellen Verbesserungen hinaus. Moonshot Thinking kann in jedem Bereich, in jedem Team angewendet werden, von der Geschäftsführung bis hin zum individuellen Mitarbeiter. Auch teamübergreifend können so im Dialog neue Ideen entstehen. Möglich ist das durch zwei wirkungsvolle Methoden bei der Ideenfindung: »Was wäre wenn« und »Ja, und«.

Mit Moonshot Thinking können Sie

- eine simple Methode etablieren, um das Innovationspotenzial Ihrer Belegschaft zu erhöhen,
- Ihren eigenen Handlungs- und Denkraum bewusst vergrößern,
- Ihren Mitarbeitern eine gute und konstruktive Alternative für das weit verbreitete Ja-aber-Verhalten bieten,
- Denkbarrieren abbauen und Kreativität fördern,
- einzigartige und innovative Lösungen für aktuelle Herausforderungen finden,
- Energie freisetzen für die Umsetzung großer Ideen und Ihre Mitarbeiter motivieren, das vermeintlich Unmögliche gemeinsam möglich zu machen.

Spielregeln

10x und nicht 10 % besser
Um die Kreativität anzuspornen und wirklich neu zu denken, werden absichtlich die Erwartungen massiv nach oben geschraubt und es werden explizit Ideen gesucht, die das Potenzial haben, zehnmal schneller, zehnmal besser, zehnmal größer et cetera zu sein.

Was wäre, wenn ...
Visionäre wie Elon Musk, Larry Page und Steve Jobs haben ihre Unternehmen kontinuierlich herausgefordert, utopisch erscheinende Zukunftsszenarien zu entwickeln und ständig zu innovieren – »Was wäre, wenn wir Urlaub auf dem Mond machen könnten?« – Elon Musk, Space X

- »Was wäre, wenn Autos ohne Fahrer fahren würden?« – Larry Page, Waymo, Google X
- »Was wäre, wenn wir eine Tastatur entwickeln könnten, die statt mechanischer Tasten einen berührungsempfindlichen Sensor integriert hat?« – Steve Jobs, Apple

»Ja, und ...«
Es gibt zwei kleine Wörter, mit denen Sie gute Ideen im Keim ersticken und den Ideengeber im Handumdrehen demotivieren können: »Ja, aber ...«. Gerade in Deutschland sehr verbreitet, bei Tech-Giganten jedoch unerwünscht. Deshalb wird dort insbesondere in Innovations-Sessions, in denen es darum geht, eine Herausforderung kreativ zu lösen, auf das konstruktivere »Ja, und« gesetzt. Es hilft dabei, eine Idee nicht klein, sondern groß zu reden, indem direkt auf den Ideen der anderen aufgebaut wird. Auch in den Meetingräumen deutscher Start-ups finden sich zunehmend »Yes, and ...«-Schilder, um sich immer wieder für die lähmende Gefahr des kleinen Wörtchens »aber« zu sensibilisieren.[112]

Und so funktionierts

Auf Teamebene
Dauer: 2 bis 3 Stunden
Rollen: Moderator
Teilnehmer: 7, möglichst interdisziplinär und heterogen
Zubehör: Flipchart, Whiteboard, Post-its, Stifte

Vorbereitung

Organisieren Sie ein Meeting mit möglichst unterschiedlichen Schlüsselpersonen im Unternehmen. Suchen Sie im Vorfeld ein Produkt oder eine Dienstleistung aus, die Sie radikal verbessern oder komplett neu ausrichten möchten.

Sorgen Sie für einen geschützten Rahmen, in dem sich alle Teilnehmer sicher fühlen und trauen, aus ihren gewohnten Denkmustern auszubrechen und verrückt anmutende Fragen auszusprechen (Stichwort: psychologische Sicherheit). Es gibt bei dieser Übung kein richtig oder falsch. Niemand wird beurteilt für seine ungewöhnlichen Vorschläge, es gibt keine Konsequenzen. Jede Was-wäre-wenn-Frage ist wertvoll für Ihr Unternehmen und wird dem ganzen Team helfen, neue Lösungen zu finden.

Intro, Spielregeln und Fragestellung (5 Minuten)

Der Moderator stellt den Teilnehmern kurz die Idee hinter Moonshot Thinking vor, erklärt die Spielregeln sowie die konkrete Herausforderung, die es zu lösen gilt. Beispielsweise: Wie können wir den Umsatz für das Produkt xy zehnmal steigern? Wie können wir die Reaktionszeiten im Kundensupport zehnmal verkürzen? Wie können Sie die Anzahl der Neukunden um ein Zehnfaches steigern? Et cetera.

10x (5 Minuten)

Der Moderator schwört die Gruppe auf die Leitidee »Zehnmal größer« ein und stellt den Teilnehmern nun die Frage, wie man das Produkt oder die Dienstleistung um ein Zehnfaches verbessern könnte. Er motiviert sie, völlig absurd klingende, verrückte Ideen zu produzieren, statt naheliegende, konventionelle Lösungen abzuliefern. Je verrückter die Idee, desto erfolgversprechender ist sie!

Brainstorming (5–8 Minuten)

Die Teilnehmer notieren in einem Ideenfeuer alle ihre Ideen zu der spezifischen Herausforderung in Einzelarbeit auf Klebezettel. Das Credo ist hier ganz klar: Quantität vor Qualität! Und jeder für sich, es gibt keine Diskussion oder Bewertung. Der beste Weg, eine großartige Idee zu haben, ist, viele Ideen zu produzieren und damit über die »üblichen« Ideen, die wir schnell im Kopf haben, hinauszukommen. Die Devise ist, alles Offensichtliche auszusprechen, um dann an die wirklich »verrückten« Ideen zu kommen. Dabei ist alles erlaubt: Text, Grafik, Bild, Comic. Jede Idee wird dann als Was-wäre-wenn-Frage formuliert.

Vorstellung der Ideen (30–60 Minuten)
Jeder stellt nun seine Was-wäre-wenn-Fragen vor und erläutert, welche Überlegung zu dieser Frage geführt hat.

> **Positive Atmosphäre**
>
> Für die psychologische Sicherheit der Teilnehmer ist es enorm wichtig, dass jede Idee vom Team Wertschätzung erhält, etwa in Form von Applaus, Lob oder Dank. Es darf gelacht werden, aber Kritisieren oder Belächeln der Idee ist tabu!

Vorselektion der Ideen (10 Minuten)
Je nach Anzahl der Ideen gehen Sie nun entweder alle Ideen erneut durch oder picken gemeinsam einzelne Ideen heraus. Sie können die Auswahl der besten Ideen beispielsweise ans Team delegieren, indem sie mit Klebepunkten die »Was-wäre-wenn« nach Relevanz bewerten dürfen.

Weiterentwicklung der Ideen mit »Ja-und« (30–60 Minuten)
Der jeweilige Ideengeber beschreibt dann noch einmal kurz seine Idee und beantwortet Fragen aus dem Team. Danach werden die ausgewählten Ideen anschließend von allen mit der Ja-und-Methode weitergesponnen. So kann die Idee weiter wachsen und einzigartiger werden. Jeder neue Aspekte, der hinzukommt, kann wiederum andere Teammitglieder zu neuen Ideen inspirieren.

Hier ein konkretes Beispiel, um das anschaulicher zu machen:

Beispiel: Preisgestaltung

Herausforderung:
Nehmen wir an, Ihr Unternehmen steht vor der Herausforderung, dass die Konkurrenz viel niedrigere Preise anbietet und diese Preise sehr volatil sind. Dies macht es für Ihr Unternehmen nicht besonders einfach, eine gute Preisstrategie zu entwickeln.

10x-Denke
Die Frage, die sich stellt: Wie muss zukünftig die Preisstrategie gestaltet werden, um zehnmal mehr Produkte zu verkaufen?

Was-wäre-wenn
Darauf könnten folgende Was-wäre-wenn-Fragen gestellt werden:

- »Was wäre, wenn wir das Produkt in Asien herstellen lassen?«
- »Was wäre, wenn wir künftig nur noch eine limitierte Anzahl an Produkten verkaufen?«
- »Was wäre, wenn wir die Preise dynamisch an die tägliche Nachfrage anpassen?«
- »Was wäre, wenn der Kunde den Preis festlegen könnte, den er bezahlt?«
- »Was wäre, wenn wir unterschiedliche Preismodelle anbieten?«

Ja-und
Spinnen Sie die letzte Frage »Was wäre, wenn wir unterschiedliche Preismodelle anbieten?« weiter und vergrößern sie mit Ja-und-Ideen, wie etwa:

- »Ja genau, und was wäre, wenn wir in jedem Preismodell noch zusätzliche Servicepakete anbieten würden!«
- »Ja genau, und was wäre, wenn wir jedem Kunden einen individuellen Preis anbieten könnten, der auf der persönlichen Nutzung des Produkts basiert!«
- »Ja genau, und was wäre, wenn der Kunde selbst die Preismodelle zusammenstellen könnte?«

Und so weiter.

Schlagzeilen texten (20 Minuten)
Geben Sie abschließend danach jeder Idee eine starke, aussagekräftige Schlagzeile. Damit bringen Sie die Idee auf den Punkt und geben ihr einen klaren Wiedererkennungswert.

Bewerten und priorisieren (20 Minuten)
Priorisieren Sie zum Schluss oder in einem Folgetermin die Ideen und
entscheiden Sie gemeinsam, welche Sie weiterverfolgen wollen.

Auf persönlicher Ebene

• Überlegen Sie sich eine Herausforderung, die Sie nur mit einer kreativen Lösung bewältigen können. Wie beispielsweise folgende Herausforderung: Sie haben in Ihrem Job sehr viel administrative An-
gelegenheiten, die Sie erledigen müssen und die Sie davon abhalten,
sich wirklich wichtigen Themen zu widmen. Dann könnte eine Fragestellung sein, was Sie tun müssten, um den Aufwand für diese Aufgaben um ein Zehnfaches zu verringern. Oder Sie merken, dass Sie
für die Erstellung eines Kundenangebotes immer sehr lange benötigen, die Ihnen dann für die konkrete Kundenbetreuung fehlt. Hier
könnte die Fragestellung sein, wie Sie es schaffen, die Angebotserstel-
lung zehnmal schneller zu gestalten.

• Nehmen Sie sich drei Minuten Zeit und schreiben Sie so viele Was-
wäre-wenn-Fragen auf, die eine kreative Lösung für Ihre Herausforderung sein könnten. Denken Sie daran: Es geht darum, möglichst
viele und nicht möglichst gute Fragen aufzuschreiben. Schreiben Sie
daher jede Idee auf, ohne diese zu bewerten. Verrückt sein ist definitiv erwünscht!

• Teilen Sie im Anschluss Ihre Ideen mit einem Kollegen oder Mitarbeiter und spinnen Sie mit Ja-und-Ideen Ihre Szenarien gemeinsam
weiter.

Erfahrungen mit Moonshot Thinking bei Bonprix

Thomas Jorré, Agile Coach von Bonprix, setzt die Moonshot Thin-
king-Methoden »Was wäre, wenn« und »Ja, und« immer dann ein,
wenn das Unternehmen einen Sprung nach vorn machen möchte und
nach echten Innovationen sucht. »Es geht bei diesem Tool nicht darum,
mehr vom Gleichen zu produzieren, sondern Grenzen zu überschreiten
und kleine Disruptionen zu entwickeln: eine völlig neue Produkt-Ran-

ge oder einen komplett neuen Lösungsansatz für ein Problem«, so Jor-ré. »Jemand macht einen Vorschlag, ein anderer greift ihn auf und spinnt ihn weiter, der Dritte packt noch ein Schäufelchen obendrauf. Ein tolles Tool, mit dem ich Workshop-Teilnehmer animieren kann, mutige Ideen zu teilen und groß zu denken. Und das kann wirklich jeder sofort einsetzen, man braucht kein Vorwissen dazu.«

Die Themen sind ganz unterschiedlich: Wie organisieren wir die Arbeit in einem bestimmten Unternehmensbereich? Wie wollen wir in Zukunft miteinander arbeiten? Wie können wir den Trend Sprachsteuerung in unser Einkaufserlebnis einbinden? »Es gibt immer Workshop-Teilnehmer, die erst einmal in den Meckermodus verfallen und sagen, was alles nicht funktioniert. Gute Ideen werden oft vorschnell mit einem ›Ja, aber‹ erstickt. Mit ›Was wäre, wenn‹ und ›Ja, und‹ durchbreche ich diesen Mechanismus«, beschreibt Jorré die Vorzüge des Moonshot Thinking.

Der Schlüssel zum Erfolg: eine hohe psychologische Sicherheit im Unternehmen. Das findet auch der Agile Coach: »Herrscht eine Misstrauenskultur im Unternehmen, wird sich kein Mitarbeiter trauen, mutige, unkonventionelle Ideen zu teilen. Menschen müssen sich sicher fühlen, um Gedanken auszusprechen, die vielleicht auf den ersten Blick keinen Sinn ergeben oder noch nicht zu Ende gedacht sind. Vielleicht erschließt sich der Sinn einer Idee erst auf den dritten Blick oder die Teilnehmer spinnen sie in eine ganz andere Richtung weiter. Menschen lehnen sich nur dann aus dem Fenster, wenn sie keine Angst vor Herabwürdigung, Verurteilung oder negativen Konsequenzen haben müssen.«

Jorrés Praxistipp zum Workshop-Setting lautet: »Keine Tische. Die Leute sollen sich nicht zurücklehnen, sondern aus sich herausgehen und kreativ werden. Machen Sie einen Stuhlkreis oder – noch besser – lassen Sie die Teilnehmer aufstehen zu dieser Übung. Bringen Sie Bewegung rein, dann werden die Teilnehmer auch kreativere Ideen produzieren.«

Future Press Release

Wie Sie mit dem Working-Backwards-Ansatz Produkte entwickeln, die Ihre Kunden wirklich lieben

>*»Wir arbeiten vom Kunden ausgehend,*
>*anstatt erst mit der Idee für ein Produkt anzufangen*
>*und dann zu versuchen, Kunden davon zu begeistern.«[113]*

Ian McAllister, Geschäftsführer von Alexa International
und Gründer von Amazon Smile

Wie oft werden Netflix, Spotify, Alibaba, Facebook und Co. für ihre unglaubliche Kundenorientierung gelobt und als Vorbild genannt. »Der Kunde ist König«, dieses Motto klingt doch jedermann vertraut – wo also liegt der Unterschied? Was können wir von den digitalen Riesen lernen, um bei der Entwicklung neuer Produkte schon früher die Kundenperspektive zu berücksichtigen?

Amazon hat nicht nur Kundenorientierung, sondern sogar »Customer Obsession«, also so etwas wie »Kundenbesessenheit« zum obersten Führungsprinzip erhoben, um sich von seinen Mitbewerbern abzuheben. Das Unternehmen hat mit der Future Press Release[114] einen Weg gefunden, den jedermann anwenden kann.

Vor der Entwicklung eines neuen Produkts schreiben die Mitarbeiter zunächst das Future Press Release, in der sie das fertige Produkt im Unternehmen ankündigen. Zielgruppe dieser Pressemitteilung sind die Kunden, also die Nutzer des neuen Produkts oder Projekts – sowohl intern (bei internen Projekten) als auch extern. Im Zentrum der Pressemitteilung steht die Vorstellung des Kundenproblems, warum bisherige Lösungen gescheitert sind und wie das neue Produkt oder Projekt diese bestehenden Alternativen in den Schatten stellt. Aber das Vorhaben muss eine echte Innovation darstellen und einen deutlichen Mehrwert für seine Nutzer generieren[115] (vgl. auch Moonshot Thinking).

Die Pressemitteilung dient als Orientierungs- und Fokussierungshilfe bei der Produktentwicklung. Das Projektteam sollte sich daher die Pressemitteilung im Entwicklungsprozess regelmäßig vor Augen führen und fragen: »Entwickeln wir tatsächlich das, was wir in der Mitteilung beschrieben haben?« Stellt es fest, dass das Team an Anwendungen bastelt, die nicht in der Pressemitteilung stehen (Over-Engineering), gilt es kritisch nach dem Grund zu fragen. So bleibt die Produktentwicklung auf den anfangs definierten Kundennutzen fokussiert und nicht auf Funktionen, deren Umsetzung länger dauert, unnötige Ressourcen in Anspruch nimmt und keinen Mehrwert für die Kunden hat[116] (vgl. auch Pretotyping und Learning by Testing).

Wann eine Future Press Release sinnvoll ist

Sie möchte in Ihrem Unternehmen Produktinnovation mit einem strukturierten, aber schlanken Prozess beschleunigen, ohne den Kundennutzen dabei außer Acht zu lassen? Sie stehen am Start eines neuen Projekts oder wollen ein neues Produkt entwickeln und das Management oder das Team für Ihr Vorhaben begeistern? Und Sie möchten alle denkbaren Risiken und Chancen für Ihr Vorhaben konstruktiv, aber auch kritisch mit Kollegen oder Entscheidern diskutierbar machen? Dann eignet sich die Future Press Release als Methode sehr.

Mit einer Future Press Release können Sie

- die Kunden- und Zielorientierung in Ihren Innovationsprozessen erhöhen,
- Ihre Produktentwickler, Techniker, Ingenieure und andere Experten in die Position Ihrer Kunden versetzen,
- Innovationen in Ihrem Unternehmen für alle Mitarbeiter verständlich kommunizieren,
- alle Mitarbeiter in den Innovationsprozess einbinden und auf das Ziel des Vorhabens einschwören. Das daraus entstehende gemeinsame Verantwortungsgefühl für das Projekt hilft Ihnen später bei der

Umsetzung Ihres Vorhabens, das typischerweise über mehrere Organisationsstrukturen entwickelt wird,

- nicht nur das Vorhaben selbst skizzieren, sondern besonders wichtig auch die Rahmenbedingungen und Hebel, die für den Erfolg Ihres Vorhabens entscheidend sind.

Sechs Regeln, damit Ihre Future Press Release erfolgreich wird

1. Zukunftsmusik. Ganz wichtig: Schreiben Sie die Pressemitteilung von einem definierten Zeitpunkt in der Zukunft, an dem der Erfolg Ihres Vorhabens bereits eingetreten ist, zum Beispiel ein bis zwei Jahre nach dem Launch. So können Sie auch schon Resultate vorweisen.

2. Kundenorientierung. Konzentrieren Sie sich auf die Beschreibung des Kundennutzens, der Problemlösung sowie auch darauf, wie sich durch die neue Lösung das Kundenerlebnis verbessert hat.

3. Klare Ziele. Zeigen Sie auf, welche ambitionierten Ergebnisse Sie mit der neuen Lösung erreicht haben und nennen Sie allenfalls auch Metriken, mit denen Sie Erfolg gemessen haben. Beispielsweise: Steigerung der Weiterempfehlungsrate, prozentualer Zugewinn an Marktanteilen, Anzahl Neukunden, Umsatzsteigerung oder gegebenenfalls Kosteneinsparungen et cetera.

4. Erfolgsfaktoren. Schildern Sie die kniffligsten Hindernisse, welche Sie lösen mussten, um das Produkt oder die Idee erfolgreich umzusetzen.

5. Kurz und knapp. Ihre Pressemitteilung sollte nicht länger als eine Seite sein. Verzichten Sie auf unnötige Details. Die Pressemitteilung ist keine Produktspezifizierung. Drei bis vier Sätze reichen meist pro Absatz, um einen Gedanken zu skizzieren.

6. Einfach ist gut. Vermeiden Sie Fachsprache und schreiben Sie so einfach und verständlich, als würden Sie das Produkt Ihren Eltern erklären. Nur dann ist Ihre Pressemitteilung für alle Mitarbeiter Ihres Unternehmens verständlich.

Und so funktioniert's

Start: Beamen Sie sich in die Zukunft – an einen beliebigen Zeitpunkt nach Umsetzung der neuen Idee oder Launch des neuen Produktes.

Titel: Wählen Sie einen sprechenden Titel, der Ihr Vorhaben so beschreibt, dass es alle Leser auf Anhieb verstehen.

Untertitel: Beschreiben Sie in einem Satz, wer die Nutzer, Kunden, Abnehmer Ihres Vorhabens sind und welchen zentralen Mehrwert diese davon erhalten haben.

Zusammenfassung: Fassen Sie die wichtigsten Eigenschaften und den zentralen Mehrwert Ihres Vorhabens zusammen, den Sie durch die Umsetzung des Vorhabens erreicht haben. Formulieren Sie so, dass der Leser nicht weiterlesen müsste, um Ihr Vorhaben zu verstehen.

Problembeschreibung: Erklären Sie Ihren Lesern, welches Problem Sie mit Ihrem Vorhaben gelöst haben.

Lösung: Skizzieren Sie, wie Ihr Vorhaben dieses Problem gelöst hat.

Erste Schritte: Beschreiben Sie, seit wann die Lösung, das Produkt oder Dienstleistung verfügbar ist.

Resultate: Überlegen Sie sich ein griffiges Zitat Ihres Unternehmenssprechers, der den Nutzen Ihres Vorhabens für Ihr Unternehmen noch einmal hervorhebt. Und aufzeigt, was Sie durch die Umsetzung des Vorhabens als Ergebnis erreicht haben. Je konkreter, desto besser.

Kundenzitat: Formulieren Sie ein Zitat eines hypothetischen Kunden, das illustriert, inwiefern diese neue Lösung sein Leben verbessert und wo er den Mehrwert sieht.

Call to Action: Teilen Sie dem Leser mit, was er tun kann, um bei Interesse am Produkt oder der Dienstleistung mehr Informationen zu erhalten und/oder Kunde zu werden.

FAQ: Fügen Sie der Pressemitteilung eine FAQ-Liste bei, in der alle potenziellen Fragen der Kunden oder des Lesers beantwortet werden. Das hilft proaktiv aus Kunden-/Leserperspektive Antworten auf die häufigsten Fragen zu finden und argumentativ besser vorbereitet in die Diskussion der Future Press Release mit den Kollegen zu gehen.

Feilen Sie an Ihrer Pressemitteilung und drehen Sie ein paar Schleifen, bis Sie damit zufrieden sind. Arbeiten Sie den Kundennutzen und Ihre Argumente immer besser heraus, bis in jedem Absatz ein deutlicher roter Faden und eine klare Argumentationslinie erkennbar sind. Suchen Sie sich einen Sparringspartner, der von Ihrer Idee keine Ahnung hat. Er kann Ihnen helfen, Ihre Future Press Release leicht verständlich zu formulieren.

Aller Anfang ist schwer

Schreiben Sie Ihr erstes Future Press Release über ein bereits etabliertes Produkt oder Projekt, um zu üben. Sie werden sehen, das Schreiben wird von Mal zu Mal leichter.

Erfahrungen mit der Future Press Release

Silvia Nordmann, Steuerberaterin und Wirtschaftsprüferin in der Kanzlei Dr. Beckmann, Nordmann, Meyer, erzählt vom Einsatz des Tools Future Press Release:

Sie möchte die Entwicklung neuer Geschäftsbereiche in ihrer Kanzlei schon vor der Realisierung unter einem guten Stern wissen. Als sie in einem Vortrag von der Methode Future Press Release erfuhr, war sie beeindruckt und wollte das auch mal ausprobieren. Da sie selbst keine Pressemitteilungen schreiben kann, bat sie eine Freundin aus der PR um

Hilfe. Damals ging es darum, ob sie als traditionelle Kanzlei den Schritt wagen und mit Mandanten aus der sich schnell drehenden Games-Industrie das Portfolio entscheidend erweitern sollten. Die damals entworfene Future Press Release hörte sich toll an und heute – nachdem sie seit Jahren sehr erfolgreich und begeistert auf die Zusammenarbeit mit einer Reihe illustrer Mandanten aus der Games-Branche zurückblickt, ist sie sehr dankbar für dieses Tool. »Damit lassen sich wichtige Veränderungen im Unternehmen einmal durch die Glaskugel betrachten, bevor große Investitionen getätigt werden oder ein schnell gestartetes, kostspieliges Projekt wenig später in der Realität scheitert«, sagt Nordmann. Schon das Aussprechen beziehungsweise Aufschreiben einer Idee bringt fast automatisch erste verwertbare Resultate – vorausgesetzt, die Idee passt zum bereits bestehenden Geschäftsmodell und der Markt ist reif dafür. In den Folgemonaten und Jahren folgten noch einige Future Press Releases. Eine drehte sich beispielsweise darum, ob Workshops zur im November 2018 eingeführten E-Rechnungsverordnung auf ein interessiertes Publikum stoßen könnten. »Aktuell arbeitet das Team an einer Pressemitteilung, die davon berichtet, wie es wäre, eine Partnerkanzlei in Japan zu eröffnen mal sehen, wie die fertige Pressemitteilung sich liest und wie ich die Idee dann umsetzen könnte«, sagt Nordmann.

Die Triggerfish Animation Studios in Kapstadt gründeten 2015 eine Stiftung mit dem Ziel, die Aus- und Weiterbildungsmaßnahmen für junge Zeichentrickfilmkünstler aus Townships zu fördern und afrikanisches Storytelling weltweit bekannt zu machen. Bei der Entwicklung des Stiftungsprogramms hatte das Team Schwierigkeiten, sich auf konkrete Ziele und Maßnahmen festzulegen und kam immer weiter vom ursprünglichen Kurs ab. Das hatte zur Folge, dass der Fundraising-Pitch immer länger, unpräziser und unverständlicher wurde. Potenzielle Sponsoren waren eher verwirrt von der Vielfalt an Informationen. Um den Fokus ihres Pitch zu finden und damit die Erfolgschancen für die Fundraising-Kampagne zu erhöhen, schlug Stuart Forrest, der Direktor von Triggerfish Animation Studios, vor, das Team solle mithilfe des Unternehmenssprechers eine Future Press Release zur Vision und den Aktivitäten der Stiftung erstellen. Damit startete die Stiftung ihre Fundraising-Aktivitäten – mit Erfolg. »Wir stellten fest, dass wir versucht hatten, zu viele Probleme zu lösen. Das verwässerte unsere Kernbotschaft. Die Future Press Release half uns zu fokussieren. Sie unterstützte uns, uns auf ein einziges Problem zu konzentrieren und in eine Story zu fassen, die für jeden leicht verständlich ist. Indem wir die Pressemitteilung überarbeiteten, bis wir eine klare, leserorientierte Botschaft erhielten, konnten wir einen smarten und überzeugenden Pitch definieren«, berichtet Forrest.

11-Star-Experience

Wie Sie mit »Mindfuck Experiences« die Erwartung Ihrer Kunden übertreffen können

> »Wenn du etwas wirklich Virales kreieren willst,
> musst du den Leuten den Kopf verdrehen,
> eine Erfahrung hervorrufen, von der alle reden.« [117]

Brian Chesky, Mitbegründer und CEO von Airbnb

Stellen Sie sich vor, Sie buchen eine Übernachtung bei Airbnb in San Francisco. Bei Ihrer Ankunft am Flughafen begrüßt Sie Elon Musk mit den Worten: »Herzlich willkommen! Wir fliegen jetzt gemeinsam zum Mars.« Total verrückt, oder wie Brian Chesky sagen würde: »Eine bewusstseinsverändernde Erfahrung!«[118] Chesky ist überzeugt, dass der direkte Austausch mit Kunden der Schlüssel dazu ist, ihre Bedürfnisse zu verstehen und Produkte und Services zu entwickeln, die ihre Erwartungen übertreffen.[119] Das weiß er aus erster Hand, denn zu Airbnbs Anfangszeiten fuhr er höchstpersönlich zu seinen Kunden, um mit einer professionellen Kamera Fotos von ihrem Zuhause zu machen. Nicht nur um das Fotografenhonorar einzusparen, sondern vor allem um direktes Feedback zu erhalten: zum bestehenden Produkt Airbnb, aber auch dazu, wie das Wunschprodukt der Zukunft für seine Kunden aussehen könnte. Durch diese »Hausbesuche« erhielt er wichtige Antworten auf die Frage, was Airbnb tun musste, damit Kunden überrascht und so begeistert wären, dass sie ihr positives Airbnb-Erlebnis sofort mit der ganzen Welt teilen würden.

Eine Methode, die Airbnb dabei geholfen hat, sich in die Perspektive ihrer Kunden hineinzuversetzen, ist das Gedankenexperiment »11-Star-Experience«. Die Idee dahinter ist, sich zu überlegen, welche Erwartungen Kunden im Hinblick auf ein 1-Stern-, 2-Sterne-, 3-Sterne- oder eben ein 11-Sterne-Erlebnis haben. Warum das Ganze? Chesky ist überzeugt, dass erfolgreiche Unternehmen die Grenzen des Normalen und Machbaren für ihre Produkte und Dienstleistungen neu definieren müssen, damit sie am Ende die Erwartungen ihrer Kunden übertreffen können. Es lohnt sich also, bei diesem Gedankenexperiment mutig zu denken und sehr verrückte Ideen zuzulassen, die spätestens bei der 9-Sterne-Bewertung ins Absurde abdriften, um diese Extreme anschließend wieder zu verwerfen. Das Tolle daran: Die abgespeckten Versionen des Absurden bergen viele gute Ansätze, auf die man sonst womöglich nicht gekommen wäre. Und nach dieser gedanklichen »Entgleisung« empfinden Sie höchstwahrscheinlich plötzlich Dinge als machbar, die Ihnen vorher unmöglich erschienen.

Airbnb führte das Gedankenexperiment durch, um sein Produkt »Übernachtung« zu überdenken: Stellen Sie sich vor, Sie kommen bei Ihrer Airbnb-Unterkunft an und niemand macht Ihnen die Tür auf. Das wäre wohl höchstens ein 1-Stern-Erlebnis. Oder Sie kommen an, klopfen und es dauert 20 Minuten, bis jemand die Tür aufmacht. Das wären vielleicht zwei Sterne. Ein 5-Sterne-Erlebnis könnte sein, wenn der Host Ihnen die Tür öffnet, Sie mit Namen begrüßt, in der Wohnung herumführt, ein kleines Willkommensgeschenk auf dem Bett liegt und Ihre Lieblingssüßigkeit und eine gute Flasche Wein im Kühlschrank auf Sie warten. Für jeden weiteren Stern überlegte das Airbnb-Team nun, wie man das Check-in-Erlebnis weiter toppen könnte. Der Host könnte sich beispielsweise schon vor der Ankunft mit Ihren Interessen vertraut machen und deshalb wissen, dass Sie surfen und das Meer lieben. Als Extra-Service könnte er Privatstunden gebucht, ein passendes Surfbrett und einen Neoprenanzug in der richtigen Größe organisiert haben. Davon würden Sie höchstwahrscheinlich Ihren Freunden berichten, wenn Sie aus dem Urlaub zurückkehren. Spinnt man das Experiment weiter, wäre die absolute »Mindfuck Experience« mit elf Sternen wahrscheinlich, wenn der berühmte Surfer Kelly Slater persönlich Sie in Empfang nimmt, Ihnen seine besten Surfspots zeigt und Ihnen ein privates Coaching gibt.

Sie merken es schon: Spätestens beim neunten, zehnten und elften Stern kippen die Ideen ins Verrückte oder Unrealistische. Doch gerade deswegen, ist Chesky überzeugt, wirkt diese Gedankenübung so gut.

Noch ein Beispiel zum Airbnb-Check-in: Ein 10-Sterne-Erlebnis könnte beispielsweise der »Beatles-Check-in« sein. Sie steigen aus dem Flugzeug und mehr als 5000 Kinder singen, tanzen und heißen Sie im Land willkommen. Reporter wollen Interviews mit Ihnen führen und alles dreht sich um Sie als VIP-Gast. Das wäre laut Chesky eine unglaubliche »Mindfuck Experience«, die höchstens noch durch das eingangs erwähnte 11-Sterne-Erlebnis mit Empfang durch Elon Musk am Gate und Einladung zum Marsflug getoppt werden kann (vgl. auch Moonshot Thinking). Nach diesen gedanklichen Exzessen wirkt eine 5-Sterne-Experience plötzlich einfach und absolut machbar: die Interessen und Hobbys eines Gastes herausfinden, den Essens- und Weingeschmack treffen und so das bisherige Kundenerlebnis übertreffen.[120]

Wann eine 11-Star-Experience sinnvoll ist

Sie stellen fest, dass Sie Kunden verlieren und Ihre Produkte oder Dienstleistungen an Beliebtheit verloren haben. Oder Sie möchten Ihr Team noch stärker auf die Bedürfnisse Ihrer Kunden einschwören. Zu diesem Zweck suchen Sie nach Inspiration für Innovationen, Ihnen fehlt aber der Input zum Denken jenseits der normalen Sphären. Die gute Nachricht ist: Sie können trainieren, vermeintlich Unmögliches möglich zu machen und dadurch Ihren Kunden ein noch nie dagewesenes und neuartiges Erlebnis zu bescheren, das ihre Erwartungen bei Weitem übertrifft.

Mit der 11-Star-Experience können Sie

- neue Produkte und Dienstleistungen entwickeln, die über die Erwartungen Ihrer Kunden hinausgehen und so die Nachfrage erheblich steigern,
- gemeinsam mit Ihrem Team visualisieren, wie ein exzellentes Kundenerlebnis aussehen könnte oder Ihre Vorstellung eines exzellenten Kundenerlebnisses neu definieren,
- Ihr Team und sich selbst herausfordern, in Extremen zu denken und die Grenzen des bisher Machbaren zu erweitern,
- die Kreativität Ihres Teams anstacheln – und Ihre eigene ebenso.

Und so funktioniert's

Dauer: 1–3 Stunden, je nach Detaillierungsgrad der Ideen und Anzahl der Teilnehmer
Rollen: Moderator und Teilnehmer, ggf. Verantwortlicher für Innovation, Sales und Customer-Experience einladen
Teilnehmer: 6–7 Personen pro Workout-Session
Zubehör: Post-its, Stifte, Flipcharts/Whiteboard oder Pinnwand

1. Stellen Sie eine oder mehrere Gruppen von maximal sechs bis sieben Leuten zusammen, die sich jeweils um die gleiche Fragestellung kümmern. Mischen Sie die Teilnehmer gut durch, sodass Menschen aus unterschiedlichen Bereichen, Funktionen, Hierarchiestufen und Erfahrungswelten zusammentreffen.
2. Überlegen Sie gemeinsam, was eine 1-Star-Experience aus Sicht Ihrer Kunden sein könnte. Schreiben Sie dieses Erlebnis auf Post-its und kleben Sie diese an ein Whiteboard oder eine Pinnwand. Überlegen Sie nun, wie Sie dieses Erlebnis toppen können: Was erwartet der Kunde bei einer 2-, 3-, 4- bis 11-Star-Experience? Schreiben Sie

für alle Stufen Ihre Ideen und Gedankenfetzen auf, auch wenn sie noch so mutig und verrückt klingen. Starten Sie jede Phase mit einem Brainstorming in Stille, damit das Team nicht direkt in die Diskussion von Ideen einsteigt. Vor allem in den Erfahrungen ab 6 oder 7 Sterne bewährt sich diese Methode, damit verrückte Ideen auch Raum finden.

Tools mischen

Hier können Ihnen die Methoden »Was wäre, wenn« und »Ja, und« (vgl. Moonshot Thinking) helfen, gemeinsam verrückte Ideen weiterzuspinnen.

3. Haben Sie das Gedankenexperiment bis zum elften Stern durchgespielt, greifen Sie die besten Ideen auf und bewerten deren Machbarkeit.
4. Überlegen Sie gemeinsam, welche Ideen Sie umsetzen möchten und leiten Sie die nächsten Schritte in die Wege.

Allein oder gemeinsam

Sie können diese Übung auch nur für sich machen. Oft hilft aber ein sehr kontrovers denkender Sparringspartner dabei, dass die Ideen noch größer werden.

Erfahrungen mit der 11-Star-Experience

CM Kunststoffbeschichtungen Malien ist ein inhabergeführtes Unternehmen aus Norddeutschland mit rund zehn Mitarbeitern, das sich seit 45 Jahren auf die Verarbeitung von Kunstharzböden spezialisiert hat. Obwohl Bauvorhaben wie die Instandsetzung von Beschichtungsarbeiten mit Kunstharzfußböden komplex sind und viel Expertenwissen erfordern, gerät die Branche zunehmend unter Druck, was sich auf die Auftragslage auswirkt. Zwar kann das Unternehmen auf langjährige Kundenbeziehungen bauen, jedoch gewinnen Handwerkervermittlungsportale wie MyHammer immer mehr an Bedeutung und beeinflussen vor allem die Zahlungsbereitschaft der Kunden.

Vor diesem Hintergrund suchte der Geschäftsführer Axel Schickore den Austausch mit unterschiedlichen Personen, um Lösungen und Impulse für die zukünftige Positionierung des Unternehmens zu finden: »Eine gute Bekannte hatte mir von der 11-Star-Methode erzählt. Sie war begeistert und meinte, ich solle dies auch in meinem Umfeld einmal einsetzen. Es könnte mir helfen, Klarheit zu finden, wie ich zukünftig Nähe zu den Kunden aufbauen, ihre Erwartungen übertreffen und mich so von der Konkurrenz abheben kann..

»Zuerst dachte ich, die Sternebewertung des Kundenerlebnisses einer Übernachtung bei Airbnb und jemandem, der einen Kunstharzfußboden kauft, sei doch recht unterschiedlich«, erzählt er. Dann sei ihm bewusst geworden, dass er bei einem solchen Gedankenexperiment eigentlich nur gewinnen kann. Schließlich geht es bei Airbnb genau wie bei ihm darum, möglichst innovative Wege zu finden, anspruchsvolle Kunden nicht nur zufriedenzustellen, sondern ihre Erwartungen zu übertreffen – mit Annehmlichkeiten und Angeboten, von denen sie gar nicht wussten, dass sie sich diese wünschen. Das ist es, was ein Unternehmen klar von der Konkurrenz abhebt. Allein durch das verwendete Material sei das in seinem Fall heute schwierig. Aber die Kundenbetreuung, wie zum Beispiel Bedarfsanalyse, Lösungsorientierung, langfristige Sanierungsstrategie, wäre ein klares Alleinstellungsmerkmal.

Erst einmal nahm sich der Geschäftsführer Zeit und machte die Übung nur für sich alleine: »1 Stern wäre die Situation, jemand versucht uns vergeblich zu erreichen. Die im Telefonbuch eingetragene Nummer jedoch ist nicht mehr gültig und auch die Website ist nicht zu erreichen«, führt Schickore aus. Dabei wurde ihm bewusst, dass dies tatsächlich eine Zeit lang aufgrund einer technischen Umstellung der Fall war. »6 Stern wäre eine Situation, in der wir dem Kunden, bevor er selbst weiß, dass sein Boden sanierungsbedürftig ist, proaktiv eine Musterplatte inklusive konkretem Projektplan und To-dos zusammenstellen und dazu die vom Einkäufer geforderte Angebotsvorlage verwenden.« Die Gedankenübung sei bei zunehmenden Sternen unterhaltsamer und auch für ihn weniger realistisch geworden. Dennoch wurde deutlich, dass so manches, was zu Beginn unmöglich oder gar utopisch schien, bei genauerer Betrachtung dennoch wertvolle Hinweise lieferte, wie er zukünftig den Dienst am Kunden verbessern könne.

Hackathon

Warum Sie die Suche nach Innovationen zu einem gemeinschaftlichen Event machen sollten

> *»Du musst das tun, von dem du glaubst,*
> *dass du es nicht kannst.«* [121]

> Eleanor Roosevelt, ehemalige First Lady,
> Menschenrechtsaktivistin und Diplomatin

Jeder, der bei der Erarbeitung einer Problemlösung anwesend ist und einen aktiven Teil an der Herleitung von Lösungen hat, ist automatisch viel offener der neuen Idee gegenüber und übernimmt unbewusst auch eher die Verantwortung für eine erfolgreiche Umsetzung. Tech-Giganten nutzen diese Erkenntnis schon seit Jahrzehnten, um ihre gesamte Belegschaft in die Innovationssuche zu involvieren.

Genau das hat auch Facebook am Abend vor seinem historischen Börsengang am 18. Mai 2012 getan. Während weltweit über den Marktwert des Unternehmens spekuliert wurde, veranstaltete Facebook an seinem Hauptsitz in Menlo Park einen All-Night-Hackathon – eine Coding-Party, an der Mitarbeiter bis in die frühen Morgenstunden an Projekten arbeiteten, die nicht zu ihrem Tagesgeschäft gehören. Der legendäre »Hackathon 31« vom 17. Mai 2012 endete, als Mark Zuckerberg am nächsten Morgen mit der NASDAQ-Glocke den Handelsbeginn der Wall Street einläutete. Besser hätte Facebook seine Unternehmensphilosophie an diesem geschichtsträchtigen Tag nicht unterstreichen können:

Der Börsengang ist zwar wichtig für Facebook, im Kern wird es aber immer darum gehen, neue Produkte zu entwickeln und auf den Markt zu bringen. Oder wie Mark Zuckerberg es ausdrückte: »Bleib fokussiert und am Ball.«[122]

Hackathons sind ein integraler Bestandteil von Facebooks Unternehmenskultur und gewissenmaßen die »geheime Zutat« für den weltweiten Erfolg des sozialen Netzwerks. Die ersten Facebook-Hackathons fanden alle sechs bis acht Wochen statt, immer von 22 Uhr bis 6 Uhr, begleitet von viel Pizza und Bier. Seitdem sind in über 30 Hackathons erfolgreiche neue Features wie der Like-Button, personalisierte Newsfeeds, die Tag-Funktion in Kommentaren sowie der Facebook Messenger entstanden.

Wer Hackathons tatsächlich erfunden hat, ist bis heute nicht bekannt. Sicher ist jedoch, dass sich die Hack-Marathons seit Beginn der 2000er-Jahre explosionsartig ausgebreitet haben – und zwar nicht nur bei Software-Giganten wie Google, Facebook, LinkedIn, Xing, Yelp oder Dropbox. Auch traditionellere Unternehmen nutzen Hackathons mittlerweile als Kickstarter für neue Ideen.

Der Kerngedanke ist: Bring möglichst viele ambitionierte, kreative Menschen aus unterschiedlichen Bereichen und Hierarchien an einem Ort zusammen und lass sie unter Zeitdruck an Problemen arbeiten, die im Tagesgeschäft bisher unlösbar schienen. In der Tat scheint es so zu sein, dass je weniger Zeit für die Lösung des Problems zu Verfügung steht, die Wahrscheinlichkeit für eine erfolgreiche Problemlösung steigt.[123]

Bei Yelp, dem Empfehlungsportal für Restaurants und Geschäfte, werden dreimal jährlich Hackathons organisiert. Dabei werden sogar Awards vergeben in den Kategorien »Nützlich«, »Lustig«, »Cool«, »Hardcore«, »Unhack« und »Spotlight«. Mit dem Spotlight-Award zeichnet Yelp spezifische Themen aus, die wichtig sind – wie zum Beispiel Inklusion, ein essenzieller Wert der Unternehmenskultur. Ziel ist es, mit der breiten Palette von Projekten und Aktivitäten zu inspirieren, um das Bewusstsein dafür schärfen, wie wichtig eine inklusive Arbeitskultur für das Unternehmen ist.[124]

Microsoft Deutschland hat für sich eine abgeleitete Version ins Leben gerufen, das sogenannte »Hackfest«.[125] Dazu wurde das jährliche Company-Meeting mit traditionellen Strategiepräsentationen in gemeinsame Hackathons mit Kunden und Partnern umgebaut. Neue Strategien, Organisationen und Prozesse werden so hautnah erlebbar. Das Spezielle daran: Die Mitarbeiter arbeiten gemeinsam mit den Kunden an Innovationsthemen. Konkret bedeutet das, dass Kunden und Partner im Vorfeld eigene Themen einreichen können, die dann in unterschiedlichen Gruppen von den 1700 Mitarbeitern von Microsoft Deutschland bearbeitet werden. Gemeinsam wird daran gefeilt, mit Kunden und Partnern ein sogenanntes Minimum Viable Product, kurz MVP, zu entwickeln, also ein Produkt mit den minimalen Anforderungen und Eigenschaften. Codes, Prototypen und Konzepte entstehen so im Lauf des Tages in sehr heterogenen Gruppen. »Das Kundenversprechen war, dass rund 50 Personen aus den unterschiedlichsten Fachbereichen das Thema eines Kunden bearbeiten würden. Es war bemerkenswert zu sehen, wie nur schon nach zwei bis drei Stunden strukturierten Arbeitens die ad hoc zusammengestellten Teams zu beeindruckenden Ergebnissen kamen – obwohl sich die Beteiligten vorher meistens kaum kannten. Zudem entstand ein hohes Maß an Kreativität und Begeisterung, wie rasch sich die Teilnehmer auch völlig neue Themen erschließen konnten. Alle 40 Projekte kamen zu Resultaten und zahlreiche Projekte wurden danach weitergeführt. Die gewonnenen Erkenntnisse der Kunden: dass eine interdisziplinäre Betrachtung von Definitionen bei Innovationsprojekten zu wertvollen zusätzlichen Einsichten führen, bevor Kosten entstehen, und sich die Erfolgschancen wesentlich verbessern«, so Alexander Stüger, Vice President und Transformation Lead bei Microsoft.

Wann ein Hackathon sinnvoll ist

Hackathons helfen allen Unternehmen dabei, Innovationen voranzutreiben – unabhängig von ihrer Branche oder dem Geschäftsbereich. Sie sind also nicht auf Softwareentwicklung beschränkt.

Mit einem Hackathon können Sie

1. durch den Eventcharakter und die knappe Zeit Ihre Mitarbeiter dazu motivieren, in kürzester Zeit möglichst viele Ideen oder sogar kleine Prototypen zu entwickeln,
2. Ihre Mitarbeiter ermutigen, interdisziplinäre Teams zu bilden und gemeinsam an neuen Ideen zu arbeiten,
3. die Selbstorganisation und Soft Skills Ihrer Mitarbeiter fördern,
4. motivierte Mitarbeiter an Ihr Unternehmen binden, weil sie an ambitionierten Ideen abseits ihrer Aufgaben- und Stellenbeschreibung arbeiten können,
5. Ihr Unternehmen attraktiv machen für neue Mitarbeiter.

Und so funktioniert's

Dauer: 1 Tag
Teilnehmer: Ihr Team respektive Ihre Teams
Zubehör: ein Raum, in dem Sie ungestört arbeiten können und viel Arbeitsmaterial wie Whiteboards (können auch Papp-Pinnwände sein), Flipcharts (gerne auch elektrostatische Folie, die Sie auch an Wände kleben können), Post-its und Stifte. Zum Bau kleiner Prototypen eignet sich alles erdenkliche Bastelmaterial sowie Lego.

Vorbereitung[126]
Falls Sie zum ersten Mal einen Hackathon durchführen, erklären Sie dem Team vorher Ihre Absicht. Definieren Sie ein übergeordnetes Thema oder eine strategische Herausforderung, die Sie als Team gerade meistern müssen. Sie können die Herausforderung auch gemeinsam mit dem Team festlegen. Das erhöht das Commitment der Teilnehmer und bringt womöglich Herausforderungen ans Tageslicht, die Sie vielleicht gar nicht auf dem Schirm hatten.

Gruppenbildung

Fordern Sie Ihr Team auf, über Fachbereiche, Abteilungen und Hierarchien hinweg zusammenzuarbeiten. Laden Sie Kollegen aus anderen Bereichen oder auch externe Experten dazu ein, die Ihr Team fachlich und persönlich gut ergänzen. Ziel ist es, dass Gruppen zwischen vier und acht Personen während des Hackathons an jeweils einem Thema arbeiten.

Wohlbefinden

Sie wollen, dass Ihre Mitarbeiter kreative Höchstleistungen erbringen, um Ihre Herausforderung zu lösen? Unterstützen Sie diese Hirnleistung mit ausreichend Snacks und Getränken und schaffen Sie ein gemütliches Ambiente mit genügend Rückzugsmöglichkeiten für alle Teams. Schaffen Sie vor allem ein Gefühl der psychologischen Sicherheit während der Veranstaltung, damit sich Ihre Mitarbeiter auch trauen, ihren Ideen freien Lauf zu lassen. Lassen Sie den Hackathon zum Beispiel durch ein Mitglied der Geschäftsleitung eröffnen und betonen Sie noch einmal, dass es explizit darum geht, neue Dinge auszuprobieren, Spaß zu haben und mit anderen Menschen an einer großen Sache zu arbeiten.

Anerkennung

Am Ende des Hackathons präsentieren alle Teams ihre Produkte, Ideen und Lösungen. Die Form der Präsentation darf frei bestimmt werden, egal ob als Live Demo, Video, PowerPoint-Präsentation, Flipchart oder Elevator-Pitch. Wichtig ist: Die Form soll locker, unterhaltsam und individuell sein – genau wie der Hackathon selbst. Manche Unternehmen vergeben einen Preis für die besten Lösungen, in anderen nimmt der Vorstand teil und bedankt sich für die aktive Zusammenarbeit. In anderen wählen die Teams selbst die beste Idee aus.

Erfahrungen mit Hackathon: Hack-Week – Kreativität in Höchstform

Während Innovationen in vielen Unternehmen von einer starken Vision durch das oberste Management getrieben werden, sorgen bei Dropbox die Ideen der Mitarbeiter für konkurrenzfähige Lösungen. Und zwar in den sogenannten Hack-Weeks: 2000 Mitarbeiter – vom CEO bis zum Praktikanten – bekommen eine ganze Arbeitswoche Zeit, außerhalb der eigenen Aufgabengebiete an kreativen Gemeinschaftsprojekten zu arbeiten, für die im Arbeitsalltag keine Zeit bleibt.[127] »In der Dropbox-Hack-Week sind alle dazu angehalten, Zweifel und Hemmungen über Bord zu werfen und ihren Gedanken freien Lauf zu lassen. Genau aus dieser ungesteuerten Kreativität entstehen oft die besten Ideen«, so Marc Paczian, Dropbox Solution Architect.

Das Dropbox-Management ist überzeugt: Wer Bottom-up-Innovationen im Unternehmen fördert, nutzt seine wichtigste Ressource – die Mitarbeiter. Sie kennen das Unternehmen am besten, sind Experten in ihren Arbeitsbereichen und können durch den Kontakt zum Kunden dessen Wünsche und Bedürfnisse am besten einschätzen. In jedem Unternehmen schlummert ein grenzenloser Pool an Ideen. Mit Tools wie der Hack-Week kann man die innovativsten Ideen in kürzester Zeit herausfiltern und weitertreiben.[128]

Bei Dropbox sind auf diese Weise schon einige erfolgreiche Produkte entstanden, die das Unternehmenswachstum unterstützen, beispielsweise Dropbox for Business, die Zwei-Faktor-Authentifizierung, Smart Sync und Pied Piper – ein Kompressions-Tool, das das abgelegte Datenvolumen in der Dropbox um etwa 22,5 Prozent verringert. Bei 600 PB an Daten ist das ein ziemlich gutes Ergebnis.[129]

5. Lernen beschleunigen

Ein weit verbreitetes Missverständnis ist: Mitarbeiter müssen Fehler machen, um innovativ zu sein. Dabei geht es bei Innovationen nicht darum, möglichst viele Fehler zu machen, sondern darum, neue Dinge auszuprobieren. Klar ist, wenn wir Dinge zum ersten Mal tun, werden wir nicht auf Anhieb alles richtig machen. In einem Innovationsprozess ist dieses »nicht richtig machen« jedoch kein Fehler, sondern ein wichtiger Lernprozess. Entscheidend hier ist, diesen Lernprozess zu strukturieren und nachvollziehbar zu machen. Die folgenden Werkzeuge zeigen Ihnen unterschiedliche Methoden, wie Sie aus Experimenten und vermeintlichen Fehlern lernen können.

Werkzeuge im Überblick

Mit der **Root Cause Analysis** können Sie zur eigentlichen Ursache eines Problems vordringen, statt oberflächliche Symptome zu behandeln. Das verbessert die Qualität von Produkten, Services und Prozessen und sorgt dafür, dass Probleme nachhaltig gelöst werden und mit hoher Wahrscheinlichkeit nicht wieder auftreten. Gleichzeitig wird eine lösungsorientierte Fehlerkultur ohne Schuldzuweisungen etabliert und gefestigt.

Ein **Postmortem** ermöglicht Ihnen, Fehler und deren Ursachen transparent zu dokumentieren und dafür zu sorgen, dass das gesamte Unternehmen daraus lernt.

Fast noch eleganter entfaltet das **Premortem** seinen Nutzen, denn hier werden bereits potenzielle Fehler als Lernchance genutzt. Dabei nehmen Sie beim Projektstart das Scheitern vorweg, indem die Teilnehmer sich vorstellen, das Projekt wäre bereits gegen die Wand gefahren.

Mit dem **Día de los muertos** gedenken Sie der Toten, in diesem Fall der gescheiterten Projekte. Sie gedenken aber nicht nur, sondern nutzen vor allem die Lernchancen, die darin liegen – für Ihr Team, aber auch für die gesamte Organisation.

Pretotyping ermöglicht Ihnen, eine Idee im Frühstadium zu testen und sich schnell und kostengünstig Feedback von einer Kundengruppe einzuholen. Sie können mit diesem Tool schnell herausfinden, ob Sie mit einem Produkt ein echtes Kundenproblem lösen oder ein Bedürfnis Ihrer Kunden treffen, und so eine validere Entscheidungsgrundlage für Investitionen schaffen.

Mit **Learning by Testing** können Sie schnell hypothesengetrieben viele Ideen ausprobieren und Entscheidungen treffen, die auf realen Daten beruhen. Alle Mitarbeiter haben dabei die Möglichkeit, Entscheidungen mit Daten zu beeinflussen, unabhängig von ihrer Erfahrung oder ihrer Stellung in der Unternehmenshierarchie.

Root Cause Analysis

Wie Sie zu den eigentlichen Ursachen eines Problems vordringen, statt Symptome zu bekämpfen

> *»Die Ursache eines Problems ist immer auch der Schlüssel zu einer nachhaltigen Lösung.«*[130]

Taiichi Ohno, ehemaliger Vizepräsident der Toyota Motor Corporation

In der Medizin ist es unter Umständen leicht, den Unterschied zwischen Ursache und Symptom zu erkennen: Brechen Sie sich das Bein und nehmen Schmerzmittel ein, lindern Sie damit zwar Ihren Schmerz. Den Bruch selbst behandeln Sie damit aber nicht. In der Arbeitswelt fällt uns die Unterscheidung zwischen Ursache und Symptom meistens nicht so leicht. Wie oft nehmen wir bei einem Problem die einfache, naheliegende Lösung! Häufig mit der Konsequenz, dass das Problem immer wieder auftritt. Wir haben das Symptom behandelt, nicht die Ursache.

Ein wirkungsvolles Tool, bis zur verborgenen Ursache von Problemen vorzudringen, ist die Root Cause Analysis. Auch bekannt als »5-W-Methode«[131], wurde das Tool vom Toyota-Gründer Toyoda Sakichi in den 1950er-Jahren entwickelt, als er die Produktionsmethoden des Autoherstellers revolutionieren wollte. »Indem man fünfmal das Warum wiederholt, wird die Natur des Problems genauso wie auch seine Lösung deutlich«[132], beschreibt der Architekt des Toyota-Produktionssystems, Taiichi Ohno, die Methode.

Die Grundannahme bei der Root Cause Analysis ist, dass die Ursachen von Problemen vielfältig sind. Sie können physischer Natur sein, beispielsweise ein Materialfehler, der zu Bremsversagen bei einem neuen Auto führt. Oder sie haben menschliche Ursachen: Niemand hat die Bremsflüssigkeit aufgefüllt, deshalb haben die Bremsen versagt. Oder die Ursachen liegt im System: Niemand im Unternehmen fühlte sich verantwortlich für die Wartung des Autos und jeder nahm an, dass der andere die Bremsflüssigkeit aufgefüllt habe.

In der Regel ist es aber nicht eine Ursache, sondern eine Verkettung aus verschiedenen Faktoren, die letztlich zu Problemen führen. Die Root Cause Analysis hilft Ihnen dabei, mit der Komplexität der Symptome und Zusammenhänge besser umzugehen.[133]

Beispiel: Einführung eines Online-Shops

- **Problem:** Kunden bewerten das Kundenerlebnis bei der Online-Bestellung als sehr schlecht.
- **Warum?** Weil ihre Erwartungen an den Kundenservice nicht getroffen wurden.
- **Warum?** Weil man nicht in der Lage war, das Produkt innerhalb von 24 Stunden zu liefern
- **Warum?** Weil die Mitarbeiter im Lager nicht so schnell die Aufträge ausführen konnten.

- **Warum?** Weil die Anzahl Bestellungen zugenommen hat, aber die Anzahl Mitarbeiter gleich geblieben ist.
- **Warum?** Weil zwar im Marketing & Sales Mitarbeiter aufgebaut wurden, um Nachfrage für das Produkt zu generieren, aber im Lager nicht.

Die eigentliche Ursache (Engl. Root Cause) für die schlechte Bewertung des Online-Kundenerlebnisses ist also nicht bei der Benutzerfreundlichkeit des e-Shops, bei den Produkten, der Kundenansprache oder technischen Problemen zu suchen. Sondern es ist bedingt durch die Entscheidung, dass man sehr stark in Lead-Generierung und Steigerung der Nachfrage investiert und dort Personalaufbau bewilligt hat, aber sich nicht gleichermaßen auf den Aufbau des Personals im Lager gekümmert hat.

Wann eine Root Cause Analysis sinnvoll ist

Gerade in zeitkritischen Innovationsprojekten ist es im Rahmen des Lern- und Optimierungsprozesses wichtig, dass so schnell wie möglich die wahre Ursache für ein Problem erkannt wird. Personelle und zeitliche Ressourcen sind knapp und jegliche Form von Zeitverschwendung oder Arbeiten an Symptomen, anstatt an Ursachen, sollen vermieden werden. Die Root Cause Analysis eignet sich deshalb einerseits im persönlichen Austausch mit einem Kollegen oder auch in Teammeetings, bei Projekt-Reviews oder Postmortems. Oder eben immer, wenn Sie das diffuse Gefühl haben, es gibt ein Problem, das Sie lösen möchten.

Mit der Root Cause Analysis können Sie

- zur Ursache eines Problems vordringen, statt oberflächliche Symptome behandeln,
- dafür sorgen, dass Probleme nachhaltig gelöst werden und mit hoher Wahrscheinlichkeit nicht wieder auftreten,
- die Qualität Ihrer Prozesse und Produkte nachhaltig verbessern,
- Ihre Mitarbeiter motivieren, Fehlern oder Problemen auf den Grund zu gehen,

- eine lösungsorientierte Fehlerkultur stärken, die ohne Schuldzuweisung funktioniert,
- Ihre Arbeitsweisen und Prozesse akribisch durchleuchten und Möglichkeiten für nachhaltige Verbesserungen finden.

Und so funktioniert's

Dauer: ca. 30 Minuten
Rollen: Moderator und Protokollant
Teilnehmer: alle Personen mit Informationen zu einem Problem
Zubehör: Pinnwand oder Whiteboard, Kärtchen, Stift

Vorbereitung

Alle Mitarbeiter werden zu einem Austausch eingeladen, die zum aktuellen Problem, respektive den Hintergründen, etwas beitragen können. Dazu zählen nicht nur Team- oder Projektmitglieder, sondern auch Experten, die mit Systemen oder Prozessen in Ihrem Unternehmen besonders vertraut sind. Der Moderator führt die Diskussion und steuert die Teilnehmer vorsichtig durch die Kausalkette an Symptomen, bis sie gemeinsam zur Ursache des Problems vorgedrungen sind. Der Protokollant schreibt die Antworten der Teilnehmer auf Kärtchen und befestigt sie auf einer Pinnwand oder einem Whiteboard.

Keine Sündenböcke

Wichtig: Es darf nicht um Schuldzuweisungen gehen, sondern darum, gemeinsam die Ursache des Problems zu identifizieren und zu beheben, sodass es in Zukunft nicht wieder auftritt.

Problembeschreibung (5 Minuten)

Zu Beginn wird das Problem von der zuständigen Person oder dem Moderator vorgetragen. Danach werden gemeinsam alle wichtigen Daten zu dem Vorfall gesammelt, zum Beispiel: Seit wann existiert das Problem?

Wann ist es zum ersten Mal aufgetreten? Wer war davon betroffen? Welche Auswirkungen hat es auf das Unternehmen?

Root Cause Analysis (je 5 Minuten)

Der Moderator fragt die Teilnehmer, warum das Problem aufgetreten ist. Das ist das erste Warum und somit der Startpunkt für die Kausalkette. Oft gibt es verschiedene Antworten auf eine Warum-Frage bei den Teilnehmern. Diese Symptome werden gesammelt, die Wahrscheinlichkeit diskutiert und so lange eingegrenzt, bis auf das wahrscheinlichste Symptom gestoßen wird. Die Antwort darauf ist das erste Symptom. Anschließend geht der Moderator auf die erste Antwort ein und fragt wieder, warum dieses Symptom aufgetreten ist. Die Antwort darauf ist das zweite Symptom. Der Moderator wiederholt diesen Schritt, bis eine Kausalkette aus mindestens fünf Symptomen entsteht. Kann ein Symptom mithilfe der Warum-Frage nicht weiter heruntergebrochen werden, ist das womöglich die Ursache des Problems.

Sensibler Moderator

Der Moderator ist gefordert, besonders sensibel auf die Teilnehmer einzugehen. Er wägt sorgfältig ab, welche Details der Antwort er weiterverfolgen sollte, damit schlüssige Kausalketten entstehen und er sich nicht irgendwann im Kreis dreht. Je öfter man die Methode einsetzt, desto geübter wird der Moderator, aber auch das gesamte Team sein und umso schneller zur Ursache eines Problems vordringen.

Überprüfung (5 Minuten)

Ist das Team zu einer potenziellen Ursache des Problems vorgedrungen, kann dies nochmals verifiziert werden mit folgender Frage: »Wäre unser Problem aufgetreten, wenn diese Ursache nicht gewesen wäre? Und wird das Problem in Zukunft wieder auftreten, wenn wir die Ursache beheben?« Lautet die Antwort auf beide Fragen Nein, wurde mit großer Wahrscheinlichkeit die Ursache des Problems gefunden. Lautet die Antwort auf eine der beiden Fragen Ja, gilt es weiter nach der eigentlichen Ursache zu forschen.

Lösungsfindung (je 10 Minuten)

Zum Abschluss überlegt das Team gemeinsam, was konkret von wem zu tun ist, um die Ursache bis zu einem definierten Zeitpunkt zu beheben.

Erfahrungen mit Root Cause Analysis

Die Zalando SE wurde 2008 in Berlin als Online-Shop für Schuhe gegründet und hat sich seitdem zu Europas führender Online-Plattform für Mode entwickelt. Sie setzen das Tool regelmäßig ein, so Samir Keck, Team Lead Agile Coaching: »Eine Root Cause Analysis ist immer sinnvoll, wenn man etwas im Team oder Unternehmen verbessern möchte – einen Prozess, ein Produkt, ein Projekt. Wir binden die Root Cause Analysis in Postmortems und Retrospektiven, aber auch einfach in unsere Teammeetings ein. Wir haben gemerkt: Je öfter wir diese Fragetechnik einsetzen, desto schneller dringen wir zur eigentlichen Wurzel eines Problems vor. Das dauert manchmal eine halbe Stunde, manchmal kommen wir aber auch nach zehn Minuten schon auf die richtige Spur.«

Der große Mehrwert des Tools: Es durchbricht den Kreislauf der Symptombekämpfung. »Wenn ich ein Problem wirklich nachhaltig lösen will, muss ich an der Ursache etwas ändern. Dazu muss ich erst einmal bereit sein, nach dieser Ursache zu suchen. Viele verwechseln das mit der Suche nach einem Sündenbock. Es geht bei der Root Cause Analysis aber nicht darum, wer etwas falsch gemacht hat, sondern darum, zur Wurzel eines Problems vorzudringen. Nur wenn ich diese Wurzel behebe, stehen die Chancen gut, dass das Problem nicht wieder auftritt«, so Keck.

Bei der Formulierung der Warum-Fragen sind Fingerspitzengefühl und ein wenig Erfahrung gefragt, weiß auch Samir Keck. »Wenn ich fünfmal hintereinander nur >Warum?< frage, werden sich die Antworten schnell im Kreis drehen. Um das zu vermeiden, muss ich genau zuhören, was mein Gegenüber sagt und mit meinen Fragen sensibel auf die vorigen Antworten eingehen. Nur so bringe ich den Denkprozess voran und kann mich Schritt für Schritt an die Ursache des Problems herantasten.« Dass es selten nur eine Ursache gibt, erschwert die Suche natürlich. Meist ist es eine unglückliche Verkettung von Ereignissen, die Probleme auslösen. Das müsse man bei diesem Tool immer im Hinterkopf behalten, so Keck. »Oft ist das Erkennen des Problems aber schon der erste Schritt zur Lösung. Der Rest geht dann ganz leicht.«

Doch ohne eine vertrauensvolle Unternehmenskultur (Vgl. Psychologische Sicherheit) kann es nicht funktionieren, findet auch Samir Keck: »Wichtig ist, dass die Kollegen bereit sind, diesen Prozess mitzugehen und sich nicht verschließen – etwa aus Angst vor Schuldzuweisungen. Bei vielen Problemen in der heutigen Geschäftswelt haben die Ursachen etwas mit menschlicher Fehleinschätzung zu tun. Haben die Mitarbeiter aber Angst davor, Fehler einzugestehen, hat das Team oder die Organisation keine Chance, das Problem zu lösen.«

Postmortem

Wie Sie aus Fehlern effektive Lehren ziehen

> *»Du musst unternehmerisches Scheitern annehmen.*
> *Wenn Dinge schieflaufen, musst du dich hinsetzen*
> *und sie hinterfragen. Warum sind sie schiefgelaufen?*
> *Was kann ich lernen und was können wir besser machen?*
> *Unternehmen, die ihre Probleme unter den Teppich kehren,*
> *sind nicht resilient, weil sie nicht lernen.«*[134]

Sheryl Sandberg, COO von Facebook

Alle reden immer davon, dass Fehler und Innovationen untrennbar sind. Sie plädieren dafür, dass Fehler ein gewünschter Entwicklungsschritt zu digitaler Innovation sind, sofern es gelingt, kontinuierlich daraus zu lernen. Doch wie geht das? Wie fördern wir im Alltag durch unser Tun eine Lernkultur?

Unternehmen, in denen Fehler offen besprechbar sind, verschaffen sich einen Wettbewerbsvorteil. Oder wie Jeff Bezos, CEO von Amazon, es in einem Brief an seine Shareholder einmal formuliert hat: »Gerade weil Fehler unvermeidbar sind, müssen wir sie konstruktiv nutzen, das heißt (frühzeitig) erkennen, kritisch reflektieren und für künftige Vorhaben daraus lernen. Zudem – dabei hilft das Postmortem – sollten wir die Erkenntnisse festhalten und mit einem möglichst großen Menschenkreis teilen, damit anderen der gleiche Fehler nicht auch unterläuft.«[135]

In der Medizin ist diese Denkweise schon lange etabliert: Pathologen analysieren *post mortem*, das heißt nach dem Tod eines Patienten, in einer Obduktion, welche Ursachen dazu geführt haben. Diese Erkenntnis mag dem Verstorbenen selbst zwar nicht mehr helfen. Sie hilft aber sehr wohl den Ärzten, weil sie Patienten mit ähnlichen Symptomen künftig besser behandeln können.

Google, Facebook, Xing, Microsoft und Co. haben diesen Ansatz übernommen und verwenden Postmortems bereits seit vielen Jahren als eine strukturierte Methode, mit der aus Fehlern möglichst viele Erkenntnisse für die weitere Arbeit gewonnen werden. »Wenn Unternehmen scheitern, passiert dies meist aus Gründen, die fast jeder kennt, aber zu denen sich fast niemand geäußert hat«, bringt es Sheryl Sandberg, COO von Facebook, auf den Punkt.[136]

Gut etabliert ist das Postmortem übrigens auch im Umfeld von Programmierern. Sie verbringen nämlich einen Großteil ihres Arbeitstags damit, nach Softwarefehlern, sogenannten Bugs, zu suchen. Finden sie solche Fehler, beheben sie das zugrunde liegende Problem und stellen sicher, dass das System wieder einwandfrei funktioniert. Damit ist die Sache jedoch nicht erledigt! Fehler, Ursache und Lösungen werden in einem Postmortem dokumentiert und mit anderen Mitarbeitern geteilt, damit diese ähnliche Probleme in Zukunft schneller und besser lösen können.

Wann ein Postmortem sinnvoll ist

Mittlerweile ist das Postmortem in fast allen Unternehmensbereichen angekommen. Kein Wunder, ist es doch ein starkes Analysetool, das für alle neuen Initiativen, Produkt-Launches und Projekte hilfreiche Einsichten ermöglicht. Ganz nebenbei beeinflusst das Postmortem die Fehlerkultur Ihres Unternehmens zum Positiven. Denn wie gesagt, es werden überall Fehler gemacht. Entscheidend für den Erfolg eines Unternehmens ist heute, wie es damit umgeht.

Ein Postmortem hilft Ihrem Team oder Unternehmen, aus Fehlern zu lernen und damit Produkte, Services und die gesamte Organisation voranzubringen. Das Brillante daran: Sobald Sie den nachstehenden Schritt-für-Schritt-Anweisungen folgen, können Sie Ihr Unternehmen sofort in den Lernmodus versetzen. Das Postmortem fordert Mitarbeiter auf, Fehler klar zu benennen, und das ist äußerst wichtig.

Mit dem Postmortem können Sie

- Fehler und deren Ursachen transparent dokumentieren und dafür sorgen, dass das ganze Unternehmen daraus lernt,
- Ihr Projektteam dazu ermutigen, strukturiert konstruktives Feedback zu geben und kritische Aspekte und Probleme anzusprechen,
- die Fehlerkultur in Ihrem Unternehmen zum Positiven verbessern. Fehler werden nicht mehr als Rückschläge gesehen, sondern als Chancen wahrgenommen, aus denen man lernen und in Zukunft besser werden kann.
- durch das Beantworten der Fragen im Postmortem mit anderen Kollegen in sehr kurzer Zeit viele Daten, Ideen und Lösungen für Ihre Probleme sammeln.

Zwei Grundregeln für das Postmortem

1. Beim Austausch über Fehler und Verbesserungsvorschläge kann es hitzig zugehen. Bestimmen Sie im Vorfeld einen geeigneten Moderator, der dafür sorgt, dass die Diskussion sachlich und konstruktiv bleibt.
2. Damit die Debatte geordnet verläuft, setzen Sie vorab eine Agenda fest und briefen Sie den Moderator, damit er auf deren Einhaltung achtet.

Und so funktioniert's

Dauer: ca. 60 bis 90 Minuten (variiert je nach Projektgröße und Anzahl Beteiligter)
Rollen: Moderator
Teilnehmer: alle Beteiligten eines Projekts beziehungsweise einer Initiative
Zubehör: Post-its, Stifte, Flipchart oder Whiteboard

Review der Projektziele (5–15 Minuten)
Rufen Sie sich und den Teilnehmern kurz die wichtigsten Eckdaten des Projekts in Erinnerung: Was wollten wir ursprünglich erreichen? Welche Ziele und Erfolgskriterien haben wir zum Projektstart festgelegt? Schauen Sie dafür ins Protokoll Ihres Kickoff-Meetings und schreiben Sie die Eckpunkte auf ein Whiteboard oder Flipchart.

Review der Projektergebnisse in der Gruppe (5 Minuten)
Welche Ergebnisse haben wir erzielt? Haben wir die ursprünglich anvisierten Ziele und Erfolgskriterien erreicht? Geben Sie gemeinsam oder individuell eine kurze Einschätzung ab, wie gut die einzelnen Ziele erreicht wurden. Nutzen Sie ein einfaches Verfahren wie »Daumen hoch/runter«, Smilies oder das Ampel-Prinzip. Nur beurteilen, noch nicht erörtern oder begründen!

Einzelanalyse (5 Minuten)
Jetzt geht es ans Eingemachte: Sezieren Sie genau, warum Ihr Projekt so verlaufen ist, wie es verlaufen ist. Betrachten Sie hier insbesondere die Eckpfeiler Ihres Projekts: Planung, Umsetzung, Ergebnisse, Kommunikation. Jedes Teammitglied schreibt seine Erkenntnisse vorerst für sich auf Post-its.
Stellen Sie sich hierfür folgende drei Fragen:

* Was lief gut im Projekt?
* Was lief nicht gut im Projekt?
* Wo hatten wir einfach Glück?

Mit Humor

Manchmal ist ein spielerischer Ansatz hilfreich. Daher veranstalten einige Unternehmen beim Sammeln von Themen, die schiefgelaufen sind, zu Beginn des Postmortems eine Art Wettbewerb. Gewinner ist derjenige, der die meisten Schwachpunkte gesammelt hat.

Gruppendiskussion (20 Minuten). Nun werden die Ergebnisse reihum vorgestellt, an das Whiteboard oder Flipchart geklebt und in der Gruppe diskutiert. Wichtig ist, dass die Formulierungen klar und konstruktiv sind und keine Schuldzuweisungen an einzelne Personen oder Abteilungen enthalten.

Kulturwandel

Ermutigen Sie Ihr Projektteam dazu, konstruktives Feedback zu geben und kritische Aspekte und Probleme offen anzusprechen. Indem Sie Ihren Teammitgliedern einen sicheren Rahmen bieten, werden Fehler zu Lernchancen. Das führt zum einen zu vielen neuen Ideen und Lösungsansätzen und wirkt sich positiv auf die Fehlerkultur im Unternehmen aus.

Review der Projektergebnisse (20 Minuten)

Fassen Sie gemeinsam zusammen, was Sie aus den Problemen und Herausforderungen in Ihrem Projekt gelernt haben und setzen Sie nächste Schritte fest, die verhindern sollen, dass dieselben Probleme noch einmal auftreten. Verfassen Sie dafür eine Liste mit konkreten Aufgaben, teilen Sie jeder Aufgabe einen Verantwortlichen zu und legen Sie einen realistischen Zeitpunkt zur Umsetzung fest.

Postmortem verfassen und verbessern

Zirkulieren Sie Ihren Postmortem-Entwurf zuerst im kleinen Kreis, in Ihrem Team, Ihrer Abteilung oder bei ausgewählten Senior-Management-Mitgliedern, bevor Sie es einem größeren Kreis zugänglich machen. Nehmen Sie Kommentare und Anregungen der Kollegen auf und iterieren Sie, bis alle Beteiligten mit dem Dokument zufrieden sind. Eine gute und einfache Vorlage für ein Postmortem finden Sie übrigens auf Googles Plattform Re:work.

»Sharing is caring«

Lassen Sie Ihre Erkenntnisse nicht in der Ablage verschwinden! Teilen Sie die Erkenntnisse aus dem Postmortem mit allen Bereichen, die davon profitieren könnten, zum Beispiel in regelmäßigen Postmortem-Newslettern. Motivieren Sie Ihr Team dazu, regelmäßig darüber zu sprechen, was man bei aktuellen Projekten verbessern könnte. Besonders wirksam ist es, wenn Vorgesetzte selbst an Postmortems mitschreiben, diese überarbeiten oder mit ihren Mitarbeitern besprechen. Das unterstreicht den Stellenwert des neuen Tools und den Wandel in der Fehlerkultur.

Erfahrungen mit Postmortems

Liip ist eine der führenden Schweizer Webagenturen. Es gab dort schon immer Bestrebungen, Hierarchien so flach wie möglich zu halten und Entscheidungen stattdessen am Ort der größten Fachkompetenz zu treffen. Das sollte die notwendige Agilität schaffen, um schnell auf die Bedürfnisse des Markts und der Kunden zu reagieren. In der IT-Branche und in der Agenturwelt stellen die Kunden zunehmend hohe Anforderungen an die Innovationsfähigkeit. Die Gründer sind überzeugt, dass Innovation nur entsteht, wenn permanent mutig neue Wege beschritten und Fehler gemacht werden und möglichst schnell daraus gelernt und optimiert wird.

Dieser iterative Prozess wird bei Liip seit über zehn Jahren gelebt – schon vor der Einführung von Scrum und der Selbstorganisation des Unternehmens nach holokratischen Grundsätzen. Insbesondere Postmortems sind nach wie vor eine beliebte Methode, wie mit einem strukturierten Ansatz nach Projektende überprüft wird, was gut gelaufen ist, was weniger gut und was künftig dringend verbessert werden muss. »Postmortems helfen uns im Alltag retrospektiv Fehler zu erkennen, zu analysieren, gemeinsam zu diskutieren und für die Zukunft Learnings abzuleiten. Das Postmortem ist eine Form von Lernkultur, die bei uns – egal welche Methode wir nutzen – tief in der DNA verankert ist. Sie steuert unser gesamtes Tun und macht vermutlich einen Teil der Erfolgsgeschichte unseres Unternehmens aus. Bei uns fühlt sich ein Postmortem deshalb komplett normal an, es passt zu uns und zur Denke jedes Mitarbeiters«, sagt Martin Meier, Mitarbeiter bei Liip.

Nichtsdestotrotz – so sagt Meier – gebe es beim Anwenden des Postmortems auch ein paar Punkte, die kritisch zu betrachten sind, vor allem wenn der Kunde selbst vor Ort und Teil des Prozesses ist. Er betont vor allem die Neutralität des Moderators, der dafür sorgen muss, die Diskussion in eine konstruktive Richtung zu lenken, falls sie zu emotional oder unsachlich wird. »Das Postmortem kann meines Erachtens nur den vollen Nutzen entfalten, wenn es kontinuierlich eingesetzt wird und die daraus gewonnenen Erkenntnisse helfen, Fehler nicht zu wiederholen. Das Postmortem ist kein Selbstzweck, sondern ein sehr einfaches Tool für strukturiertes Lernen im Team«, so Meier.

Premortem

Wie Sie mit Schwarzmalerei gewinnen

> *»Reist man in die Zukunft und schaut zurück*
> *auf ein Ereignis, liefert dies Erkenntnisse, die zu besseren*
> *Entscheidungen führen und Menschen helfen,*
> *die notwendigen Zutaten für ein erfolgreiches Event*
> *oder Projekt zu erkennen.«* [137]

Deborah J. Mitchell, J. Edward Russo und Nancy Pennington, amerikanische Forscher

Einen konstruktiven Umgang mit Fehlern zu finden und sie als Lernchance zu nutzen, steht momentan auf den Agenden der Unternehmen ganz oben (vgl. auch Postmortem). Aber wäre es nicht fantastisch, wenn wir Fehler erst gar nicht machen und trotzdem aus ihnen lernen? Klingt irgendwie utopisch, ist aber dennoch möglich.

Eine solche Lernkultur etablierte Astro Teller, der Chef von Googles Moonshot-Programm in seinem Team. In dem Wissen, dass der Weg zu Innovationen unweigerlich mit Risiken gepflastert ist, ließ er Unsicherheit bewusst zu. Er schuf ein Arbeitsklima, in dem Mitarbeiter experimentieren dürfen. Es reicht nicht aus, viele Ideen zu generieren, denn nicht alle davon sind gut. Daher braucht es Tools, die dabei helfen, die erfolgversprechenden von den weniger realisierbaren Ideen zu unterscheiden.[138] Mit dem Premortem werden Risiken aufgedeckt, bevor Fehler gemacht werden.[139]

Der amerikanische Psychologe Gary Klein hat den aus der Medizin bekannten Post-Mortem-Prozess umgekehrt und als Premortem bekannt gemacht. Klein verlagerte den Zeitpunkt der Fehlersuche vor den Beginn eines Projekts. Unter der spielerischen Annahme, das Vorhaben sei spektakulär gescheitert, suchen Projektleiter und Teammitglieder dann nach den möglichen Ursachen für den Fehlschlag.[140]

Wann ein Premortem sinnvoll ist

Ein Premortem motiviert das Team, in akribischer Detektivarbeit herzuleiten, welche Faktoren oder Ereignisse ein Projekt zum Scheitern gebracht haben – so unwahrscheinlich oder unpopulär sie auch sein mögen. Ähnlich wie die Risikoanalyse erfüllt das Premortem also den Zweck, schon vor dem Projektstart kritische Erfolgsfaktoren und mögliche Probleme zu identifizieren und frühzeitig Gegenmaßnahmen zu entwickeln. Der entscheidende Unterschied: In diesem Gedankenspiel dürfen Pessimisten so richtig den Teufel an die Wand malen. Dank der systematischen Schwarzmalerei kann ein Premortem Ihrem Projekt das Leben retten, bevor es ernsthaft gefährdet wird.[141]

Mit einem Premortem können Sie

- das Gefühl des Scheiterns in einem geschützten Rahmen wahr werden lassen, indem die Teilnehmer sich vorstellen, das Projekt wäre bereits gegen die Wand gefahren,

- spielerisch und ohne Druck alle erdenklichen Risiken und Stolpersteine aufdecken,
- den Teammitgliedern eine Bühne geben, über das Scheitern zu sprechen, ohne als Pessimisten oder Schwarzmaler angesehen zu werden,
- Wachsamkeit im Team erzeugen, um Warnzeichen für mögliche Probleme früh zu erkennen und offen anzusprechen.

Sechs Grundregeln für das Premortem

1. **Keine Störungen.** Planen Sie rund zwei Stunden ohne jegliche Unterbrechung ein und wählen Sie einen gemütlichen, kreativen Ort für dieses Gedankenspiel aus.
2. **Bunter Mix.** Je mehr Mitarbeiter Sie aus unterschiedlichen Bereichen und Hierarchiestufen zusammentrommeln, desto besser wird das Ergebnis sein. Sie brauchen eine möglichst große Bandbreite an Erfahrungen und Perspektiven, um alle potenziellen Risiken identifizieren zu können.
3. **Anwesenheitspflicht.** Alle Stakeholder, die eine relevante Rolle für Ihr Projekt spielen, müssen beim Premortem anwesend sein. Sie wollen schließlich alle Perspektiven nutzen und keine blinden Flecken riskieren.
4. **Moderation.** Bestimmen Sie eine Person als Moderator und eine weitere Person als Protokollant, damit Sie alle Erkenntnisse dokumentieren und kein wichtiger Punkt in der Diskussion verloren geht. Als Moderator eignet sich jemand, der von allen Teilnehmern als objektiv und unvoreingenommen gegenüber dem Projekt wahrgenommen wird. Sonst laufen Sie Gefahr, dass die Teilnehmer Hemmungen haben, ihre Bedenken offen und ehrlich zu äußern.
5. **Chancen.** Ihr Team steht neuen Vorhaben grundsätzlich eher kritisch gegenüber? Dann sensibilisieren Sie den Moderator dafür, die Chancen zu betonen, die durch das frühzeitige Identifizieren von Risiken und die Entwicklung von Lösungsstrategien entstehen. Schwarzmalerei gehört dazu, doch letztlich soll das Team zuversichtlich nach vorne blicken.
6. **Vertrauen.** Setzen Sie alles daran, eine offene Atmosphäre zu fördern, in der wirklich alles gesagt werden kann. Psychologische Sicherheit ist hier besonders wichtig. Haben die Teammitglieder das Gefühl, es geht um Schuldzuweisungen, werden Bedenken nicht geäußert und das Potenzial bleibt ungenutzt.

Und so funktioniert's

Dauer: ca. 2 Stunden
Rollen: Moderator und Protokollant
Teilnehmer: 6–15

Zeitreise unternehmen: Worst-Case-Szenario (5 Minuten)
Reisen Sie mit Ihrem Team an einen genau definierten Ort und Zeitpunkt in der Zukunft (in drei bis fünf Jahren), beispielsweise das Weihnachtsessen, das jährliche Strategiemeeting oder Ähnliches. Fordern Sie die Teilnehmer auf, sich vorzustellen, Ihr geplantes Projekt sei mit Pauken und Trompeten gescheitert und der Misserfolg habe den Ruf und Wert des Unternehmens empfindlich geschädigt. Schaffen Sie mit Ihrer Einleitung eine emotionale Atmosphäre, in der das Scheitern greifbar und real wird.

> **Schwarzmalerei mit Genuss**
>
> Manchmal hilft eine bewusst lockere Atmosphäre beim Premortem, zum Beispiel im Rahmen eines Abendessens oder bei einem Feierabenddrink.

Ursachen erforschen: Brainstorming (10 Minuten)
Der Moderator fordert die Teilnehmer auf, in den nächsten drei Minuten für sich auf Post-its zu schreiben, was die Ursachen des Misserfolgs gewesen sein könnten. Neben den offensichtlichen Risiken sind auch unwahrscheinliche Szenarien oder tabuisierte Themen zu nennen.

Wichtig: Es geht nicht um die Frage »Wer könnte ein etwaiges Problem verursachen«, sondern um die Frage: »Was könnte aus welchem Grund passieren?«

Ursachen sammeln: Gruppenaustausch (30 Minuten)
Alle Teilnehmer kleben nun ihre Post-its an ein Flipchart, Whiteboard oder eine Pinnwand. Der Moderator liest vor und achtet darauf, dass die Aussagen nicht bewertet oder kommentiert werden.

Risiken priorisieren: Gruppendiskussion (30 Minuten)

Mit Unterstützung des Moderators kürzt die Gruppe gemeinsam die Liste der potenziellen Risiken auf die fünf bis zehn, von denen sie glaubt, dass sie a) die größte Wirkung und b) die größte Eintrittswahrscheinlichkeit haben.

Der Moderator stellt dazu die folgende Fragen:

- Welche der Risiken treten auf einer Skala von 1 bis 4 am ehesten ein?
- Welche Risiken haben die größte negative Auswirkung auf das Projekt auf einer Skala von 1 bis 4?
- Welche dieser Risiken können wir beeinflussen?

Risiken vermeiden: Gruppendiskussion (10 Minuten)

Die ausgewählten Risiken werden nun unterschiedlichen Gruppen zugeteilt und diese erarbeiten Lösungen, wie die Risiken abgewendet oder minimiert werden könnten.

Gemeinsame Sache

Für den Erfolg eines Projekts ist immer das gesamte Team verantwortlich, genauso wie für alles, was passieren und schiefgehen kann. Daher gilt es im Premortem auch zu überlegen, wie die Teammitglieder einander unterstützen und ergänzen können, damit die identifizierten Risiken gar nicht erst eintreten.

Setzen Sie Ihre Premortem-Risikoliste regelmäßig auf die Agenda Ihrer Teambesprechungen und prüfen Sie, ob Ihre Bewertung nach wie vor richtig ist oder angepasst werden sollte. Stellen Sie sicher, dass sich das Team immer wieder mit dieser Liste beschäftigt und kontinuierlich an Lösungen arbeitet. Die Erkenntnisse aus dem Premortem können Sie als Video-Statement festhalten und dem Team nach tatsächlichem Projektabschluss noch einmal vorspielen.

Erfahrungen mit Premortems

Das Schweizer Start-up Lionstep ist ein internationaler Anbieter einer digitalen Plattform zur aktiven Suche nach Arbeitskräften. Haben traditionelle Recruiting-Prozesse früher oft Wochen gedauert, finden Kunden mit Lionstep oft innerhalb von 48 Stunden geeignete Kandidaten. Als datengetriebenes Unternehmen in einem umkämpften Markt erschien es dem Gründerteam sehr wichtig, im Vorfeld die Risiken für ihr Start-up zu erkennen und proaktiv anzugehen. Zu viert traten sie deshalb die Zeitreise ins Jahr 2020 an mit der niederschmetternden Nachricht, dass ihr Start-up kolossal gescheitert sei. »Sie kennen das sicherlich: Ein Projekt läuft schief und sogar involvierte Entscheider sagen: ›Ich wusste es eigentlich von Anfang an.‹ Diesen Moment wollten wir uns ersparen und haben uns deshalb an einem Abend beim gemütlichen Italiener die Zeit genommen, für zwei Stunden in die Zukunft zu reisen und unsere innersten Ängste in Worte zu packen. Wir waren erstaunt darüber, wie einig wir uns waren, aber auch darüber, dass wir diese offensichtlichen Risiken nicht schon früher ausgesprochen hatten. Wir definierten danach sinnvolle Gegenmaßnahmen und sind zuversichtlich, dass wir nun ein gemeinsames Verständnis für die Risiken haben und uns dies bei unseren zukünftigen Entscheidungen helfen wird«, erzählt Alexander Mazarra, COO & CMO von Lionstep.

Día de los muertos

Wie aus dem Scheitern Innovationen erwachsen

>»Wenn du nicht scheiterst,*
machst du einen noch viel größeren Fehler:
Du versuchst es mit allen Mitteln zu verhindern.«[142]

Ed Catmull, Mitbegründer der Pixar Animation Studios

Ein mittelständisches Unternehmen hat sich anlässlich eines Branchen-events einmal in einer Diskussion zu Wort gemeldet, in der es darum ging, Fehler zu machen und zuzulassen: »Im Tagesgeschäft wünsche ich mir keine Fehler, wir können uns das gar nicht erlauben. Aber im Rahmen von Innovationsprojekten sehe ich Dinge, die schieflaufen, nicht als Fehler, sondern als notwendigen Reifeprozess und Basis für Erfolg.«[143] Oder wie Brené Brown, Forscherin an der Universität von Houston und Storytellerin in ihrem beliebten TED-Talk »Listening to shame« sagt: »Verletzlichkeit ist der Geburtsort für Innovation, Kreativität und Wandel.«[144]

Um gleich ein kursierendes Missverständnis auszuräumen: Es geht im Rahmen von Innovationsprojekten nicht darum, möglichst viele Fehler zu machen, sondern innovative Experimente zu starten und davon so viele wie möglich, denn nicht alle werden erfolgreich sein. Natürlich wollen wir Fehler durch selbstverantwortliches und sorgfältiges Arbeiten möglichst vermeiden. Es liegt jedoch in der Natur der Sache, dass bei Arbeitsschritten, die im Rahmen von Innovationsprojekten anfallen, die Wahrscheinlichkeit von Fehlern größer ist. Das heißt, wir brauchen nicht eine bessere Fehler-, sondern eine bessere Lernkultur, eine höhere Fehler- und Frustrationstoleranz und die Fähigkeit, professionelle Erkenntnisse aus Fehlern zu kommunizieren.

Fehler sollten wir als Entwicklungsschritte und Lernchance nutzen. Doch das ist viel leichter gesagt als getan. Denn im Alltag schätzt niemand Situationen, in denen Dinge schiefgehen. Niemand gesteht sich gern ein, eine falsche Entscheidung getroffen zu haben, an einer Aufgabe gescheitert zu sein oder gar ein ganzes Projekt in den Sand gesetzt zu haben. Ein Ziel zu verfehlen ist ärgerlich und schmerzhaft. Dennoch sind solche Erfahrungen unausweichlich – und immer lehrreich.

Das Museum of Failure in Schweden stellt eine internationale Sammlung von gescheiterten Produkten und Dienstleistungen dar. Jedes Exponat zeigt, wie risikoreich der Weg zur Innovation ist. Die Idee für dieses Museum entstand aus Frustration. Der Kurator des Museums, Organisationspsychologe Dr. Samuel West, beschreibt es so: »Ich war es so müde, immer wieder dieselben langweiligen Erfolgsgeschichten zu hören. Im Scheitern erst finden wir die interessanten Geschichten, von denen wir lernen können.«[145]

Laszlo Bock, ehemaliger Leiter der Personalabteilung bei Google schrieb in einer Buchveröffentlichung »*Work Rules!*«: »Es ist auch wichtig, Misserfolge zu belohnen, um die Risikobereitschaft zu fördern.« Als Beispiel nannte er Google Wave, eine 2010 gelaunchte, aber bereits ein Jahr später wieder geschlossene Online-Plattform. Das »Belohnungsversagen« (Engl. reward failure) vergab er mit der Begründung: »Sie sind ein massives, kalkuliertes Risiko eingegangen. Deswegen haben wir sie belohnt.«[146]

Oftmals ist das Scheitern ein großartiger Startpunkt für Innovationen. Vorausgesetzt, man öffnet sich der Diskussion und Interpretation von Fehlern. Oder wie der Organisationspsychologe Dr. Adam Feil uns alle auffordert: »Sei jemand, der alles lernt, statt jemand, der alles weiß!«[147]

Fuck-up Nights, Innovation-Hours, Failabration und Co.

Viele große Unternehmen haben diesen Schritt längst gewagt und gedenken feierlich der Projekte, die gescheitert sind. Eine bekannt gewordene Bezeichnung für ein solches Ritual ist »Día de los muertos«. Nach altem mexikanischem Glauben kommen die Toten einmal im Jahr zum Ende der Erntezeit zu Besuch bei den Lebenden vorbei. Dieser »Tag der Toten« ist alles andere als eine Trauerveranstaltung: Die Mexikaner machen daraus ein farbenfrohes, musikalisches und kulinarisches Fest zu

Ehren der Verstorbenen. Dieser Brauch wurde sogar im Jahr 2008 von der Unesco in die repräsentative Liste des immateriellen Kulturerbes der Menschheit aufgenommen.[148]

Unternehmen feiern also, statt zu trauern oder sich zu ärgern. Ebenso bekannt für die Fehlerakzeptanz wurden sogenannte Fuck-up Nights oder Innovation-Hours, die unter anderem bei Facebook und Google gang und gäbe sind. Bei Xing heißt das Gedenken und Lernen aus Fehlern Failabration.[149] Wie auch immer sie heißen, sie haben alle eines gemeinsam: Sie schaffen Räume, in denen sich Mitarbeiter gezielt damit beschäftigen, welche Experimente sie erfolglos lanciert haben (vgl. auch Postmortem).

Wann ein Día de los muertos sinnvoll ist

Der Hintergrund dieses Rituals ist das Wissen, dass wir an Niederlagen wachsen können – vorausgesetzt, wir pflegen den richtigen Umgang mit ihnen. Fehler und Scheitern gehören zum (Berufs-)Leben und sind nur dann negativ, wenn sie unreflektiert bleiben und wir die Chance zur Verbesserung nicht aktiv nutzen. Wenn sich in Ihrem Unternehmen Mutlosigkeit breitmacht oder im Grunde gescheiterte Projekte aus Angst vor dem Makel »Fehler« für viel Geld als »Zombie-Projekte« weitergeführt werden, bringt ein Día de los muertos wieder mehr Klarheit und Orientierung.

Mit dem Tool können Sie

- feiern, was funktioniert, und dann einen Plan entwickeln, wie das, was nicht funktioniert hat, beim nächsten Mal funktioniert,
- den Fokus von der Suche nach dem Schuldigen zur Suche nach dem wahren Grund für das Scheitern verschieben,
- eine Kultur des Lernens, des Teilens und der ständigen Verbesserung entwickeln,
- Teams die Autonomie zugestehen, ein glücklicheres, gesünderes und produktiveres Arbeitsumfeld für sich selbst zu schaffen.

Und so funktioniert's

Format

Überlegen Sie sich, welches Format für Sie am geeignetsten wäre: Brauchen Sie ein spezielles Format wie »Failabration«, um dem Thema die notwendige Wichtigkeit zu geben? Oder reicht es, wenn Sie regelmäßig einen entsprechenden Agendapunkt in bestehende, team- und bereichsübergreifende Meetings aufnehmen? Wer sollte idealerweise teilnehmen und wie stellen Sie sicher, dass Gelerntes danach im Alltag auch wirklich Anwendung findet?

Reflexion

Wo findet in Ihrem Unternehmen schon ein strukturierter Erfahrungsaustausch statt? Wo wird öffentlich geteilt, was aus Fehlern gelernt wurde? Vielleicht bieten sich hier schon Anknüpfungspunkte, um das bestehende Format zu erweitern oder darauf aufbauend zu nutzen.

Analyse

Wie würden Sie in einer Kurzpräsentation innerhalb von fünf Minuten erklären, was man aus einem Fehler lernen kann? Dabei helfen folgende Fragen:

- Was war in der vergangenen Zeit der größte Fehler, der Ihnen passiert ist und für den Sie verantwortlich sind? Worin sind Sie gescheitert?
- Wie war die Situation? Was war die Herausforderung?
- Wie haben Sie versucht, das Problem zu lösen?
- Was haben Sie daraus gelernt und was würden Sie nächstes Mal anders machen?

Feiern oder nicht?

Achtung: Nicht jeder Fehler ist ein Grund zum Feiern. Gerade bei Fehlern, die im Tagesgeschäft auftreten und unter Umständen das ganze Unternehmen in Gefahr bringen, ist Vorsicht geboten in der Art und Weise, wie man sie »feiert«!

Beispielsweise: Sie möchten nicht, dass der Controller sich bei der Berechnung der wichtigsten Finanzkennzahlen Fehler erlaubt und diese dann noch feiert. Oder jemand bei alltäglichen Routinen Fehler einbaut und diese wiederholt. Im Rahmen von Innovationsinitiativen wiederum werden Sie jedoch mehrere Vorstöße und Iterationsschlaufen benötigen, um ein Ziel zu erreichen. Dabei werden Sie sicherlich nicht immer Dinge auf Anhieb richtig machen: Große Erkenntnisse dürfen dann auch groß gefeiert werden.

Erfahrungen mit Día De Los Muertos

Continental entwickelt wegweisende Technologien und Dienste für die nachhaltige und vernetzte Mobilität von Menschen und Gütern. Das 1871 gegründete Technologieunternehmen bietet sichere, effiziente, intelligente und erschwingliche Lösungen für Fahrzeuge, Maschinen, Verkehr und Transport. Continental erzielte im Jahr 2017 einen Umsatz von 44 Milliarden Euro und beschäftigt aktuell mehr als 243 000 Mitarbeiter in 60 Ländern.

Innovationskraft ist ein zentraler Erfolgsfaktor in der digitalisierten Arbeitswelt – und die eigenen Mitarbeiter sind Treiber für genau diese Innovationen. Continental zeigt mit unternehmensweiten Maßnahmen bereits seit Jahren erfolgreich, wie es als internationales Großunternehmen mit mehr als 243 000 Mitarbeitern gelingt, Innovationen im eigenen Unternehmen zu fördern, agil zu bleiben und Mitarbeiter in den Wandel aktiv einzubinden. »Auf der Global HR Conference in Berlin haben wir uns im Frühjahr 2018 intensiv mit dem Thema Agilität beschäftigt und verschiedene Start-ups getroffen, um Einblicke in deren Kulturen und Arbeitsmethoden zu erhalten«, erzählt Sebastian Borchers, Mitarbeiter der HR-Strategy-Abteilung. »Wir haben uns überlegt, wie wir diese Start-up-Elemente in einen Großkonzern wie Continental übertragen können. Ein spannendes Tool war die Fuck-up Night, bei der Mitarbeiter ganz offen über ihre persönlichen Misserfolge und gescheiterten Projekte erzählen. Das müssen wir adaptieren, dachte ich.«

Einen Monat später fand die erste »HR F-Night« von Continental statt. Bei der lockeren Afterwork-Veranstaltung kamen rund 50 Mitarbeiter aus allen HR-Bereichen in der »Heldraumstation Hannover« zusammen. Unter dem Motto »Lessons Learned« erzählten vier Speaker von ihren Misserfolgen und was sie daraus gelernt hatten. »Die ersten Speaker haben wir über unser persönliches Netzwerk akquiriert – Kollegen, von denen wir dachten, dass sie sich trauen würden, offen über Schiefgelaufenes zu sprechen«, so Anne Windberg Baarup, Head of HR Strategy bei Continental.

Die einzige Vorgabe für die Speaker: 15 Minuten Zeitlimit. Die Art der Präsentation und der Inhalt waren ganz ihnen überlassen. »Sehr ungewohnt für viele Mitarbeiter, aber gerade diese Offenheit war der Schlüssel zum Erfolg. Wir haben die F-Night bewusst ›low-key‹ gehalten, damit wir bei diesem unkonventionellen Format authentisch bleiben. Die Location war offen und inspirierend, es gab keine Registrierung, nur eine Kalendereinladung, und am Abend selbst durften sich die Teilnehmer ihre Namensschilder aus Malerkrepp und Edding-Marker basteln.« Die eiserne Regel: »What happens in Vegas, stays in Vegas«, also absolute Verschwiegenheit. »Ohne einen geschützten Raum funktioniert so ein Format nicht. Insbesondere weil die Geschichten der Speaker teilweise sehr persönlich sind. Auch das haben wir gelernt: je persönlicher die Cases, desto positiver die Resonanz. Die Teilnehmer wollen keine Allgemeinweisheiten hören. Was sie interessiert, sind ganz konkrete Beispiele«, so Anne Windberg Baarup. Wer Lust hatte, einen eigenen Case bei der nächsten F-Night vorzustellen, konnte sich ganz unkompliziert auf einem Flipchart eintragen.

Wie kann man so ein neues, unkonventionelles Veranstaltungsformat in einem großen Unternehmen wie Continental einführen? »Wir haben es einfach gemacht«, sagt Sebastian Borchers. »Ich habe Anne nach der Global HR Conference von meiner Idee erzählt. Sie fand das gut und los ging es!« Angekündigt wurde die F-Night im Standort-Newsletter und im Social Network des Konzerns. »Die Veranstaltung hat sich schnell herumgesprochen und die Resonanz der Teilnehmer war enorm positiv«, so Borchers. »Einige Kollegen kannten das Format natürlich schon. Es gab aber auch Mitarbeiter, die uns verwundert angerufen und nachgefragt haben, warum sie zu so einer Veranstaltung eingeladen wurden. Dass diese Mitarbeiter positiv aus der Veranstaltung gegangen sind, freut uns besonders.«

Nicht nur die Teilnehmer, auch die beiden Initiatoren haben aus den Veranstaltungen Erkenntnisse gewonnen: »Haltet die Veranstaltung so informell wie möglich. Nur so trauen sich alle, über ihre eigenen Misserfolge zu sprechen. Ladet Backup-Speaker ein, denn es gibt immer Kollegen, die krank werden oder spontan ausfallen. Schreibt Ansprechpartner in die Einladung, die Fragen beantworten und Unsicherheiten aus dem Weg räumen können.« Und der letzte Tipp: »Einfach machen! Bei diesem Tool kann man gar nichts Verkehrtes tun, aber so viel gewinnen! Findet drei bis vier Kollegen, die Lust haben, ihre Erfahrungen zu teilen, sucht eine nette, informelle Location, organisiert Drinks und Snacks und ladet die Kollegen ein – der Rest ergibt sich von ganz allein.«

»Fuck-up« und »Innovation Hour« bei Hays

»Wir arbeiten heute an zunehmend komplexen Themen. Natürlich birgt das Fehlerquellen. Warum soll die spannende Interpretation dieser Fehler in der Mittagspause oder per Flurfunk stattfinden?«, sagt Stephan Rathgeber, Leiter Vorstandsressort Innovation und Digitalisierung bei Hays. Auf die Idee, eine alle zwei Wochen stattfindende ›Fuck-Up‹ und ›Innovation Hour‹ bei der ManpowerGroup einzuführen, kam er im Sommer 2015. Damals hatte er an der ersten Fuck-up Night an der Goethe-Universität in Frankfurt teilgenommen, die das Start-up Candylabs organisiert hatte. Dort sprachen Unternehmer über ihre gescheiterten Ideen und ihre Erkenntnisse. Rathgeber fand diese Methode, die ein aktives Lernen aus Fehlern ermöglicht, so großartig, dass er – damals Head of Marketing bei der ManpowerGroup –, es seinen Teams vorgeschlagen habe. Es ging ihm keineswegs darum, einen Kult ums Fehlermachen zu propagieren, sondern darum, eine veränderte Lernkultur zu etablieren und im Sinne von »Forgive und Remember« das Wiederholen von Fehlern zu vermeiden.

Er habe seinen Vorschlag damals mit dem Team diskutiert und alle Teammitglieder zur Fuck-up Hour eingeladen. Im 14-tägigen Rhythmus trafen sie sich für 30 Minuten, sprachen über die Fuck-ups der letzten Wochen und diskutierten Erkenntnisse und Lösungen. »Bei einem derart sensiblen Thema muss man als Führungskraft mit gutem Beispiel vorangehen«, ist Rathgeber überzeugt. Daher habe er anfangs seine eigenen Fuck-ups vorgestellt und es wurde anschließend als Team gemeinsam eruiert, was man daraus lernen kann. Angesteckt von dem offenen Umgang mit Fehlern, begannen immer mehr Kollegen, über Missgeschicke, Fehler und echte Fuck-ups zu sprechen.

Nach fünf Meetings, in denen sich das Team auf Fehler und Lernen konzentriert hatte, wurde das Format um Innovationsideen ergänzt, die man in der Runde pitchen konnte. »Fehler machen und innovativ sein liegt für mich sehr nah beieinander«, so Rathgeber. Nur wer sich erlaubt, Fehler zu machen, traut sich auch auf dem experimentellen Innovations-Terrain mehr. Denn echte Innovationen entstehen nur durch Ausprobieren und Testen von Ideen.

Dass das Format einen Effekt hat, sieht man laut Rathgeber daran, dass es schnell die Runde im Unternehmen gemacht hat und andere Teams es erfolgreich replizieren. Die größten Impacts liegen für ihn in den Lern- und Innovationseffekten: »Durch die Fuck-up und Innovations-Hour sind wir als Organisation besser und leistungsstärker geworden. Dies geschah aber nicht durch Leitlinien, sondern durch Vorleben, Ausprobieren, ausreichend Zeit und geschützte Räume. Denn ein geschützter Raum, wie unser Meeting, schafft Vertrauen, psychologische Sicherheit und Kooperation. Dieses Klima wiederum befeuert Innovationen.«

Pretotyping

Mit der Kunst der Inszenierung zur Validierung der Marktattraktivität neuer Produkte

»Täusche es vor, bis du es geschafft hast.«[150]

Alberto Savoia, Autor, Ex-Google Innovation Agitator

Neue Produkte möglichst günstig, schnell und auf die Kundenbedürfnisse zugeschnitten auf den Markt bringen – das klingt für viele Führungskräfte in traditionellen Unternehmen nach einem spannenden Wunschgedanken, der jedoch weit von der Realität entfernt ist. »Die anderen können das, wir nicht«, so klingt es in vielen Unternehmen, wenn man einmal mutig thematisiert, ob man die Zeit bis zur Markteinführung eines Produkts nicht massiv verkürzen könnte. Doch wie machen das die anderen? Und was davon ist für jedermann adaptierbar?

Start-ups scheitern, Produkte werden Ladenhüter, Apps floppen. Nielsen Media Research, ein amerikanisches Marktforschungsunternehmen, untersucht seit Jahren die sogenannte »historische Leistung neuer Produkte« und hat festgestellt, dass rund 80 Prozent der neuen Ideen scheitern.[151] Der häufigste Grund ist dabei nicht die Umsetzung, sondern es sind Produkte oder Services, die die Kunden nicht wollen oder brauchen. Alberto Savoia, Ex-Mitarbeiter von Google und Autor, nannte dieses Phänomen »Das Gesetz des Marktversagens« (Engl. The Law Of Market Failure): Die meisten neuen Produkte werden am Markt scheitern, auch wenn sie kompetent entwickelt werden. Doch was ist die Lösung? Nicht Prototyping, sondern Pretotyping.

Während es beim Prototyping um die Frage geht, ob man eine Produktidee bauen kann, geht es beim Pretotyping um eine vorgelagerte Frage, nämlich: ob es überhaupt jemand kaufen würde. Das Pretotyping erfolgt zeitlich vor dem Bau eines unter Umständen kostspieligen Prototypen und hilft bei der Entscheidung, ob die Idee einen Mehrwert bietet und ob Nachfrage nach einem Produkt oder Service besteht. Konkret geht es um die Validierung der Marktattraktivität und der tatsächlichen Nutzung eines potenziellen neuen Produkts. Das »Kernerlebnis« wird durch Pretotyping mit möglichst geringem Zeit- und Kostenaufwand (vgl. Learning by Testing) simuliert und ausgewertet.

Kernerlebnis vortäuschen, bevor man Geld ausgibt

Pretotyping wurde im Jahr 2009 von Savoia entwickelt, als er bei Google als Engineering Director und Innovation Agitator tätig war.[152] Die Methode erfreut sich seit Savoias Buch *Pretotype*[153] in den Kursen über Pretotyping in Stanford und anderen Universitäten auf der ganzen Welt großer Beliebtheit. Der Term setzt sich zusammen aus den englischen Begriffen »pretend« und »prototyping« und schließt damit die Lücke zwischen der Idee und dem Bau des eigentlichen Prototypen.

Jeff Hawkins, Gründer von Palm Pilot, ging diesen Weg bereits Anfang der 1990er-Jahre: Er hatte die Idee, einen Taschencomputer mit Adressen, Terminen und Notizen zu entwickeln. Hier stellte sich sofort die Frage: Wollen Kunden zukünftig auf mobilen Geräten Kalender, Notizen und Termine verwalten? Bevor er mit der Umsetzung eines Prototypen startete, entschied er sich für einen Pretotypen: einen Holzblock, den er – um die Benutzeroberflächen zu simulieren – mit Papier beklebte. Über Monate trug er diesen Holzblock mit sich herum und tat so, als würde es sich um ein voll funktionsfähiges Gerät handeln. Er vereinbarte Meetings, indem er auf seinem Holzblock tippend die Daten in den Kalender »eintrug«. Er »speicherte« Telefonnummern und »rief« Notizen ab. Mit dem Resultat, dass er die Größe, Handhabung und die permanente und mobile Verfügbarkeit zu schätzen begann. Der erste Personal Digital Assistant (PDA) ging in Produktion und ist der eigentliche Vorgänger der heutigen Smartphones.[154]

Bereits in den 1980er-Jahren spielte McDonald's mit dem Gedanken, italienisches Essen ins Menü aufzunehmen. Allerdings war völlig unklar, ob überhaupt eine Nachfrage danach bestehen würde. Statt monatelang einen Markteintritt und die Einführung in die Restaurants zu planen, wandte das Unternehmen einen kleinen Trick an. Die Gerichte kamen kurzerhand auf die Karte. Wenn Kunden diese bestellten, waren sie leider momentan ausverkauft. Dabei kam heraus, dass niemand McSpaghetti wollte.[155]

Wann Pretotyping sinnvoll ist

- Wenn das Unternehmen möglichst schnell die Attraktivität einer Idee oder eines Produktes testen und Kundenfeedback frühzeitig in die Entwicklung von Ideen mit einbeziehen möchte.
- Wenn das Unternehmen offen dafür ist, auch eigene »Lieblinge« zu killen, sofern das Kundenfeedback beim Testen des Pretotypes den Annahmen des (internen) Ideengebers widerspricht.
- Wenn »Scheitern« in einem Frühstadium bevorzugt wird, anstatt nach teuren und aufwendigen Entwicklungen von Ideen, Produkten oder Dienstleistungen.
- Wenn das Unternehmen offen ist, auch bereichsübergreifend an Ideen zu arbeiten, das heißt die Zusammenarbeit zwischen Sales, Marketing, UX, Marktforschung, IT und Co., um den Pretotype so gut wie möglich zu gestalten.

Mit Pretoyping können Sie

- herausfinden, ob Sie mit einem Produkt ein echtes Kundenproblem lösen,
- bereichsübergreifend an Ideen arbeiten, das heißt die Zusammenarbeit zwischen Sales, Marketing, UX, Marktforschung, IT und Co. vertiefen, um den Pretotyp so gut wie möglich zu gestalten,
- sehr schnell eine valide Entscheidungsgrundlage schaffen, die nicht nur auf Intuition und Hypothesen, sondern auf realem Feedback des spezifischen Kundensegments basiert,
- mit minimalen Ressourcen Ideen testen, bevor viel Geld in die Entwicklung eines Prototypen investiert wird,

- ohne langwierige und theoretische Konzeptentwicklung ins Handeln kommen,
- die »Time-to-Market« für Ideen verkürzen und schneller auf Wettbewerber reagieren.

Arten des Pretotyping

Savoia hat mehrere Methoden des Pretotypings definiert, um Ideen frühzeitig zu testen. Hier ein paar Beispiele:[156]

The Mechanical Turk: Den gewünschten Arbeitsschritt, den es zu automatisieren gilt, einfach statt durch eine Soft-/Hardware durch einen Menschen ersetzen und testen.
Beispiel: Sie möchten die Lead-Generierung in Ihrem Unternehmen automatisieren und die Reaktionszeit verkürzen. Dies erfordert alle Kundenanfragen, welche über ein Formular auf der Website kommen, direkt in Ihrem Kundenverwaltungssystem zu speichern und einem Verkaufsmitarbeiter zuzuweisen. Statt einer Systemanbindung können Sie einem Praktikanten den Auftrag geben, diesen Arbeitsschritt testweise manuell auszuführen, um den Einfluss auf die Reaktionszeit zu identifizieren. Und dies, bevor Sie eine neue Software einführen.

Fake Door: Zur Identifikation der Nachfrage wirbt man bereits mit einem Produkt, das noch nicht existiert.
Beispiel: Sie sind Hersteller von hochwertigen Lederhandschuhen. Sie sind der Meinung, dass Kunden sich zukünftig auch Handschuhe wünschen, mit denen sie auch bei Kälte die elektronischen Geräte bedienen können. Dies würde bedeuten, dass Sie Lederhandschuhe mit Touchscreen-Technologie ausstatten. Statt diese hochpreisig zu produzieren, bieten Sie dieses Produkt in Ihrem Online-Shop an und bewerben es als »neu im Sortiment«. Nach einer Testphase werten Sie die Nachfrage aus.

The Re-label: Man »leiht« sich ein existierendes Produkt, klebt ein eigenes Branding/Logo auf ein existierendes Produkt und holt sich so Kundenfeedback ein.
Beispiel: Sie sind Hersteller von Milchprodukten und möchten eine neue Joghurt-Sorte einführen und zwar »Maracuja-Schokolade«. Bevor Sie eine neue Rezeptur und das Produkt selbst entwickeln, um die Nachfrage nach dieser Geschmacksrichtung zu entwickeln, kaufen Sie sich das Produkt Ihres Konkurrenten, versehen Sie dies mit Ihrem Logo und holen Sie sich Feedback der Kunden ein.

Und so funktioniert's

Bringen Sie für eine Stunde ein möglichst diverses Team von drei bis fünf Personen zusammen, die Ihnen aus verschiedenen Perspektiven Input geben können.

1. Mit welcher Idee, Service oder Produkt möchten Sie welches Kundenproblem oder -bedürfnis lösen?
2. Beschreiben Sie die Kundengruppe möglichst genau.
3. Zu welcher Frage wünschen Sie konkretes Feedback von potenziellen Kunden?
4. Welche Funktionen/Abläufe können/müssen in ganz simpler Form testbar sein, um die Kernfrage zu beantworten?
5. Entscheiden Sie sich für die geeignetsten Pretotype-Methode (siehe oben).
6. Setzen Sie den Pretotyp um und testen Sie ihn mit einer spezifischen Kundengruppe. Sammeln Sie das Feedback, analysieren Sie die Antworten im Hinblick auf die Kernfrage und lassen Sie die Erkenntnisse in die Produktentwicklung einfließen.

Tipps zum Gelingen

- Gerade beim Pretotyping hilft es, die eigenen Ansprüche nach Perfektion über Bord zu werfen, um schneller ins Handeln zu kommen und dabei den Fokus auf die Kernfunktionalitäten des Produkts oder Services zu legen.
- Je einfacher der Pretotyp, desto schneller erhalten Sie Feedback.
- Achten Sie darauf, dass Sie nicht schon versehentlich einen Prototypen ausarbeiten. Hier geht es darum, die Validität einer Idee zu testen.
- Wirklich aussagekräftig sind die Feedbacks, wenn man den Pretotyp nicht nur an übliche Verdächtige und Befürworter der Idee zum Testen gibt, sondern eine repräsentative Anzahl Meinungen des spezifischen Kundensegments.
- Gerade in auf Perfektion bedachten Unternehmen gehört ein wenig Durchhaltevermögen und Mut zum ersten Einsatz, kann aber gerade deshalb auch sehr viel Bewegung in die Entwicklung von neuen Ideen bringen und dabei gleichzeitig Kosten sparen.

Erfahrungen mit Pretotyping

Die Hamburger Hochbahn möchte Mobilität stärker aus Kundensicht heraus denken. Um Wünsche und Bedürfnisse noch besser zu verstehen und passende Services zu entwickeln, wurden die Kunden beim Projekt »Platzampel« von Anfang miteinbezogen. Bisher hatte man eher darauf geachtet, wie eine Idee funktionieren kann, ob sie umsetzbar ist und was das Vorhaben kosten wird. »Ideen sind also recht schnell rausgeflogen, wenn sie nicht umsetzbar schienen oder extrem teuer waren. Sie wurden eher im Labor und von Fachleuten bewertet. Das ist gut, liefert aber eben nur bedingt Aussagen über die tatsächliche Kundenakzeptanz«, sagte Constanze Dinse.

Letztlich fiel die Entscheidung auf den Pretotyping-Ansatz: Im Jahr 2017 wurden via Social Media die Kunden sehr früh über das neue Vorhaben der »Platzampel« informiert und nach ihrer Meinung befragt. Die Idee war, dass mit grünen, gelben und roten Lichtsignalen am Bahnsteig vor dem Einsteigen angezeigt würde, wo im Zug noch Plätze verfügbar sind. Dies würde – gerade in Stoßzeiten – den Fahrkomfort erhöhen.

Pretotype

Im ersten Schritt wurde der Community ein 30-sekündiges Video gezeigt, das die Idee erklärte, und um Feedback gebeten. »Die Rückmeldungen der Community kamen zahlreich. Viele fanden die Idee gut, viele überflüssig. So unterschiedlich unsere Fahrgäste sind, waren auch die Einschätzungen. Spannend für uns war in dieser Ideenphase aber zu sehen, ob überhaupt der Bedarf für so eine Platzampel besteht«, so Dinse.

Das Unternehmen konnte durch diese Herangehensweise viele interessante Erkenntnisse gewinnen: Die Kunden hatten die Vermutung, dass es im ersten und letzten Wagen immer voll sein würde, weil die Leute dort ein- und aussteigen, wo es näher bei ihrer Enddestination liegt. Es kamen Forderungen nach mehr Zügen, engeren Takten und ausschließlich durchgängigen Fahrzeugen auf, damit sich die Fahrgäste besser in den Wagen verteilen können et cetera. »Spannend war dabei: Unsere Experten hätten gedacht, dass das Ergebnis dieser Befragungen viel eindeutiger sein würde. War es aber nicht. Familien und ältere Fahrgäste fanden die Platzampel super, Pendler hingegen fanden sie eher überflüssig«, erzählte Dinse.[157]

Prototype
Nach den Erkenntnissen des Pretotypen folgte ein Prototyp: Um jedoch die Akzeptanz und Nutzung des Service valide zu prüfen, brauchte es einen Live-Test. Es wurde ein Prototyp gebaut, der auf Basis einfachster Technik – quasi als Attrappe – die Idee verdeutlichte und am Bahnsteig getestet wurde. Parallel wurden online wie offline Kundenbefragungen durchgeführt, mit durchaus spannenden Ergebnissen: Obwohl der Großteil der Kunden die Installation positiv bewertete und angab, sich nach den Anzeigen zu richten und sein Einstiegsverhalten zu verändern, zeigte die Ampel am Bahnsteig so gut wie keinerlei Veränderung des Kundenverhaltens.

Aufgrund der Auswertungen wurde das Projekt Platzampel letztlich verworfen. »Das Ziel der gleichmäßigen Fahrgastverteilung geben wir aber nicht auf – unsere Experten bleiben dran«[158], sagte Dinse. Es kann also sein, dass die Ursprungsidee der Platzampel nun in eine ganz andere Richtung läuft.

Learning by Testing

Wie Sie durch das gezielte Ausprobieren neuer Ideen zum Liebling Ihrer Kunden werden

> *»Das Leben ist zu kurz, um durchschnittliche Arbeit zu leisten, und es ist definitiv zu kurz, wirklich blöde Sachen zu bauen.«*[159]

Stewart Butterfield, Mitgründer von Slack

Von zehn Start-ups überlebt statistisch gesehen nur eines – so sagt man. Und von hundert, die überleben, wird vermutlich nur ein Bruchteil wirklich gut sein. Egal, ob diese Faustregel hundertprozentig korrekt ist oder nicht. Wenn Sie sich vornehmen, im nächsten Jahr mindestens ein neues Produkt einzuführen, müssen Sie mehrere Ansätze parallel verfolgen. Die Fähigkeit für schnelles Experimentieren ist einer der Schlüsselfaktoren für Erfolg.

So hat beispielsweise das exponentielle Wachstum bei Dropbox erst eingesetzt, nachdem unzählige Experimente durchgeführt wurden, um einen Weg zu finden, die Nutzerzahl zu erhöhen. Eines dieser vielen Experimente war ein Volltreffer: die smarte Empfehlungsfunktion. Wer damals Dropbox weiterempfahl, erhielt zusätzlichen kostenlosen Speicherplatz in der Cloud, wenn die Einladung angenommen wurde. Der Clou: Der Eingeladene bekam ebenfalls Gratisspeicherplatz geschenkt.[160] Das Ergebnis dieser Aktion: Die Nutzerzahl von Dropbox wuchs innerhalb von 15 Monaten um sagenhafte 3900 Prozent.

Slack, der führende amerikanische webbasierte Instant-Messaging-Dienst zur Kommunikation innerhalb von Arbeitsgruppen, hat nach nur acht Monaten am Markt eine Bewertung von einer Milliarde US-Dollar erreicht.[161] Das Erfolgsgeheimnis sind nicht großartige Werbebudgets oder ein genialer Chief Marketing Officer, sondern ein unorthodoxer Produktentwicklungsprozess und eine unüblich schnelle Reaktionszeit auf Kundenfeedbacks. Diese dienen als Grundlage für die Experimente und Tests in der Produktentwicklung, weiteres Kundenfeedback ist wiederum die Basis der folgenden Iterationen. Erfolgreiche Experimente werden umgehend ausgerollt. »Wenn Sie das alles zusammenfassen, bekommen wir wahrscheinlich 8000 Zendesk-Hilfe-Tickets und 10 000 Tweets pro Monat, und wir reagieren auf sie alle«, sagt Slack-Mitgründer Stewart Butterfield.[162]

Um schnell testen zu können, läuft bei Facebook bei jedem der über 10 000 Softwareentwickler eine eigene Version von Facebook. So lassen sich schnell neue Funktionen ausprobieren, diese dann mit einer kleinen Zielgruppe testen und anschließend – bei Erfolg – für alle Nutzer ausrollen.[163]

Dass Experimente und Innovationen eng miteinander verknüpft sind, fand auch der renommierte Psychologieprofessor Dean Keith Simonton in seinen Studien zu Kreativität heraus.[164] Er erforschte, was die brillantesten Köpfe unserer Zeit so erfolgreich macht. Seine Erkenntnis: Der beste Weg, um eine wirklich gute Idee zu haben, besteht darin, viele Ideen zu haben. Denn so sind automatisch auch mehr Ideen dabei, mit denen man richtig liegt. Das Erstaunlichste an Simontons Ergebnissen: »Kreative Menschen, selbst sogenannte ›Genies‹ können nicht vorhersehen, welche ihrer intellektuellen oder ästhetischen Schöpfungen Zustimmung gewinnen werden.«[165]

Die Einsicht, dass man zuerst immer erst viele Wege findet, die nicht funktionieren, ist nicht neu: Thomas Alva Edison präsentierte am 21. Oktober 1879 der Weltöffentlichkeit eine Glühbirne, die knapp 45 Stunden lang brannte – ein absoluter Rekord zur damaligen Zeit.[166] »Vorher hatte ich nicht weniger als 6000 verschiedene Naturfasern getestet und auf der ganzen Welt nach dem am besten geeigneten Material für den Glühfaden gesucht«, so Edison zum 50-jährigen Jubiläum seiner Erfindung.[167] Was Edison damals zum Durchbruch verhalf, war nichts anderes als konsequentes Experimentieren und Testen. Für die Neuzeit formulierte es Amazon-Gründer Jeff Bezos passend: »Unser Erfolg bei Amazon ist eine direkte Folge aus der Anzahl der Experimente, die wir jedes Jahr, jeden Monat, jede Woche, jeden Tag machen.«[168]

Um Experimente erfolgreich zu machen, ist Folgendes wichtig:

- **Geschwindigkeit:** Es geht bei den Experimenten nicht um Perfektion, es geht um schnelle Prototypen, MVPs, schnell rausgehen, am echten Kunden lernen und Feedback bekommen und das für die nächste Iteration wiederverwenden.
- **Aus Fehlern lernen:** Wie wird mit den Ergebnissen umgegangen? Werden diese als Lernchance gesehen und offen geteilt, vor allem für die Experimente, die nicht erfolgreich waren? Mit der Anzahl der Experimente steigt zwar die Anzahl erfolgreicher Experimente, aber *per definitionem* eben auch die Zahl der nicht erfolgreichen.

Dafür braucht man eine entsprechende Kultur (vgl. Postmortem und Día de los muertos).

- **Qualität der Hypothesen:** Wie gut ist die Qualität der darunterliegenden Hypothesen? Diese entscheidet, wie aussagekräftig die Daten und Informationen, die wir aus den Experimenten gewinnen, am Ende sind.

Wann Testen und Experimentieren sinnvoll ist

Learning by Testing ermöglicht es Ihnen, viele Ansätze gleichzeitig zu testen und mit erstem Kundenfeedback ausgestattet fundierte Entscheidungen zu treffen, welche Ideen Sie weiterentwickeln wollen. Dieses Vorgehen lässt sich auf beliebige Themenfelder anwenden, egal ob Sie eine neue Talent-Management-Initiative starten oder ein neues Vorgehen im Schadensmanagement etablieren wollen. So werden Entscheidungen nicht mehr nach dem HIPPO-Prinzip (»Highest paid person's opinion) getroffen, sondern basierend auf messbaren datenbasierten Erkenntnissen.

Mit Testen und Experimentieren können Sie

- schnell viele Ideen ausprobieren,
- mit wenig Aufwand viel erreichen,
- Entscheidungen treffen, die auf realen Daten beruhen,
- implizite Annahmen konkretisieren und in überprüfbare Hypothesen übersetzen,
- allen Mitarbeitern die gleiche Chance geben, Entscheidungen mit Daten zu beeinflussen, unabhängig von ihrer Erfahrung und ihrer Stellung in der Hierarchie,
- reale Markt- und Nutzerdaten generieren und damit Ihr Unternehmen und Ihr Produkt ständig verbessern,
- schnell und agil auf veränderte Markt- oder Kundenanforderungen reagieren und ihr Geschäft danach ausrichten,
- Herausforderungen herunterbrechen und dadurch auf ganz neue Ideen kommen, wie Sie diese lösen können.

Und so funktioniert's

Um Testen und Experimentieren in Ihrem Unternehmen einzuführen, müssen Sie gar nicht viel tun. Erklären Sie Ihrem Team den Kerngedanken, mehr Dinge ausprobieren zu wollen und dafür mithilfe von Prototypen schnell Kundenfeedback einzuholen.

Problem und Ziel

Widmen Sie sich im Meeting direkt einer konkreten Aufgabenstellung und überlegen Sie gemeinsam, welche Hypothesen man testen könnte und welche Experimente sich dazu eignen würden. Beschreiben Sie dazu die konkrete Herausforderung, vor der Sie aktuell stehen, und definieren Sie das Ziel, das Sie erreichen möchten. Zum Beispiel: »Wir wollen bis Ende des Jahres 100 neue Kunden gewinnen und haben 100 000 Euro Marketingbudget. Welcher Weg eignet sich dafür am besten?«

Recherche

Hypothesen sind theoretische Erklärungsversuche einer realen Situation. Sammeln Sie deshalb Daten über die aktuelle Herausforderung, damit Sie im folgenden Schritt solide Hypothesen aufstellen können. Google Analytics, Kundeninterviews, Umfragen, Heatmaps (spezielle Art der Datenvisualisierung in den Farben eines Wärmebildes, um große Datenmengen schnell erfassen und prägnante Werte leicht erkennen zu können) oder User-Tests sind nur ein paar Beispiele für wertvolle Datenquellen, die Ihnen Einblicke in Ihre Zielgruppe geben.[169]

Hypothesen und Ideen

Eine Hypothese besteht aus zwei Bestandteilen: einem Lösungsvorschlag und einem erwarteten Ergebnis. Stellen Sie eine Hypothese auf, wie etwa: »Wenn wir unseren Newsletter nach Branchen segmentieren, erreichen wir doppelt so viele Leads wie mit unserem aktuellen Onefor-All-Newsletter.« Lassen Sie Ihr Team nun brainstormen und eigene Hypothesen formulieren. Jede Idee oder Hypothese ist per se gut, erst das Kundenfeedback wird darüber entscheiden, ob sie auch wirklich ein

Kundenbedürfnis trifft. Legen Sie anschließend gemeinsam die Hypothesen fest, die am erfolgversprechendsten klingen. Diese werden dann getestet. Hier gilt: Fangen Sie klein an. Testen Sie wenige Hypothesen, diese aber schnell. Nutzen Sie die gewonnenen Daten, um Ihre Annahmen zu verfeinern und testen sie erneut.

Test

In unserem Beispiel – 100 neue Kunden bei 100 000 Euro Marketingbudget – würden 100 Teammitglieder jeweils 1000 Euro bekommen, um Hypothesen zu testen mit dem Ziel, mindestens einen neuen Kunden zu gewinnen.

Schnelligkeit ist Trumpf

Egal ob es um Neukundenakquise, ein neues Produkt-Feature oder ein neues Leadership-Programm geht: Sie sollen kein ausgereiftes Produkt entwickeln und testen, sondern eine Minimalversion, einen Prototypen Ihres Vorhabens, mit dem Sie reale Markt- und Nutzerdaten erheben können. Schnelligkeit geht hier klar über Perfektion (vgl. auch Pretotyping)!

Analyse und Entscheidung

Die Datenauswertung Ihrer Tests nutzen Sie, um Ihre ursprünglichen Hypothesen zu bestätigen oder zu widerlegen. Seien Sie immer kritisch Ihren eigenen Ergebnissen gegenüber. Ist ein Testergebnis nicht eindeutig, scheuen Sie sich nicht, den Test zu wiederholen. Zeigt sich eine Hypothese klar als erfolgreich: Gratulation! Sie haben einen Gewinner und können diesen Weg weiterverfolgen. Zeigt keine Hypothese den gewünschten Erfolg: Gehen Sie ein paar Schritte zurück und formulieren Sie gemeinsam im Team neue Hypothesen zum Testen. Wiederholen Sie den Prozess so lange, bis Sie mit einer Hypothese erfolgreich sind und Ihr Ziel messbar erreicht haben.

Daten, Daten, Daten

Es geht nicht darum, zu gewinnen, sondern den besten Weg zu Ihrem Ziel zu finden. Die Entscheidung darüber treffen Sie zu 100 Prozent datengetrieben anhand der Ergebnisse – unabhängig davon, welcher Mitarbeiter diese Ergebnisse geliefert hat.

Die Daten, die Sie generieren, können entscheidende Wettbewerbsvorteile bringen. Bleiben Sie dran und fallen Sie nicht zurück in den klassischen »Entscheidungen per Bauchgefühl«-Modus. Hinterfragen Sie ständig, was Sie über Ihren Markt und Ihre Kunden wissen, und überprüfen Sie Ihre Annahmen regelmäßig durch Tests. So stellen Sie sicher, dass Sie auch morgen noch Produkte entwickeln, die Ihr Markt und Ihre Kunden auch wirklich wollen. Stehen Sie den eigenen Ergebnissen immer kritisch gegenüber und hinterfragen Sie, ob es neben Ihren Maßnahmen weitere Effekte gab, die das Ergebnis beeinflusst haben könnten (zum Beispiel saisonale Trends), um falsch-positive Ergebnisse zu vermeiden.

Damit Testen und Experimentieren sich im Laufe der Zeit im Mindset Ihrer Mitarbeiter verankern kann, fragen Sie sich vor jeder Entscheidung: »Kann ich das testen?« Motivieren Sie Ihre Mitarbeiter, viele Ideen zu generieren und mit wenig Aufwand zu testen, statt lange in unendlichen Diskussionen die vermeintlich beste Idee zu identifizieren. Ben & Jerry's hat beispielsweise einen Friedhof der ungeliebten Eissorten eingerichtet[170], um die Idee und den Aufwand zu wertschätzen, auch wenn die Sorte beim Kunden letztlich durchgefallen ist.

Erfahrungen mit Learning by Testing

Das Berliner Start-up Mobile Jobs ist ein mobiles Recruiting-Portal für den nicht akademischen Arbeitsmarkt. Es schaltet automatisierte Stellenanzeigen in sozialen Netzwerken und Online-Jobportalen und spricht damit gezielt auch passiv wechselwillige Kandidaten an. Potenzielle Kandidaten können sich in nur drei Minuten auf eine Stelle bewerben. Statt Anschreiben und Lebenslauf zu schicken, beantworten die Bewerber einen auf die Stelle zugeschnittenen Fragenkatalog und werden dadurch vergleichbar gemacht. Die Kommunikation zwischen Unternehmen und Bewerbern erfolgt ausschließlich per SMS.

»Dass SMS der beste Kommunikationskanal für diese Zielgruppe ist, haben wir mit konsequentem Testen herausgefunden«, so Steffen Manes, Gründer und Geschäftsführer von Mobile Jobs. »Wir wollten wissen, auf welchem Weg wir Nichtakademiker am besten erreichen und haben Jobanzeigen über Google AdWords, Zeitungsanzeigen und auf Straßenplakaten mit SMS-Code getestet. Das Ergebnis hat uns überrascht: Von den insgesamt 150 Bewerbungen kamen 125 per SMS von den beiden Straßenplakaten, die wir aufgehängt hatten. Damit war klar, dass die Kommunikation zwischen Bewerber und Unternehmen per SMS laufen muss und nicht wie sonst üblich per E-Mail.«

Testen und Experimentieren ist tief in der Unternehmenskultur von Mobile Jobs verankert. »Wir fragen uns bei jeder Herausforderung: Kann man das testen?«, so Manes. Die Fragestellungen sind vielfältig: Welche Kanäle eignen sich am besten zur Bewerberansprache? Wie müssen Social-Media-Anzeigen gestaltet sein, damit sie am besten konvertieren? Wie sieht der optimale Prozess bis zum Vorstellungsgespräch aus? »Wir haben auch unterschiedliche Sales-Herangehensweisen getestet und herausgefunden, dass unser Vertrieb wesentlich effektiver ist, wenn wir ihn nach Branchen aufteilen«, so Manes. Dazu ließ er zwei Sales-Mitarbeiter die offenen Stellen eines Bewerberportals abtelefonieren: der eine Mitarbeiter branchenunspezifisch mit Kundenreferenzen aus verschiedenen Branchen, der andere Mitarbeiter nur Stellen aus einer Branche mit konkreten Kundenreferenzen aus dieser Branche. Das Ergebnis: Die Positionierung als Branchenexperte war wesentlich effektiver als der allgemeine Sales-Ansatz.

Bei Mobile Jobs wird jede Idee getestet, egal ob sie vom Chef oder von einem neuen Mitarbeiter kommt. »Wir hinterfragen uns gegenseitig kontinuierlich und entscheiden ausschließlich nach Daten und nicht nach Hierarchieebene. Das hat nichts mit Misstrauen zu tun, ganz im Gegenteil. Ich verlasse mich voll und ganz auf meine Mitarbeiter, weil ich weiß, dass sie ihre Entscheidungen vorher mit Daten validieren«, hebt Steffen Manes hervor. Wichtig sei vor allem, dass die Mitarbeiter einen sicheren Rahmen hätten, um ihre Ideen und Hypothesen zu testen, ohne Angst vor Konsequenzen zu haben. »Liegen Mitarbeiter mal daneben mit ihrer Einschätzung, ist das nicht weiter schlimm. Denn die Daten, die sie mit ihrem Test generiert haben, bringen sie trotzdem weiter und fördern gleichzeitig ihre Selbstreflexion.« Um eine gewisse Lockerheit in die Tests zu bringen, hat Mobile Jobs einen kleinen Wettbewerb eingeführt, erzählt Manes: »Wer die Hypothesen des Chefs mit Daten widerlegen kann, bekommt einen Kasten Bier. Das motiviert die Mitarbeiter, es sportlich zu nehmen, auch wenn sie mal daneben liegen.«

Der größte Vorteil von Testen und Experimentieren für Steffen Manes: »Man kann damit die Ursachen hinter jedem Problem herausfinden, lernt ständig dazu und entwickelt sich permanent weiter. Als wir eingestiegen sind, haben wir den Recruiting-Markt mit unserem radikal neuen Ansatz ziemlich aufgerüttelt. Jetzt wollen wir dranbleiben, damit uns in ein paar Jahren nicht das Gleiche passiert.«

6. Wachstumsorientiert handeln

Erfolgreiche Technologieunternehmen haben die Fähigkeit, ihr Geschäft sehr schnell zu vergrößern und flexibel auf neue Marktanforderungen und Kundenbedürfnisse auszurichten. Das gelingt nur, wenn auch die Mitarbeiter fähig sind, im gleichen Tempo mitzuwachsen. Die großen Tech-Unternehmen legen bei der Rekrutierung deshalb einen klaren Fokus darauf, Menschen mit der nötigen Wachstumsorientierung zu finden, die intrinsisch motiviert sind, kontinuierlich dazuzulernen und über sich hinauswachsen wollen – um sie langfristig zu binden. Die folgenden Werkzeuge können auch Ihnen dabei helfen, solche Spitzentalente zu finden und zu fördern.

Werkzeuge im Überblick

Mit dem **Keeper-Test** können Sie sicherstellen, dass Sie auf jeder Position echte A-Player haben. Das Tool gibt Ihnen Anregungen, zu hinterfragen, welche Zusammensetzung für den Erfolg Ihres Teams nötig ist und welche Anpassungen Sie gegebenenfalls vornehmen müssen. So können Sie negative Auswirkungen einzelner Mitarbeiter auf den Rest des Teams verhindern und Zeit und Kosten in der Personalrekrutierung einsparen.

Der **Phone Call to Your Younger Self** liefert Anregungen für eine erkenntnisreiche Selbstreflexion. Die grundlegende Idee ist, sich selbst, Ihren Werdegang, Ihre Leistungen zu sehen und wertzuschätzen und als Grundlage für die richtigen Entscheidungen im Hier und Jetzt zu Rate zu ziehen.

Mentoring bietet einen geschützten Raum, in dem Themen offen angesprochen und diskutiert werden können. Jüngere Mitarbeiter können so wertvolle Einblicke in strategische Themen erhalten, ihre Sichtbarkeit im Unternehmen wird erhöht und sie können aktiv die Zukunft des Unternehmens mitgestalten. Erfahrungswissen von Alt und Jung wird nutzbar gemacht und Know-how-Verlusten vorgebeugt.

Mit **Coffee With a Purpose** können Sie Ihr Netzwerk gezielt und informell erweitern. So holen Sie sich ohne großen Zeitaufwand Inspirationen für ein neues Projekt oder eine neue Aufgabe. Die besten Ideen entstehen an den Schnittstellen zwischen den Fachbereichen, besonders spannend ist daher der Input von Menschen, die an ganz anderen Themen arbeiten als Sie selbst.

Recruiting ist zu Recht eine eigene Profession, eine Schlüsselfunktion in jedem Unternehmen. Die **Recruiting Hacks** bündeln Expertenwissen der besten Technologieunternehmen und ermöglichen Ihnen, Mitarbeiter mit hohem Potenzial beziehungsweise »Growth Mindset« einfach und effektiv zu identifizieren.

Gerade wenn es darum geht, kreative Ideen zu generieren, sind diverse Teams homogenen weit überlegen. Mit **Allyship** stärken Sie bewusst das Thema Inklusion, um die Diversität im Team und im Unternehmen für positive Ergebnisse maximal zu nutzen. Jedoch tritt dieser Effekt nur ein, wenn es Ihnen gelingt, das Potenzial aller Mitarbeiter zu nutzen.

Keeper-Test

Wie Sie ein Spitzenteam aufbauen

>*In einem Dream-Team gibt es keine >brillanten Idioten<.*
Der Preis, den das Team dafür zahlt, ist einfach zu hoch.
Unserer Ansicht nach sind auch brillante Personen
fähig zu dem vernünftigen menschlichen Umgang,
auf den wir bestehen. Wenn hoch talentierte Menschen
in einem kollaborativen Kontext zusammenarbeiten,
inspirieren sie sich gegenseitig, kreativer, produktiver
und schlussendlich erfolgreicher zu sein im Team,
als es ihnen als Individuen möglich wäre.«[171]

Netflix, kulturelle Werte

Die Kultur einer Firma oder Abteilung, das belegen Studien seit den 1970er-Jahren, bestimmt das Verhalten jedes Mitarbeiters auf positive oder negative Weise. Sie beeinflusst sein Engagement, seine Leistung und vor allem seine Verbundenheit mit dem Unternehmen. Die digitalen Player im Silicon Valley haben das schon früh erkannt und der Kampf um digitale Talente und Fachspezialisten wird sich in den nächsten Jahren noch weiter verstärken. Den Unternehmen muss es daher gelingen, die besten Mitarbeiter zu identifizieren und langfristig zu halten. Aber es müssen auch die »richtigen« sein, die wirklich zum Unternehmen passen. Google hat für die kulturelle Passung seiner Mitarbeiter sogar ein eigenes Wort geschafften, man spricht dort von »googliness«. Das Unternehmen geht auch ganz offen damit um, dass nicht jeder interessierte Bewerber zu Google passt – wie übrigens auch nicht zu Amazon oder zu Netflix.[172]

Behalten oder feuern?
Innerhalb von 20 Jahren ist Netflix zum weltweit führenden Streaming-Anbieter aufgestiegen und führt diesen Erfolg nicht zuletzt auf seine starke Unternehmenskultur zurück. Netflix selbst bezeichnet seine Strategie als »eine ungewöhnliche Mitarbeiterkultur«.[173] Zu den Grundsätzen zählt, dass ausschließlich die leistungsfähigsten Leute angestellt werden – womit nicht nur die fachliche Qualifikation gemeint ist. Erst durch ihre sozialen und kommunikativen Fähigkeiten bilden diese »A-Player« ein Dream-Team, in dem alle ihre Stärken voll einbringen können und dazu beitragen, dass auch die anderen besser werden.

Bei Netflix ist man zudem darauf bedacht, dass die Unternehmenswerte nicht bloße Absichtserklärungen bleiben. Dazu gehört, dass jeder Mitarbeiter sich und seinem Vorgesetzten regelmäßig die Keeper-Test-Frage stellt. Dabei stellt sich der Vorgesetzte die Frage: »Für welche meiner Leute würde ich kämpfen, um sie in der Firma zu halten, sollten sie ein Jobangebot eines Konkurrenzunternehmens erhalten oder aus anderen Gründen das Unternehmen verlassen wollen?«[174] Gibt es Teammitglieder, für die der Vorgesetzte nicht kämpfen würde, ist er verpflichtet, umgehend das Gespräch mit demjenigen zu suchen. Das Beschäftigungsverhältnis wird aufgelöst, der Mitarbeiter erhält eine großzügige Abfindung und Unterstützung dabei, sich nach einem passenderen Unternehmen oder einem anderen, zufriedenstellenderen Karriereweg umzusehen. Die freie Position wird umgehend mit einem A-Player nachbesetzt.

So ein Arsch!
Bei der Auswahl und Beurteilung von zukünftigen und aktuellen Mitarbeitern greift ein weiteres Konzept, die sogenannte No Asshole Rule – bei Netflix umformuliert zur No Jerks Rule. Diese geht auf den Stanford-Professor Robert I. Sutton zurück. Er vertritt in seinem Buch *Der Arschloch-Faktor*[175] die These, dass Menschen mit schikanösem Verhalten am Arbeitsplatz die Moral und vor allem die Produktivität von Unternehmen verschlechtern.[176] Stänkerer, Störenfriede und Egoisten sollten natürlich am besten gar nicht erst eingestellt werden. Schafft es dennoch mal einer durch den Einstellungsprozess und erkennt man das

Arschloch-Potenzial erst im Joballtag, so gilt es, eine schnelle Trennung einzuleiten. Nur dann kann, gemäß Netflix, ein produktives und vertrauensvolles Arbeitsumfeld erhalten bleiben.

Der Keeper-Test und die No Jerks Rule definieren, was ein Netflix-Mitarbeiter mitbringen und wie er sich verhalten soll, um sein Wissen und Können zum maximalen Nutzen des Teams umzusetzen. Egal über welch herausragende Qualifikationen jemand verfügt: Fehlen die Teamorientierung und der angemessene Umgang mit anderen, so sind die Kosten für das Team zu hoch. Nach Auffassung von Netflix ist es wesentlich leichter, andere hoch qualifizierte Leute zu rekrutieren, als eine einmal beschädigte Unternehmenskultur zu reparieren. Wer jemals in einer dysfunktionalen Kultur gearbeitet hat, wird dem sicherlich aus vollem Herzen zustimmen.

Wann Keeper-Test und Arschloch-Faktor sinnvoll sind

Gerade wenn Sie ein neues Team zusammenstellen oder gerade umorganisieren und für sich eine einfache Methode suchen, die Teamorientierung und die Leistung Ihrer Mitarbeiter zu bewerten, helfen die beiden Tools, die Höchstleistung jedes Einzelnen sicherzustellen und negative Kollateraleffekte einzelner Mitarbeiter zu vermeiden.

Mit dem Keeper-Test und dem Arschloch-Faktor können Sie

- ein neues Team zusammenstellen oder umorganisieren,
- bereits im Einstellungsprozess den richtigen Fokus setzen,
- sicherstellen, dass Sie die Positionen mit echten A-Playern besetzen,
- zu jedem Zeitpunkt die Performance und das Verhalten jedes Mitarbeiters checken und gegebenenfalls Konsequenzen ziehen,
- hinterfragen, welche Zusammensetzung für den Erfolg Ihres Teams nötig ist und welche Anpassungen Sie gegebenenfalls vornehmen müssen,
- negative Auswirkungen einzelner Mitarbeiter auf den Rest des Teams verhindern,
- Zeit und Kosten in der Personalrekrutierung einsparen,

- im Dialog mit Ihrer Führungskraft erfahren, ob Ihre eigene Leistung honoriert beziehungsweise wertgeschätzt wird.

Und so funktioniert's

- Das Konzept und die Idee an sich überzeugen durch ihre bestechende Einfachheit, die konsequente Umsetzung allerdings ist gar nicht so simpel. Offenheit, Transparenz, Wertschätzung und Respekt sind wichtige Grundlagen für einen bereichernden Dialog, was die Teamfähigkeit und Leistung Ihrer Mitarbeiter angeht.
- Machen Sie in regelmäßigen Abständen den Keeper-Test für Ihr Team und überlegen Sie, aus welchem Grund Sie um jemanden kämpfen würden – oder eben nicht. Welches Verhalten sehen Sie oder würden Sie gerne sehen? Was fehlt? Kann der Mitarbeiter, will aber nicht? Oder will er, kann aber nicht? Oder gar beides?
- Fragen auch Sie Ihren Manager, wie hart er um Sie kämpfen würde, falls Sie Ihre Kündigung auf den Tisch legen würden.
- Stellen Sie sicher, dass Sie und Ihr Team ein gemeinsames Verständnis davon haben, welches Verhalten in der Zusammenarbeit erwartet wird.

Stellen Sie sicher, dass Kandidaten oder Mitarbeiter, die ein Verhalten an den Tag legen, das Ihren Werten entgegenläuft, keine Chance haben, egal wie gut ihre fachlichen Qualifikationen auch sein mögen (vgl. Recruiting Hacks). Führen Sie Interviews idealerweise zu zweit, um zu vermeiden, dass Sie die fachliche Eignung über die menschliche Passung stellen, gerade wenn Sie eine Stelle dringend besetzen müssen. Beziehen Sie ruhig Ihr Team in die Auswahlentscheidung ein. Beliebt sind Termine zum gemeinsamen Mittagessen, bei denen sich alle kennenlernen können, bevor man sich final füreinander entscheidet.

- Belohnen Sie positives Verhalten im Team. Diskutieren Sie unerwünschtes Verhalten oder eine unzureichende Performance konsequent und zeitnah mit der betroffenen Person. Vereinbaren Sie mit dem Mitarbeiter konkrete und verbindliche Veränderungsschritte. Setzen Sie diese im Einzelgespräch auf die Agenda, um regelmäßig Feedback zu geben.

- Sehen Sie keine Veränderung, leiten Sie schnell sichtbare Konsequenzen ein. Nur so bleibt Ihr Team weiter produktiv und erbringt Höchstleistung.

Erfahrungen mit Keeper-Test und dem Arschloch-Faktor

Das Berliner Unternehmen Tandemploy unterstützt Organisationen bei der digitalen Transformation und nutzt dabei den stärksten Hebel, den eine Organisation hat: die eigenen Mitarbeiterinnen und Mitarbeiter. Die vielfach ausgezeichnete smarte Cloud-Software von Tandemploy schafft es, durch einen ausgeklügelten Matching-Prozess innerhalb von Organisationen optimale »Tandems« von Mitarbeitern zu bilden. Das Einsatzgebiet ist sehr breit und erstreckt sich von Mentoring über Jobsharing, Jobrotation bis hin zu Working Circles und Projekten. Dies ermöglicht einen lebendigen Wissenstransfer, neue Kollaborationsformen und flexible Arbeitsmodelle.

Zwei der drei Gründer von Tandemploy, Jana Tepe und Anna Kaiser, arbeiteten vorher für einen Recruiting-Spezialisten und wussten daher genau, wie wichtig die Unternehmenskultur für den Erfolg ist. Deshalb überlegten sie bereits vor den ersten Einstellungen ganz genau, welche Werte ihnen wichtig sind und wonach sie bei ihren Mitarbeitern suchen. »Bei Tandemploy baut alles auf unserem Wertegerüst auf: das Unternehmen an sich, unser Recruiting-Verfahren, die Mitarbeitergespräche und unsere Zielvereinbarungen«, so Tepe.

Im Recruiting geht es bei Tandemploy darum, von Anfang an nur Personen einzustellen, die gut zum Unternehmen passen. Dabei kommt unter anderem die »No-Jerks-Regel« zum Einsatz. Am Ende des mehrstufigen Recruiting-Prozesses steht immer der Kennenlerntag mit dem gesamten Team. Jana Tepe betont: »Dieser Tag ist extrem wichtig für beide Seiten. Denn das Arbeiten in einem Start-up muss man wirklich wollen und auch können. Wir bieten unseren Mitarbeitern sehr viel Flexibilität, Freiheit und Eigenverantwortung mit wenigen Vorgaben. Das bedeutet im Umkehrschluss, dass unsere Mitarbeiter sich ihren eigenen Rahmen schaffen müssen, statt auf Vorgaben und Strukturen von uns zu warten. Das ist nicht jedermanns Sache. Umso wichtiger ist es für uns, hier sehr transparent zu sein und den Kandidaten eine gute Entscheidungsgrundlage zu bieten.« Nach dem Kennenlerntag befragen die Gründer alle Mitarbeiter, die eng mit der neuen Person zusammenarbeiten würden. Eingestellt werden nur Kandidaten, bei denen alle im Team ein gutes Bauchgefühl haben. »Das hat sich schon oft bewährt. Manche Bewerber zeigen erst nach der Absage ihr wahres Gesicht. Dann erkennt man, weshalb das Bauchgefühl nicht gepasst hat«, so Tepe.

Das sorgsame Recruiting bei Tandemploy trägt nicht nur zu einer guten Unternehmenskultur bei, sondern auch zu einer erstaunlich niedrigen Fluktuationsrate. In der Historie des Unternehmens kam es mehrfach vor, dass in einem Jahr kein einziger Mitarbeiter das Unternehmen verlassen hat.

Auch während der Probezeit wird Feedback eingeholt. »Nach sechs Wochen führen wir mit neuen Mitarbeitern das erste Feedback-Gespräch, zum Ende der Probezeit dann ein zweites. Wir sprechen klar an, was wir von unseren Mitarbeitern erwarten. Besonders wichtig ist uns, dass wir respektvoll und wertschätzend miteinander umgehen. Hier leisten wir als Gründerinnen viel Kulturarbeit. Mit steigender Unternehmensgröße ist es uns gelungen, das gesamte Führungsteam in diese Kulturarbeit einzubinden, sodass sich alle im Unternehmen mit unserem Wertekanon identifizieren«, führt Jana Tepe aus.

Für kritische Situationen beschreibt sie ein spannendes Prinzip bei Tandemploy, das Fairness gewährleistet und Überreaktionen verhindert: »Wenn mich etwas an einem Kollegen irritiert, muss ich erst einmal darüber schlafen. Bleibt die Irritation auch am nächsten Tag bestehen, spreche ich mit jemandem, der in der Situation dabei war. Sagt derjenige ›Jetzt übertreib mal nicht‹, ist alles gut. Fand der Kollege die Situation ebenfalls merkwürdig, spreche ich das Thema direkt bei dem betroffenen Mitarbeiter an.« Mit dieser Vorgehensweise schafft es Tandemploy, kulturrelevante Themen zeitnah und ohne große Visibilität zu adressieren. Tepe weiter: »So verhindern wir, dass sich Dinge aufstauen, und der Mitarbeiter hat sofort die Möglichkeit, etwaige Missverständnisse zu klären oder sein Verhalten entsprechend anzupassen.«

Alle drei Monate sitzen die Gründer zusammen, stellen sich für alle Mitarbeiter die Keeper-Test-Frage und reflektieren die Antworten vor dem Hintergrund: Sitzt jede Person auf der richtigen Position? »Auch hier steht der kulturelle Fit im Vordergrund. Wir fragen uns bei jedem Mitarbeiter: Wie können wir die Person weiterentwickeln?«

Falls es einmal dazu kommt, dass die Performance eines Mitarbeiters maßgeblich von den vereinbarten Zielen abweicht, werden die Ursachen analysiert. Danach wird nach einem Weg gesucht, wie man mögliche Veränderungen gemeinsam umsetzen kann. Wenn dies identifiziert ist, wird nach einem Weg gesucht, wie man mögliche Veränderungen gemeinsam umsetzen kann. So schafft Tandemploy die optimalen Rahmenbedingungen dafür, dass alle Mitarbeiter ihre PS voll auf die Straße bringen können.

Phone Call to Your Younger Self

Wie Sie effektiv Ihre Selbstreflexion ankurbeln

»Ich würde zu mir sagen: Genieß die Reise.«[177]

Tim Cook, CEO von Apple, auf die Frage, welchen Rat er seinem jüngeren Ich geben würde

Mit der sinkenden Halbwertszeit von Wissen ist in Zukunft nicht nur Wissen der entscheidende Wettbewerbsvorteil, sondern die individuelle Selbstsicherheit, die auf Weisheit, Erfahrungen und Kreativität basiert. Um sich all dessen bewusst zu werden, müssten wir uns Zeit zur Selbstreflexion nehmen. Unser Alltag ist jedoch getrieben von Telefonaten und Videokonferenzen und wir verwenden unglaublich viel Zeit auf Gespräche mit anderen, führen Personal- oder Feedbackgespräche, leiten Management-Circles, Projektmeetings oder Reviews vor Ort oder am Telefon. Ziel all dieser Gespräche: Handlungsanweisungen geben, Wissen austauschen und klären, ob alles richtig läuft.

Längst wissen wir, dass Wissen alleine uns nicht weiterbringt. Die gesammelten Erfahrungen auf unserem Lebens- und Berufsweg helfen uns im Hier und Jetzt, die richtigen Entscheidungen zu treffen (vgl. Gratitude Journal und Morning Routine). Es ist also nicht nur wichtig, darüber nachzudenken, ob wir die Dinge richtig tun, sondern ob wir die richtigen Dinge tun – für uns selbst, aber auch fürs Business. Dazu ist strukturierte Reflexion gefragt und die Entscheidung, sich bewusst Zeit dafür zu nehmen.

Tech-Leader tun genau das: Sie nutzen als Methode den Phone Call to Your Younger Self. Dies meint, dass sie sich überlegen, was sie ihrem jüngeren Ich mit auf den Weg geben würden. Dadurch machen sie sich bewusst, was sie beruflich bereits geleistet haben und was sie dorthin gebracht hat. Diese positive Betrachtung des eigenen Tuns hilft für sich selbst nochmals Sicherheit zu gewinnen, um zukünftig noch stärker seinen Erfahrungen zu vertrauen. Zusätzlich hilft die Gedankenübung des Phone Call to Your Younger Self auch klarer wertvolle Einsichten mit anderen Menschen teilen zu können, um ihnen damit gegebenenfalls auf dem eigenen Weg zu helfen.

Stewart Butterfield, Flickr-Gründer und Slack-CEO, sagte einmal: »Misserfolge im Kontext der Arbeit sind sehr schwierig und man redet sie manchmal schön und tut so, als wären sie keine Misserfolge. Aber wenn man versucht, von ihnen zu lernen, kann man Verluste in Erfolge verwandeln.«[178] Er führte an anderer Stelle weiter aus, was er sich beispielsweise selbst gerne auf seinen Berufsweg mitgegeben hätte, um gegebenenfalls mit weniger Aufwand erfolgreicher zu werden: »Wenn es einen Ratschlag gäbe, den ich mir selbst geben würde, wenn ich mich selbst anrufen könnte, als ich jung war, dann würde ich sagen: Konzentrier dich darauf, gute Geschichten zu erzählen, um Menschen von deinem Produkt zu überzeugen.«[179] Schlussendlich, so sagt Butterfield, hätte er für sich gelernt, dass es nämlich nicht nur eine Rolle spielt, ein gutes Produkt zu lancieren, sondern viel wichtiger sei, Menschen, respektive Kunden davon zu überzeugen, dass das Produkt eine ihrer Herausforderungen löst.

Wann der Phone Call to Your Younger Self sinnvoll ist

Mit »Phone Call to Your Younger Self« können Sie

- eine Selbstreflexion einleiten, die erkenntnisreich und verstärkend ist und diese dann situativ auch sehr klar mit Kollegen und Mitarbeitern zu teilen,
- sich selbst, Ihren Werdegang und Ihre Leistungen anerkennen, wertschätzen und als Grundlage für die richtigen Entscheidungen im Hier und Jetzt zu Rate ziehen,
- Ihrem Umfeld durch dieses Vorgehen aufzeigen, dass Sie an die Macht des Innehaltens und der Selbstreflexion glauben.

Und so funktioniert's

Wie bei allen anderen vorgestellten Methoden geben wir auch hier nur einen groben Leitfaden für die Umsetzung vor. Passen Sie das Vorgehen gerne so an, wie es für Sie sinnvoll scheint:

- Verabreden Sie sich mit einem Sparringspartner an einem gemütlichen Ort, an dem Sie ungestört sind und sich wohlfühlen.
- Nehmen Sie sich 5–10 Minuten Zeit um sich auf das Rollenspiel, das heißt den Anruf vorzubereiten.
- Bereiten Sie den Anruf bei Ihrem jüngeren Ich so vor, wie Sie es mit einem Business-Call oder einer geschäftlichen Videokonferenz tun würden. Legen Sie den ersten Satz Ihres Gesprächs fest, so finden Sie einen konkreten Gesprächseinstieg.

Geben Sie Ihrem jüngeren Ich – gespielt von Ihrem Sparringspartner – Antworten auf folgende Fragen:

- Auf welche großen Entscheidungen, die Sie getroffen haben, sind Sie besonders stolz und weshalb?

- Was waren Ihre größten Fehler oder Verluste in den letzten Jahren? Und welches sind Ihre größten Erkenntnisse, die Sie daraus gewinnen konnten?
- Auf welche Teamerfolge sind Sie besonders stolz und warum?
- Welche Menschen haben Sie auf Ihrem Lebensweg massiv beeinflusst und weitergebracht – und wie haben Sie sich dafür revanchiert?
- Welche Menschen haben Sie beeinflusst und ihnen dadurch auf ihrem Weg geholfen?
- Was oder wovon würden Sie rückblickend mehr tun? Und was weniger?

Tipps für das Zwiegespräch

Beschränken Sie sich auf das Wesentliche, schweifen Sie nicht ab. Versetzen Sie sich in die Lage Ihres jüngeren Ichs und versuchen Sie die richtige Sprache zu finden. Geben Sie Ihrem jüngeren Ich keine Anweisungen oder Befehle, sondern formulieren Sie Ihr Fazit als wohlwollende Ratschläge.

Falls Sie keinen Sparringspartner haben, können Sie anstatt eines Gespräches auch einen Brief an Ihr jüngeres Ich schreiben.

Erfahrungen mit dem jüngeren Ich

»Was ich meinem 25-jährigen Ich raten würde? Spannend, denn genau gestern stellte mir ein 24-jähriges Nachwuchstalent auf einem Event diese Frage«, sagt Tatjana Kiel, langjährige Weggefährtin von Dr. Wladimir Klitschko und CEO bei Klitschko Ventures. »Im Rahmen des von mir 2011 ins Leben gerufenen Ladies Mentoring besprechen wir diese und ähnliche Fragen regelmäßig, um uns gegenseitig zu inspirieren, aus den eigenen und der Geschichte der anderen zu lernen.« Konkret würde sie ihrem 25-jährigen Ich raten:

»Der regelmäßige Austausch ist Gold wert.«

Wladimir Klitschko, seit nunmehr zwölf Jahren ihr Weggefährte und Sparringspartner, unterstützt Kiel – und sie im Gegenzug ihn in seiner persönlichen und vor allem beruflichen Entwicklung. Die zweite Karriere von Wladimir Klitschko ebenso groß zu machen wie die erste, ist das erklärte gemeinsame Ziel der beiden. Daran arbeiten sie, geben sich gegenseitig Halt und unterstützen sich moralisch. Sich die Zeit für den persönlichen und regelmäßigen Austausch und aktives Mentoring zu nehmen, sei die Grundlage für beruflichen Erfolg, ist Tatjana Kiel überzeugt.

»Die weibliche und die männliche Perspektive – die Mischung macht's.«

Sie arbeitete stets in eher männerdominierten Welten wie der Politik oder dem Sport und stand stets im engen Austausch mit Männern in Entscheiderpositionen. Einerseits profitierte sie von dem Blick, den ihr diese männlichen Bezugspersonen mit auf den Weg gaben, stellte jedoch fest, dass sie aus ihrer Perspektive manche Entscheidung anders getroffen hätte. Im Nachhinein betrachtet hätte dies so manches Mal zu einem besseren Ergebnis geführt.

Um zu erfahren, wie andere Frauen sich in solchen Situationen positionieren, wie sie die Dinge mit ihrer Sichtweise verändern können, gründete Tatjana Kiel ein Netzwerk oder vielmehr eine Gemeinschaft, wie sie es nennt: das Ladies Mentoring. Tatjana Kiel ist überzeugt, dass ihr dieser Austausch im beruflichen Alltag hilft, bessere Entscheidungen zu treffen.

»Sich vor Tippgebern und Neinsagern hüten«

Auf Menschen mit echter Erfahrung bauen und nicht auf Tippgeber, auch das würde sie ihrem 25-jährigen Ich raten, sowie noch besser zu differenzieren, von welchen Personen man sich Rat einholt oder Impulse geben lässt. »Rede mit Menschen, die die Erfahrungen bereits selbst gemacht haben und dir auf Augenhöhe begegnen – und nicht mit denjenigen, die sich nur auf Sekundärwissen stützen«, so Kiel. Für sie sind Letztere versteckte Neinsager, die ihre eigene Meinung anderen aufdrängen und keine positiven Impulse vermitteln.

»Aufs Bauchgefühl hören und eigene Erfahrungen machen«

Selbst wenn man noch so gute Mentoren hat und rational noch so klar zu wissen glaubt, was der »richtige« Weg ist: Jeder müsse eigene Erfahrungen machen und eigene Schlüsse daraus ziehen. Neugierde ist für sie das A und O, denn nur damit probiert man neue Dinge aus und versucht, kreative Wege zu finden, um das Unmögliche möglich zu machen. Hat man Erfolg, stärkt das das eigene Selbstvertrauen ungemein und schärft die Intuition.

Mentoring

Wie Sie mit Mentoring von den Besten lernen

> *»Die formale Bildung wird deinen Lebensunterhalt sichern;*
> *das Selbststudium wird dir ein Vermögen bringen.«* [180]

Jim Rohn, Unternehmer, Autor und Motivationstrainer

Treue und weise Berater gibt es seit Menschengedenken und Mentoring erfährt heute eine Renaissance, da lebenslanges Lernen immer relevanter wird. Schnelles Teilen von Erfahrungswissen ist eine Kernkompetenz, die Unternehmen meistern müssen. Nicht nur die digitalen Riesen haben erkannt, welch fundamentale Dienste Mentoring hierbei auf äußerst effektive und flexible Weise leistet. Dabei gibt es ganz unterschiedliche Formen und Möglichkeiten.

Vorbilder

Die größte Flexibilität bieten Herangehensweisen ohne formale Programme, etwas, das jeder sofort machen kann. Dank Social Media war es noch nie so einfach wie heute, an die Erfolgsrezepte von Silicon-Valley-Größen wie Mark Zuckerberg, Sheryl Sandberg oder Bill Gates zu kommen. Machen Sie Ihre Vorbilder zu Mentoren, ohne dass diese es wissen. Alle großen Player veröffentlichen fast täglich Updates, Erkenntnisse und Weisheiten auf ihren Social-Media-Kanälen. So können Sie lesen, was Ihre Vorbilder bewegt und überlegen, welche Erkenntnisse Sie gewinnbringend für sich adaptieren und nutzen könnten.

Dieses Prinzip funktioniert auch im eigenen Unternehmen gut. Identifizieren Sie die Führungspersönlichkeiten, die Sie bei einer Veranstaltung, einem Projekt oder in der Zusammenarbeit besonders beeindruckt haben. Suchen Sie sich Menschen, zu denen Sie aufschauen und von denen Sie gerne etwas lernen möchten – und tun Sie es einfach! Beobachten Sie sie, gehen Sie gemeinsam Kaffee trinken und profitieren Sie von ihrem Wissensschatz.

In vielen Unternehmen gibt es auch fest installierte Mentoring-Programme. Meist wird dabei ein jüngerer Mitarbeiter von einer erfahrenen, meist älteren Führungskraft unter die Fittiche genommen.

Reverse Mentoring

Dieses klassische Gefüge ist zwar immer noch die Regel, aber längst nicht mehr die alleinige Wahrheit. Heute zeigen uns beispielsweise unsere Kinder als Digital Natives, wie wir mit neuen Technologien und Kommunikationskanälen umgehen müssen. Praktikanten helfen uns dabei, einen neuen Social-Media-Kanal zu nutzen. Viele Führungskräfte haben mittlerweile begriffen, dass es sich lohnt, jüngeren Mitarbeitern zuzuhören, die Expertise in einem bestimmten Fachgebiet mitbringen. Die jüngere Generation zu verstehen ist essenziell: Sie macht nicht nur den Großteil der Bevölkerung aus, sondern auch unserer Kunden und bald schon der Arbeitswelt. Das Prinzip dahinter nennt sich Reverse Mentoring.

Jack Welch, ehemaliger CEO von General Electric, ist einer der Pioniere des Reverse Mentoring. Schon im Jahr 1999 brachte er 500 Senior Executives mit jungen Digital Immigrants und Digital Natives zusammen, um die ältere Generation mit den Veränderungen und daraus resultierenden Chancen des Internets vertraut zu machen.[181] Welch selbst ging mit gutem Beispiel voran und wurde mit 64 Jahren zum ersten Mentee des Programms.[182]

Uneingeschränkter Austausch

Heutzutage haben Technologiegiganten wie Dell, Cisco, IBM und Microsoft erfolgreiche Mentoring-Programme mit verschiedenen Ausrichtungen etabliert. Aus dem klassischen Einbahn-Lernen ist ein offener Wissensaustausch entstanden, in dem Jung und Alt von- und miteinander lernen. Unternehmen übertragen so das Wissen und die Kompetenzen aller Mitarbeiter auf möglichst viele Führungskräfte.

Die Themen verabreden Mentor und Mentee zu Beginn des Programms gemeinsam. Oft geht es neben dem Umgang mit Software, Apps, sozialen Netzwerken und anderen Technologien auch darum, die Einstellungen der jungen Generation als wichtige Kunden- und Mitarbeitergruppe kennenzulernen und aktuelle Trends zu verstehen. Die jüngeren Mentoren profitieren dafür vom Wissen und Erfahrungsschatz ihrer älteren Mentees. Das Ziel: Wissen und Erfahrung aus verschiedenen Generationen zusammenzubringen und gemeinsam neue Ideen zu entwickeln, die durch die Kombination der unterschiedlichen Perspektiven besser werden.[183]

Wann Mentoring sinnvoll ist

Wenn Sie täglich dazulernen und verstehen möchten, was andere Führungskräfte und Mitarbeiter tun, um erfolgreich zu bleiben, bietet Mentoring dafür eine gute Austauschplattform. Sie erhalten neue Ideen und können digitale und technologische Trends rechtzeitig erkennen und nutzen. Das bietet Inspiration für den digitalen Wandel Ihres Unternehmens. Das Mentoring bietet einen geschützten Raum, in dem Themen offen angesprochen und diskutiert werden können.

Mit Mentoring können Sie

- jüngeren Mitarbeitern wertvolle Einblicke in strategische Themen geben, ihre Sichtbarkeit im Unternehmen erhöhen und ihnen die Möglichkeit geben, aktiv die Zukunft des Unternehmens mitzugestalten,
- das Wissen Ihrer jüngeren Mitarbeiter nutzen und diese an Ihr Unternehmen binden,
- gleichzeitig Schubladendenken auflösen und das Verständnis zwischen den Generationen im Unternehmen fördern,
- leistungsstarke Teams aus Senior Management und Digital Natives bilden, um zu verhindern, dass Ihre Führungsriege betriebsblind wird,
- Erfahrungswissen von Alt und Jung nutzbar machen und Know-how-Verlusten vorbeugen,
- die digitale Fitness Ihres Unternehmens erhöhen und Ihre Mitarbeiter anregen, ihre Denk- und Arbeitsweisen zu reflektieren.[184]

Und so funktioniert's

Fragen Sie zuerst bei der Personalabteilung nach, ob es bereits Mentoring-Programme in Ihrem Unternehmen gibt. Signalisieren Sie Ihre Bereitschaft, sich als Mentor einzubringen oder fragen Sie, wie Sie als Mentee am Programm teilnehmen können. Diese Variante ist für Sie die einfachste, da es eine klare Struktur, einen Matching-Prozess sowie Leitfäden und Anregungen für die Gespräche zwischen Mentor und Mentee gibt.

Gibt es kein Mentoring-Programm in Ihrem Unternehmen, suchen Sie sich zum Beispiel über Plattformen einen externen Mentor oder stellen Sie sich zusätzlich selbst als Mentor zur Verfügung. Es gibt zahlreiche Online-Plattformen, die unternehmensübergreifende oder anonyme Tandems vermitteln, zum Beispiel MentorCity oder Find a Mentor.[185] Auch diese Plattformen stellen Ihnen für die ersten Treffen Leitfäden und Fragen zur Verfügung. Sie helfen Ihnen dabei, das Gespräch ingang zu bekommen, bis der Austausch irgendwann wie von selbst funktioniert.

Nehmen Sie sich daher genug Zeit, Ihren Mentee oder Mentor persönlich kennenzulernen und prüfen Sie, ob Sie auch wirklich zusammenpassen. Nur wenn die Chemie zwischen Mentor und Mentee stimmt, entwickelt sich das nötige Vertrauensverhältnis für eine erfolgreiche Lernpartnerschaft.

Sie bestimmen Umfang und Frequenz der Treffen. Brechen Sie bewusst aus Ihrem Arbeitskontext aus und verabreden Sie sich zum Essen mit Ihrem Mentor oder Mentee. Wohnen Sie weiter voneinander entfernt, funktionieren auch Gespräche via Skype oder Telefon. Am besten haben Sie sich mindestens einmal am Anfang persönlich getroffen und kennengelernt.

Unabhängig davon können Sie Ihre digitalen Vorbilder definieren. Recherchieren Sie, auf welchen Netzwerken Ihre Vorbilder aktiv sind. Folgen Sie ihnen auf Twitter, Instagram, LinkedIn oder Facebook, abonnieren Sie deren YouTube-Kanäle und Podcasts. Nehmen Sie sich 15 Minuten pro Tag Zeit (vgl. Morning Routine) und informieren Sie sich, welche Neuigkeiten Ihre Mentoren mit der Welt geteilt haben. Überlegen Sie sich, welche Erkenntnisse Sie für sich und Ihre Arbeit übernehmen können.

Erfahrungen mit Mentoring

Mentoring hat eine lange Tradition bei Axel Springer. Schon seit 14 Jahren bringt das Unternehmen in seinem internen Cross-Company-Mentoring-Programm erfahrene Führungskräfte mit ambitionierten Fach- und Nachwuchsführungskräften zusammen mit dem Ziel, von-, mit- und übereinander zu lernen. »Wir wollen damit die interdisziplinäre Zusammenarbeit und den Wissensaustausch in der Axel-Springer-Familie fördern und klassischem Silodenken entgegenwirken«, so Clara von Hugo, die das Programm als Head of Leadership & Expert Development verantwortet. »Bei uns coacht zum Beispiel der Geschäftsführer des Preisvergleichsportals Idealo als Mentor einen *Bild*-Redakteur, oder die Chefredakteurin der *B.Z.* unterstützt als Mentorin einen Mitarbeiter unseres internen Vermarkters.«

Herzstück des Mentoring-Programms sind die Lerntandems. Vor einem Jahr wurde das Programm um Peer- und Group-Mentoring erweitert. »Die Mentees sollen sich gegenseitig als Potenzialträger erkennen und das Wissen ihrer Mit-Mentees nutzen. Das geschieht beispielsweise bei Stammtischen oder Learning Lunches, zu denen die Mentees sich gegenseitig in ihr Unternehmen einladen, ihre Arbeitsbereiche vorstellen und über ihre konkreten Herausforderungen sprechen. Der Fokus beim Peer-Mentoring liegt klar auf dem fachlichen Austausch, anders als im 1:1-Mentoring, bei dem es stärker um die persönliche Weiterentwicklung des Mentees geht«, erklärt von Hugo. Beim Group-Mentoring arbeitet ein Mentor zu einem speziellen Thema, wie etwa Vereinbarkeit von Beruf und Familie, mit mehreren Mentees zusammen und gibt seine Erfahrungen weiter.

Das Mentoring-Programm steht allen Mitarbeitern offen. Anhand der Lebensläufe, eines Fragebogens sowie eines persönlichen Gesprächs werden die passenden Mentees für einen Jahrgang ausgewählt. Diese nehmen eine Videonachricht für ihre künftigen Mentoren auf und stellen sich, ihre bisherige Laufbahn und ihre Ziele und Wünsche an die Mentoring-Beziehung vor. Bei einer Auftaktveranstaltung lernen die Mentees ihre Mentoren dann endlich persönlich kennen. Besonders wichtig: Es darf weder ein hierarchisches Abhängigkeitsverhältnis noch eine Beziehung auf operativer Ebene zwischen Mentor und Mentee bestehen. »Das prüfen wir im Vorfeld ganz genau«, unterstreicht von Hugo.

Entscheidend sei vor allem die Einstellung der Teilnehmer. »Eine passive Konsumhaltung erschwert den Erfolg jedes noch so gut aufgesetzten Mentoring-Programms«, ist Clara von Hugo überzeugt. »Die Teilnehmer dürfen sich nicht zurücklehnen und darauf warten, dass ihnen die Personalabteilung Angebote macht. Wir kommunizieren zum Auftakt jedes Jahrgangs ganz klar: Wir sind da für euch, wenn ihr Unterstützung braucht. Aber es liegt an euch, wie ihr diese Chance nutzt und was ihr aus eurer Mentoring-Beziehung macht.« Die Gestaltung der Mentorings ist den Tandems völlig frei überlassen. »Es geht um die persönliche Weiterbildung der Mentees, deshalb geben wir keine Projekte oder Ziele vor. Jedes Tandem arbeitet sehr individuell und zwar in absoluter Vertraulichkeit, erläutert von Hugo. »Auch das Selbstverständnis der Mentoren ist erfolgsentscheidend. Wir wollen die Mentorenrolle als Auszeichnung etablieren. Dazu dürfen die Mentoren ihre Aufgabe nicht nur als soziales Engagement sehen, sondern müssen den persönlichen Mehrwert für sich erkennen.« Der Austausch im Mentorennetzwerk sei einer dieser Vorteile. »Auch die Mentoren profitieren voneinander, lernen andere Führungsstile, Geschäftsbereiche und Unternehmen kennen und holen sich Anregungen von ihren Kollegen. Ein Mentor erzählte bei einem Treffen beispielsweise von einem Shadow-Day, den er für seinen Mentee organisiert hatte, bei dem ihm der Mentee einen Tag lang über die Schulter schauen durfte. Diese Idee griffen andere Mentoren sofort und nutzten sie für ihre Mentees«, so von Hugo.

Ein Praxistipp, um gute Mentoren zu finden, ist für sie besonders wichtig: »Gehen Sie mit offenen Augen und Ohren durchs Unternehmen und fragen Sie regelmäßig Ihre Kollegen, welche Führungskraft diese besonders beeindruckend finden. Diese Persönlichkeiten versuchen Sie als Mentoren zu gewinnen. Das gilt übrigens auch für Unternehmen, die kein offizielles Mentoring-Programm haben. Fragen Sie sich: ›Welche Führungskräfte finde ich inspirierend?‹, und verabreden Sie sich einfach mal zum gemeinsamen Lunch. Das kann der Grundstein einer erfolgreichen Mentor-Beziehung sein.«

Coffee With a Purpose

Wie Sie mit gezielten Kaffeekränzchen erfolgreich werden

>»Kreativität ist nichts weiter als Dinge zu verbinden.
Wenn man Kreative danach fragt, wie sie etwas gemacht
haben, fühlen sie sich oft schuldig, da sie eigentlich nichts
gemacht, sondern nur etwas gesehen haben. Nach einer Weile
schien es für sie offensichtlich. Weil sie ihre Erfahrungen
miteinander verbunden haben, konnten sie neue Dinge
hervorbringen.«[186]

Steve Jobs, Mitgründer und langjähriger CEO[187] von
Apple Inc.

Es fühlt sich gut an, wenn man mit Kollegen und/oder Freunden zusammensitzt, eine Idee vorstellt und dafür viel Zustimmung erhält. Aber leider bringt uns das nicht immer weiter. Die meisten Menschen tendieren dazu, sich in einem relativ homogenen Umfeld zu bewegen und schaffen dadurch – bewusst oder unbewusst – eine »Echokammer«, in der man sich untereinander für die eigene Genialität lobt, ohne kritischen Blick von außen.

Tech-Giganten legen – insbesondere zur Steigerung der Innovationsfähigkeit – sehr großen Wert auf Diversität und Inklusion in Teams. Dahinter verbirgt sich die auf Erfahrung basierende Überzeugung, dass nur das Zulassen von unterschiedlichen Blickwinkeln und Meinungen und das kontroverse Diskutieren von Lösungsvorschlägen schlussendlich etwas wirklich Kreatives und Neuartiges hervorbringen kann. Deshalb nutzen sie nicht nur ihr bestehendes Netzwerk, das heißt Freunde, Familie, Ex-Kollegen, Bekannte und aktuelle Kollegen zum Austausch, wenn sie nicht wissen, wie sie etwas anpacken sollen, sondern holen sich auch Rat von außerhalb. Sie empfinden das Sparring nicht als Hilferuf, der Schwächen offenbart, sondern als Stärke, sich im richtigen Moment externe Impulse zu holen – zugunsten der Lösungsfindung, aber eben auch zugunsten von Kreativität und Innovation.

Gerade wenn es um digitale Themen geht, greift das eigene Netzwerk, das man im Laufe des Berufslebens aufgebaut hat, oft zu kurz. Denn meist sind das geschlossene, homogene Netzwerke, in denen sich viele Teilnehmer untereinander kennen, immer wieder gerne zusammenarbeiten und sich gegenseitig weiterempfehlen. Der Kitt, der diese Netzwerke zusammenhält, sind Gemeinsamkeiten, wie etwa die gleiche Branche, der berufliche Hintergrund, die religiöse oder politische Ausrichtung oder die persönlichen Ansichten. Gemeinsamkeiten verbinden, schaffen Vertrauen und erleichtern die Zusammenarbeit, bringen jedoch nur wenige neue Impulse. Das führt dazu, dass immer wieder dieselben Ideen kursieren und dadurch die eigenen Ansichten bestärkt werden.

Offene Netzwerke sind da anders. Hier kennt – überspitzt gesagt – nicht jeder jeden, sondern es treffen unterschiedliche Menschengruppen aufeinander, die einzigartige Beziehungen zu anderen Personen haben, unterschiedliche Erfahrungen und Wissen aus den verschiedensten Fach- und Lebensbereichen mitbringen. Diese Diversität wird zum Beispiel im Design-Thinking ganz bewusst als Innovationstreiber eingesetzt. Denn je heterogener die Gesprächspartner sind, desto kreativer sind die Ergebnisse.

Menschen mit unterschiedlichen Erfahrungen, Wissensbereichen und Ansichten erweitern Ihren Blickwinkel, stellen manchmal Ihre Ansichten auf die Probe und bieten neue Expertise, die in Ihrem »Trusted Circle« bisher gefehlt hat. Öffnen Sie Ihr Netzwerk daher bewusst für Kollegen aus unterschiedlichen Bereichen, die andere Hintergründe und neue Perspektiven mitbringen. So erhalten Sie Zugang zu neuen Erfahrungsschätzen und Wissensgebieten und müssen mitunter gegensätzliche Perspektiven in eine gemeinsame Sichtweise integrieren.

Brian Uzzi, Professor für Leadership und Organisational Change an der Kellogg School of Management, hat zehn Millionen akademische Studienarbeiten analysiert und herausgefunden, dass die besten Studien Referenzen aufwiesen, die zu 90 Prozent konventionell und zu 10 Prozent atypisch, also aus anderen Bereichen waren.[188] Diese Regel hat sich über die Zeit und über die Felder hinweg konstant gehalten. Er lieferte mit seiner Untersuchung ein weiteres Indiz dafür, dass neue, außergewöhnliche Ideen immer dort entstehen, wo unterschiedliche Perspektiven zusammenkommen, und dass diese Kreativität entscheidend für den Erfolg eines Vorhabens oder eines Unternehmens ist.

Erfreulicherweise gibt es eine simple Lösung, wie Sie mehr Vielfalt in Ihr Netzwerk bringen können: Gehen Sie Kaffee trinken! Und zwar nicht zufällig, sondern sehr gezielt mit Menschen, die bisher noch nicht zu Ihrem Netzwerk gehören. Unter anderem bei Google hat sich Coffee With a Purpose als wirkungsvolle Methode etabliert, die Ihnen dabei helfen kann, die richtigen Kaffeepartner auszusuchen. Sie verknüpfen damit unterschiedliche Themen und oft auch Menschen und das hilft Ihnen – und auch Ihren Gesprächspartnern – zu neuen, frischen Ideen zu kommen.

Wann Coffee with a Purpose sinnvoll ist

Wenn Ihnen auffällt, dass in Ihrem Netzwerk Ideen zumeist zu wenig hinterfragt und herausgefordert werden, können Sie mit diesem Tool Ideen und Konzepte in der Praxis testen und Feedback von Menschen mit ganz unterschiedlichen Perspektiven einholen. Manchmal brauchen Sie vielleicht gezielte Unterstützung in einer Angelegenheit, etwa einen Experten für ein bestimmtes Thema, das außerhalb Ihrer Kernkompetenzen liegt.

Mit Coffee with a Purpose können Sie

- interessante Menschen außerhalb Ihres Unternehmens kennenlernen und in Ihr Netzwerk integrieren,
- sich ohne großen Zeitaufwand Inspirationen für ein neues Projekt oder eine neue Aufgabe holen,
- von den Erzählungen und Erfahrungen anderer lernen und/oder ihre Kreativität nähren.

Und so funktioniert's

Zielsetzung
Machen Sie sich klar, zu welchem Thema Sie sich einen Austausch wünschen und was genau Sie sich aus dem Gespräch erhoffen.

Potenzielle Kaffeepartner
Suchen Sie mögliche Gesprächspartner mit der gewünschten Expertise für Ihr Thema, entweder über Business-Netzwerke oder über Bekannte aus Ihrem Umfeld. Überlegen Sie sich genau, welche Themen für Sie wichtig sind und schreiben Sie eine Liste mit Schlüsselwörtern, die Ihnen dabei helfen, in Business-Netzwerken oder via Google passende Personen zu finden. Finden Sie heraus, wer Sie mit diesen Menschen in Kontakt bringen kann. Überlegen Sie zusätzlich, ob Sie nicht auch in Ihrem erweiterten Netzwerk schon jemanden kennen, der für einen Austausch infrage käme.

Wunschliste
Priorisieren Sie die Personen, zum Beispiel nach Interesse an Ihrem Thema oder Expertise.

Kontaktaufnahme
Optimalerweise finden Sie jemanden aus Ihrem Netzwerk, um die Intro zu Ihrem gewünschten Kaffee-Partner herzustellen. Falls dies nicht möglich ist, wird die richtige Erstansprache umso wichtiger. Sie wollen nichts verkaufen, sondern sich austauschen. Dies spürt der potenzielle Gesprächspartner hoffentlich anhand der Formulierung, die Sie wählen. Je mehr Sie über die Interessen Ihres gewünschten Gesprächspartners wissen, desto relevanter können Sie die Einladung zum Kaffee formulieren und wissen, warum es auch für ihn spannend ist, sich mit Ihnen zu treffen.

- Warum kontaktieren Sie die Person?
- Was sind Ihre überschneidenden Themen?
- Worüber wollen Sie mit Ihrem Kaffeepartner konkret sprechen?

Location, Location, Location
Schlagen Sie ein Café in der Nähe Ihres Gesprächspartners vor, das gemütlich und nicht zu laut ist.

Pünktlichkeit
Seien Sie zuverlässig und treffen Sie mindestens fünf Minuten vor Ihrem Gesprächspartner ein.

Geben und nehmen
Dialog bedeutet zuhören und teilen. Nehmen Sie sich Zeit, Ihren Gesprächspartner kennenzulernen und teilen Sie bereitwillig eigene Erfahrungen. Je mehr Sie selbst teilen, desto größer ist auch die Bereitschaft Ihres Gegenübers, seine Erfahrungen einzubringen. Lassen Sie Ihr konkretes Anliegen erst einmal außen vor und überlegen Sie stattdessen, was Sie mit Ihrer Erfahrung beziehungsweise Ihrem Netzwerk für Ihren Gesprächspartner tun können.

Offenheit

Gehen Sie trotz Ihrer Intention ergebnisoffen in das Meeting. Meist gestaltet sich der Austausch ganz anders als gedacht und Sie gehen um viele unerwartete Ideen reicher aus dem Gespräch. Zuhören und Teilen ist dabei die Devise.

Follow-up

Bedanken Sie sich für das Treffen und fassen Sie zusammen, wo Sie Gemeinsamkeiten und weitere zukünftige Anknüpfungspunkte sehen. Denken Sie daran, dass Netzwerken Kontinuität braucht. Also, bleiben Sie dran!

Erfahrungen mit Coffee With a Purpose

Flopsy Shop ist ein vergleichsweise junger Online-Shop, der von Irland aus betrieben wird und Kinderkleidung von 0 bis 4 Jahren kauft und verkauft. Der Gründer Marc Verhees ist selbst Vater und möchte, dass weniger fast ungetragene Kinderkleidung auf der Mülldeponie landet. Dafür stellte er nebenberuflich diesen Online-Marktplatz auf die Beine, von dem alle profitieren sollen: Verkäufer, Käufer und die Umwelt.

Gerade in einem Start-up, das aus Leidenschaft und neben dem Job betrieben wird, ist es wichtig, maximalen Fokus auf das Thema zu haben. Sie müssen mit möglichst wenig Aufwand maximalen Impact generieren. Das gilt auch fürs Networking. Die Gründer haben deshalb genau nachgeforscht, welche Organisationen und Partner für sie den größten Mehrwert bieten. So entstand der Kontakt mit Verantwortlichen des Community Reuse Network Ireland (CNRI), einer Organisation, die die Wiederverwendung von Produkten fördert, um deren Lebensdauer zu verlängern. Dort wurde ein Pilotprojekt zur Qualitätssicherung von Secondhand-Produkten gestartet.

Das CNRI ist ein anerkanntes Unternehmen in Irland und legt sehr großen Wert auf Qualität. Eine Zusammenarbeit schien für die Flopsy-Shop-Betreiber als unbekannte Marke eine sehr große Chance. Kurzerhand organisierten sie einen Kaffeetermin mit dem Team. Das Ziel war, ein Qualitätslabel für den neuen Online-Shop zu bekommen, um das Vertrauen der Kunden in das Angebot zu erhöhen. Das Treffen fand in einer gemütlichen Bar statt und war geprägt von Offenheit und professioneller Effektivität. »Eigentlich wollten wir bei diesem Treffen ein Qualitätslabel für unseren Online-Shop erhalten, der damals noch nicht funktionierte. Stattdessen haben wir enorm viel Input und tolle Ratschläge bekommen, wie wir weiter wachsen können, und es entstanden viele Ideen, wie wir inhaltlich zusammenarbeiten könnten, etwa Newsletter, Blogs oder Website. Für beide Seiten eine klare Win-win-Situation. Meines Erachtens war der Schlüssel zu unserem erfolgreichen Coffee with a Purpose, dass wir ein klares Ziel vor Augen hatten, wie das ideale Resultat dieses Meetings aussehen sollte. Aber natürlich auch, dass wir im Vorfeld unsere Hausaufgaben gemacht hatten und sehr gut vorbereitet in diesen so informell wirkenden Termin gingen. Wir kannten unsere Gesprächspartner und die Themen, die für sie spannend sein könnten, und leiteten das Gespräch entsprechend ein. Obwohl wir eine klare Vorstellung von unserem Wunschresultat hatten, blieben wir flexibel und offen, wenn das Gespräch in eine andere Richtung ging«, berichtet Verhees.[189]

Recruiting Hacks

Wie Technologiegiganten die Superstars von morgen finden

>*»Wir passen nicht zu jedem.*
Und nicht jede großartige Person
passt zu uns.«[190]

>Auszug aus dem Culture Code von HubSpot, All-in-one-
Plattform für Marketing & Sales

Stellen wir neue Mitarbeiter ein, ist unsicher, ob die Stellenbeschreibung und der Jobinhalt in den nächsten zwölf Monaten noch gleich sein werden. Alle reden davon, dass man heutzutage Menschen nach Potenzial und nicht nur basierend auf ihrer Ausbildung und Erfahrung einstellen soll. Doch wie soll man in einem kurzen Bewerbungsgespräch herausfinden, ob jemand Potenzial hat?

Digitalunternehmen sind auf der Suche nach den besten und kreativsten Talenten. Begehrt sind dort vor allem Leute, die Herausforderungen brauchen wie die Luft zum Atmen. Menschen, die davon überzeugt sind, dass alles von jedermann gelernt werden kann – sofern man möchte. Menschen, die es als wichtigen Entwicklungsschritt sehen, auch mal Fehler zu machen und daraus zu lernen, um noch besser zu werden. Talente, die zwar wissbegierig, aber keine Besserwisser sind, und ein »Learn-it-all«-Mindset[191] oder eben »Growth«-Mindset[192] haben – wie Dr. Carol Dweck, Professorin für Psychologie an der Stanford University und Autorin, es nennt (vgl. auch Keeper-Test).

»Kluge Menschen wollen mit anderen klugen Menschen an anspruchsvollen Themen zusammenarbeiten«, meint Kevin Systrom, Gründer und CEO von Instagram. Satya Nadella, der CEO von Microsoft, sucht speziell nach Mitarbeitern mit dem richtigen »Growth-Mindset«.

Für Jack Ma, den Gründer und CEO von Alibaba, ist eine erfolgreiche Stellenbesetzung nicht gleichbedeutend damit, die Jahrgangsbesten von Elite-Universitäten einzustellen: »Stell die richtigen Leute ein, nicht notwendigerweise die Besten. Die besten Menschen sind diejenigen, die bei dir und von dir lernen.«[193]

Es geht heutzutage also nicht mehr primär um den Abschluss und die Berufserfahrung, sondern um das Potenzial der Kandidaten, ihre Kreativität und Problemlösungskompetenz. Genau das lässt Interviews zu einer Herausforderung werden. Denn mit konventionellen Fragen lassen sich im Bewerbungsgespräch die gesuchten Eigenschaften nur bedingt erfassen. Für Übungen und Cases ist oft nicht genügend Zeit. Daher haben Digitalunternehmen andere Wege entwickelt, um das Potenzial ihrer Bewerber besser einzuschätzen.

Recruiting Hacks umfassen ein Set an speziellen Fragen und Fragetechniken, die nicht nur kognitive Fähigkeiten abdecken, sondern konkrete Verhaltensweisen und Beweggründe des Kandidaten offenlegen. Sie geben Aufschluss über die Problemlösungsfähigkeiten und das Growth-Mindset einer Person. Alle diese Techniken zielen also darauf ab, hinter die Bewerber-Fassade zu schauen. Es ist relativ simpel, die richtigen Antworten auf die klassischen Stärken-Schwächen-Fragen vorzubereiten, den Lebenslauf zu optimieren und zu erklären, inwiefern die eigenen Fähigkeiten zur ausgeschriebenen Stelle passen. Viel schwieriger ist es, das eigene Verhalten zu reflektieren und unter Zeitdruck zu erklären, wie man Probleme in der Vergangenheit kreativ gelöst hat oder an einem realen Beispiel zu demonstrieren, wie man sie löst.

Wann Recruiting Hacks sinnvoll sind

Für Führungskräfte, Mitarbeiter und Personalverantwortliche, die im Rahmen von Kandidaten-Interviews mit den richtigen Fragen zeitgemäß Mitarbeiter mit Potenzial und Growth-Mindset erkennen und rekrutieren möchten. Insbesondere, weil sie kurz vor oder inmitten einer Transformation stecken und gerade diese Position zu einer unglaublichen Stütze oder Treiber für Veränderung im gesamten Team sein können.

Mit Recruiting Hacks können Sie

- feststellen, ob die Kandidaten tatsächlich die Kompetenzen und Soft Skills besitzen, die für die offene Position entscheidend sind, und damit Fehlbesetzungen vermeiden,
- erkennen, ob ein Bewerber flüssig argumentieren kann und ein ausreichendes Maß an Reflexions- und Analysefähigkeit mitbringt,
- Plattitüden oder auswendig gelernte Antworten schnell entlarven,
- durch den definierten Fragenkatalog eine noch bessere Vergleichbarkeit der Bewerber erzielen,
- »Unconscious Bias«, also unbewusste Vorurteile und Stereotypen vermeiden und Bewerber objektiv beurteilen.

Und so funktioniert's

1. Stellenbeschreibung: Je klarer das Profil, desto besser der Fit
Grundvoraussetzung für eine erfolgreiche Stellenbesetzung ist eine gut durchdachte Stellenbeschreibung. Wonach suchen Sie bei einem Bewerber – sowohl fachlich als auch persönlich? Machen Sie sich Gedanken darüber, welches Bewerberprofil Ihr Team komplementieren würde, welche Fähigkeiten und Eigenschaften diese Person haben müsste.

Die Mini-me-Falle

Wir finden Menschen, die uns ähnlich sind, oft besonders sympathisch. Im Team ist zu viel Ähnlichkeit jedoch wenig hilfreich. Setzen Sie lieber auf Diversität, auch wenn Unterschiede mitunter Herausforderungen für die Zusammenarbeit bedeuten können, die eines guten Managements bedürfen (vgl. auch Allyship).

2. Personal Pitch: Testen Sie Kommunikationsfähigkeit, Detailorientierung und Fokus
Lassen Sie Ihren Kandidaten von sich und seinen bisherigen beruflichen Stationen erzählen. Dieses Intro darf gerne zehn Minuten dauern, denn

fünf Minuten können die meisten Menschen sicher und flüssig füllen. Ist ein Bewerber nach zehn Minuten gerade erst bei seinen Erfolgen der Schulzeit angelangt, bietet dies bereits Information für Ihre erste Hypothese (detailreicher Erzähler, kommt schlechter zum Punkt als andere). Umgekehrt sind manche Menschen schon nach drei Minuten durch ihren Lebenslauf gerauscht. Hier erhalten Sie wichtige Informationen über das generelle Kommunikationsverhalten und die Detailorientierung eines Menschen. Interessant ist dabei auch, welchen Fokus der Kandidat wählt: Beschränkt er sich auf das Fachliche oder fließen auch persönliche Aspekte ein?

Im Pitch können Sie zudem einiges über die grundlegenden Motive des Bewerbers erfahren. Was ist ihm wirklich wichtig, was erzählt er, wo gibt es gegebenenfalls Lücken in den Erzählungen? Wie ist das Erzählformat: Wir oder Ich? Wird der Kandidat konkret oder versteckt er sich hinter Floskeln und Allgemeinplätzen? Wird die eigene Verantwortung, der eigene Beitrag aus dem Pitch ersichtlich? Legt ein Kandidat den Schwerpunkt seines Pitchs auf die Stationen, die für die ausgeschriebene Rolle relevant sind? Suchen Sie zum Beispiel ein hohes Maß an analytischer Kompetenz und der Bewerber nennt in seinem Pitch kaum Zahlen, wäre das Ihr erster Anknüpfungspunkt für Folgefragen.

3. STAR-Methode: Konkretes Verhalten statt allgemeiner Aussagen

Bisheriges Verhalten ist der beste Indikator dafür, ob jemand in einem ähnlichen Umfeld erfolgreich sein wird oder nicht.[194] Mit der STAR-Methode können Sie strukturiert erfragen, wie der Bewerber Herausforderungen in der Vergangenheit angegangen ist und welchen konkreten Wertbeitrag er zum Ergebnis geleistet hat. Mit dieser Methode vermeiden Sie hypothetische Formulierungen und geschlossene Fragen.

Die STAR-Fragetechnik

Situation (Situation): Wie war die Ausgangssituation?
Beispiel: »Beschreiben Sie bitte eine Situation, in der Sie in Ihrem Team einen Konflikt erlebt haben.«

Task (Aufgabe): Was war Ihre Aufgabe in dieser Situation?
Beispiel: »Welche Rolle haben Sie in diesem Konflikt eingenommen?«

Action (Handlung): Was haben Sie konkret getan?
Beispiel: »Wie haben Sie zur Konfliktlösung beigetragen?«

Result (Ergebnis): Welches Ergebnis haben Sie erzielt?
Beispiel: »Was war das Resultat und was haben Sie daraus gelernt?«

Diese Fragen verlangen den Bewerbern ein hohes Maß an Reflexion ab und machen es schwer, sich hinter Hypothesen und Allgemeinplätzen zu verstecken.

4. Case Studies: Gute Indikatoren für Motivation, fachliche Tiefe, Verhalten unter Stress und Problemlösungskompetenz

Haben Sie ausreichend Zeit, nutzen Sie Case-Studies in Ihren Interviews. Zum einen können Sie damit die Antworten des Bewerbers validieren, zum anderen liefern solche Fallbeispiele fundierte Erkenntnisse über die Fähigkeiten, Problemlösungskompetenzen und Handlungsstrategien eines Bewerbers. Bei der Vorstellung der Ergebnisse können Sie sich ein gutes Bild von der analytischen Leistungsfähigkeit des Kandidaten machen und sehen, wie er seine Ergebnisse strukturiert und pointiert. Sie erfahren viel darüber, was er aus Informationen macht und wie nutzerzentriert und -freundlich sie aufbereitet werden. Dabei gibt es verschiedene Optionen:

Vorab-Case:

Lassen Sie dem Kandidaten einen von Ihnen vorbereiteten Case aus dem beruflichen Alltag der ausgeschriebenen Position, den er zu Hause bearbeiten und zum Gespräch mitbringen soll.

Vor-Ort-Case:

Geben Sie dem Kandidaten am Anfang des Interviews eine Stunde Zeit, um einen für die Position relevanten Case vorzubereiten und lassen Sie ihn anschließend 20 Minuten lang präsentieren. Dabei zeigt sich, wie er mit Druck umgehen und ob er eher konzeptuell/strategisch vorgeht oder detailorientiert einen konkreten Punkt herausgreift.

Coding Challenge:

Lassen Sie Softwareentwickler im Vorfeld eine kleine Anwendung programmieren oder machen Sie in der ersten Stunde eines Interviews eine Pair-Programming-Session mit einem Ihrer Senior-Entwickler. So sehen Sie, wie der Kandidat an ein Problem herangeht und können die Qualität und Struktur seines Codes prüfen.

5. Kleine Rollenspiele, große Aussagekraft

Bauen Sie Rollenspiele in das Interview ein, um den Bewerber wirklich kennenzulernen. Beginnen Sie beispielsweise mit: »Jetzt haben wir so viel darüber gesprochen, was Sie in solchen Situationen gemacht haben, lassen Sie uns das mal zusammen ausprobieren. Stellen Sie sich bitte für einen Augenblick vor, dass ich die Mitarbeiterin/Kollegin/Chefin bin, von der Sie gerade erzählt haben ...«

6. Growth-Mindset: Reflexion, Kritikfähigkeit, Kreativität

»Erzählen Sie bitte von einem persönlichen Misserfolg und was Sie daraus gelernt haben.« Diese und ähnliche Fragen gehören zum Standardrepertoire in Interviews. Richtig eingesetzt, geben sie Ihnen wichtige Informationen zum Growth-Mindset eines Bewerbers. Wenn derjenige einen Misserfolg so darstellt, dass dieser am Ende zum größten Erfolg mutiert, haken Sie sofort nach und fragen Sie nach einem echten Misserfolg. Machen Sie dabei deutlich, dass es um die Reflexion von Verhalten und das Lernen aus Fehlern geht.

Fragen Sie außerdem nach Situationen, in denen Ihr Bewerber neue Wege gefunden oder geschaffen hat, um eine Herausforderung kreativ zu lösen. Hinterfragen Sie, was für ihn Erfolg und Misserfolg bedeuten.

Ist Ihr Bewerber überzeugt, dass man sich mit Anstrengung und mithilfe von Feedback entscheidend verbessern kann und Intelligenz demnach entwickelbar ist? Das wäre ein starkes Indiz für ein Growth-Mindset. Das Gegenteil davon wären Menschen mit einem Fixed Mindset. Sie glauben, dass Intelligenz komplett veranlagt ist und nehmen Kritik deshalb häufig persönlich oder gehen sofort in den Rechtfertigungsmodus.

7. Unorthodoxe Fragen: Kognitive Fähigkeiten und Herangehensweise an Probleme

Besonders beliebt bei den großen Digitalen, geben unorthodoxe Fragen einen direkten Einblick in die Herangehensweise und kognitiven Abläufe eines Bewerbers. Es ist relativ leicht, Antworten auf Standardfragen über Stärken und Schwächen vorzubereiten. Viel schwieriger und aussagekräftiger ist es, Bewerber im Interview Probleme lösen zu lassen. Ob die Antwort korrekt ist, ist dabei zweitrangig. Richtig oder falsch gibt es nicht, relevant ist der Gedankengang des Bewerbers. Ist die Antwort kreativ? Originell, konkret, ausschweifend, analytisch et cetera? Es gibt Ihnen authentischen Einblick, wie der Kandidat tickt.

Beispiele für unorthodoxe Fragen sind:

- Wie viele Fahrräder gibt es in Amsterdam? (Adidas)
- Wenn Sie die Wahl hätten zwischen zwei Superkräften, welche würden Sie wählen: Unsichtbar sein oder fliegen können? (Microsoft)
- Was für ein Baum wären Sie? (Cisco)
- Was würden Sie tun, wenn Sie der einzige Überlebende bei einem Flugzeugabsturz wären? (Apple)
- Wählen Sie eine Stadt und schätzen Sie, wie viele Klavierstimmer dort ein Geschäft betreiben. (Google)

8. Hacks für weichgespülte Kandidaten

Es gibt Bewerber, die sich nur schwer zu konkreten Aussagen hinreißen lassen. Da hilft nur eines: Fragen Sie immer wieder nach, je konkreter desto besser: »Was war genau Ihre Rolle? Was war Ihr Wertbeitrag, was genau haben Sie gemacht? Und wie war die Reaktion der anderen Beteiligten?« Um die Reflexionsfähigkeit des Bewerbers zu testen, fragen Sie: »Was würden Sie heute anders machen?« Lassen Sie nicht locker, wenn jemand allgemein bleibt und lassen Sie sich nicht abspeisen: »Das habe ich nicht gemeint, ich hatte nach XY gefragt«, »Das hilft uns jetzt nicht weiter, wir wollen einander ja kennenlernen«.

Generelle Tipps zum Gelingen

- Halten Sie sich nicht zu starr an Ihr Konzept oder Ihren Fragenkatalog. Ein grober Fahrplan reicht als Gerüst, um die wichtigsten Punkte abzufragen und gleichzeitig eine angenehme Gesprächssituation zu schaffen. Sie möchten Ihr Gegenüber ja kennenlernen. Nur so werden sich Kandidaten Ihnen öffnen.
- Geben Sie dem Bewerber Zeit zum Nachdenken und wiederholen Sie die Frage nicht dreimal, wenn der andere nicht direkt antwortet.
- Keine Stressinterviews! Das Interview an sich ist schon eine stressige Situation, gerade wenn es ans Reflektieren geht. Außerdem möchten Sie dem Kandidaten ja auf Augenhöhe begegnen.
- Egal, wie gut oder schlecht der Kandidat das Interview gemeistert hat. Bedanken Sie sich herzlich zum Schluss und sorgen Sie dafür, dass die Person mit einem guten Gefühl aus dem Meeting läuft.

Erfahrungen mit Recruiting Hacks

Kununu ist mit über 2,6 Millionen Bewertungen zu mehr als 650 000 Unternehmen (Stand 2018) die größte Arbeitgeber-Bewertungsplattform Europas. Das Unternehmen wurde 2007 gegründet und beschäftigt derzeit rund 120 Mitarbeiter in Wien, Boston, Porto und Berlin. Was vor über einem Jahrzehnt als revolutionäre Start-up-Idee in Österreich begann, veränderte maßgeblich, wie Menschen sich heutzutage über Unternehmen und potenzielle Arbeitgeber informieren. Für Unternehmen bietet Kununu eine starke Plattform, um sich als attraktive Arbeitgeber zu präsentieren und ihre Stärken und Vorteile aktiv zu kommunizieren.

»Über den Erfolg von Unternehmen entscheiden nicht mehr Technologien, sondern mehr denn je seine Mitarbeiter«, ist sich Stephanie Luftensteiner, Head of HR, sicher. »Deshalb ist es entscheidend, dass HR nicht mehr nur Anforderungen des Managements und der Fachabteilungen umsetzt, sondern als Trusted Irritator, als Sparringspartner agiert und vor allem die Organisationsentwicklung treibt. »Es muss ein intensiver Austausch stattfinden zwischen HR und Topmanagement über das Setup der Organisation und das Kompetenzspektrum, das eine erfolgreiche Organisation oder ein Team benötigt. Es gilt, ein gemeinsames Verständnis dafür zu schaffen, was Mitarbeiter lernen können und welche Grundvoraussetzungen sie mitbringen müssen. Auf Potenzial und Lernfähigkeit bei Bewerbern zu achten, ist heute in den meisten Fällen wesentlich relevanter als fachliches Wissen. Die Halbwertszeit von Wissen sinkt, was heute Common Knowledge für meine Profession ist, kann in zwei Jahren schon wieder überholt sein. Wir müssen ständig Dinge verlernen und neu erlernen. Was Mitarbeiter brauchen, ist ein Growth Mindset, mit dem sie offen auf neue Herausforderungen zugehen, aktiv Feedback einholen und sich ständig verbessern möchten.« sagt Luftensteiner. Gleichzeitig müsse man erkennen, wenn eine Position Erfahrungswissen oder eine spezielle Expertise erfordere, die man nicht während der Ausübung des Jobs lernen kann. In Zeiten, in denen völlig andere Qualitäten über Erfolg und Misserfolg entscheiden, ist Recruiting eine der absoluten Schlüsselfunktionen im HR-Lebenszyklus. »Was einem Bewerber schon im Interview an Kompetenz, Potenzial und Cultural Fit fehlt, kann auch die beste Personalentwicklung später nicht kompensieren«, so Luftensteiner.

Diversity ist bei Kununu ebenfalls ein wichtiges Thema. »Wir müssen dem Management aufzeigen, dass keinem geholfen ist, die nächsten Mini-Mes einzustellen. In diversen Teams profitieren unterschiedliche Sichtweisen, Persönlichkeiten und Erfahrungen voneinander und machen dadurch Performance erst möglich«, findet die Personalchefin. Für sie hat das Anforderungsprofil oberste Priorität. »Wenn ich nicht weiß, wo ich hinwill, kann ich auch nicht ankommen. Wir sind hier rigoros und sagen: kein Jobprofil, keine Interviews.«

Der Prozess der Stellenbesetzung ist bei Kununu sehr strukturiert. Am Anfang stehen eine klar formulierte Stellenbeschreibung und ein gemeinsames Briefing mit der Fachabteilung, um Erwartungsmanagement zu betreiben und die Perspektiven zu den Anforderungen zu synchronisieren. »Wir von der Personalabteilung überprüfen zuerst, ob der Kandidat fachlich auf die Position und kulturell zum Unternehmen passt. Anschließend klopfen wir die Motivation und Werte der Person ab. Danach kommt die Führungskraft aus der Fachabteilung dazu, danach die Führungskraft eine Ebene darüber. Zuletzt lernt der Bewerber seine potenziellen Teammitglieder kennen. Wir schauen ganz genau hin, ob ein Bewerber intrinsisch motiviert ist und die Arbeitswelt wirklich besser machen möchte. Wir wissen auch sehr genau, wonach wir gerade beim Cultural Fit Ausschau halten und nach welchen Kriterien wir hier vorgehen, damit wir das Totschlagargument ›Passt nicht zu unserer Kultur‹ stellvertretend für ›Mir hat die Nase nicht gepasst‹ aushebeln können.«

Heute sind bei erfolgreichen Einstellungen zudem zwei Dinge entscheidend für Luftensteiner: »Schnell sein, sonst wandern gute Bewerber zur Konkurrenz. Und transparent sein, und zwar den Führungskräften als auch den Bewerbern gegenüber. Als Recruiting-Manager muss ich der Fachabteilung gegenüber klar kommunizieren, was der Markt gerade hergibt und was geht. Und dem Bewerber muss ich wiederum offen und ehrlich Einblicke geben, welche Aufgaben und Herausforderungen der ausgeschriebene Job beinhaltet und wie das Unternehmen tickt. Interviews sind keine Einbahnstraße. Kandidaten und Unternehmen müssen sich auf Augenhöhe begegnen, um am Ende eine bewusste Entscheidung füreinander zu treffen.«

Bei der Stellenbesetzung sucht Kununu ganz klar nach dem geeignetsten Kandidaten. »Wir suchen nicht nach Jahrgangsbesten oder Eliteuni-Absolventen, wir wollen die Kandidaten gewinnen, die zu uns passen«, so Luftensteiner.

Allyship

Wie Sie als Fürsprecher sicherstellen, dass jede Stimme gehört wird

>*»Ein integratives Arbeitsumfeld hilft jedem dabei,*
>*sich einzusetzen und die beste Version seiner selbst zu sein.*
>*Wir alle versuchen, ein integratives Umfeld zu erschaffen,*
>*weil wir an die Kraft der Diversität glauben. Ein Verbündeter*
>*oder Fürsprecher ist eine Person, die für andere einsteht*
>*und aktiv Inklusion am Arbeitsplatz lebt. Sei ein Verbündeter*
>*und unterstütze diejenigen, die deine Hilfe brauchen!«* [195]

Martin Ott, Managing Director Central Europe von
Facebook

Viele Unternehmen glauben mittlerweile an die Kraft von Teams mit einer hohen Diversität und begünstigen bei der Auswahl neuer Mitarbeiter Talente, die neue Facetten ins Teamgefüge einbringen, sei es durch das Geschlecht, die Persönlichkeit, den Erfahrungsschatz, die Herkunft et cetera.

Auf Diversität zu achten, ist ein Anfang. Denn Diversität ist der Schlüssel zu innovativeren, unkonventionelleren Lösungen, glücklicheren Mitarbeitern und schlussendlich zu einer besseren Teamleistung. Weil Vielfalt im Denken, kontroverse Perspektiven und Meinungen aber eben auch anstrengend sein können, nutzen wir dieses Potenzial häufig noch nicht.

Einer der Gründe ist, dass die Inklusion der Menschen mit unterschiedlichen Facetten heute noch nicht zum Normalfall gehört. Inklusion meint, dass jeder Mensch ganz natürlich dazugehört und dementsprechend eine Meinung, aber eben auch eine Stimme hat.

Doch wie schaffen wir es im hektischen Arbeitsalltag, unsere vielfältigen, oft unterschiedlichen Perspektiven wertzuschätzen und positiv zu nutzen? Wie gehen wir achtsam miteinander um und helfen, dass jede Stimme gehört wird?

Mit anderen Worten: Wie leben wir Inklusion im Sinne der Gesamt-performance und Zufriedenheit aller Mitarbeiter?[196]

Zu Beginn der Amtszeit von Präsident Barack Obama war das Weiße Haus nicht gerade der freundlichste Ort für weibliche Mitarbeiter – er-zählten zumindest die damals dort tätigen Angestellten.[197] Das Gesche-hen bestimmten in der Mehrheit Männer. »Es war ein schwieriger Kreis, in den man kaum eindringen konnte«, sagte Anita Dunn, die bis No-vember 2009 als Kommunikationsdirektorin des Weißen Hauses tätig war, in einem Interview mit der *Washington Post*. Oft fühlten sich Frau-en übersehen. Sie entschieden deshalb, sich zusammenzuschließen, und begannen bewusst, sich gegenseitig in Meetings und Diskussionsrunden zu verstärken. Hob eine Frau einen wichtigen Punkt hervor, nahm um-gehend eine andere Anwesende das Argument auf, baute darauf auf, ver-lieh ihm Gewicht und zollte ihrer Vorrednerin Anerkennung. So gelang es, in einer männerdominierten Gruppe Aufmerksamkeit auf die weib-lichen Redebeiträge zu lenken, weibliche Wortmeldungen nicht länger untergehen zu lassen und auch das damals durchaus verbreitete Phäno-men des männlichen Ideenklaus zu unterbinden.

Diese Form des gegenseitigen Fürsprechens, im Englischen »ally-ship«, hat eine Reihe der führenden Technologieunternehmen inspi-riert. So nutzt beispielsweise Facebook das Prinzip dazu, sicherzustellen, dass alle zu Wort kommen und Mitarbeiter auch allfällige kontroverse Meinungen einbringen können und auch Unpopuläres und Kritisches geäußert werden kann. Nur wenn alle Perspektiven zugelassen wer-den und Probleme ganzheitlich betrachtet werden, können gute Ideen entstehen. Oft gehen gute Ideen unter, wenn sie nicht dem im Unter-nehmen vorherrschenden Mainstream entsprechen oder aufgrund der Teamzusammensetzung Einzelne wenig Aufmerksamkeit erhalten. Das erklärte Ziel ist: Jeder soll gehört werden.

In der Praxis zeigt sich: Prinzipiell geht es darum, dass wir mehr Verant-wortung für andere und auch für uns selbst übernehmen. Jeder kann ei-nerseits Fürsprecher sein oder auch einmal einen Fürsprecher benötigen. Diese Rolle zu übernehmen setzt vor allem Achtsamkeit voraus und den Willen und Mut zu reagieren, wenn jemand offensichtlich in einem Meeting nicht zu Wort kommt. Andererseits ist es auch in der Verantwortung jedermanns, sich selbst im Vorfeld nach einem potenziellen Unterstützer im Team umzusehen, wenn man befürchtet, nicht zu Wort zu kommen.

Wann Allyship sinnvoll ist

Nicht selten dominieren bestimmte Gruppen in Teams, etwa durch ihre gemeinsame berufliche Profession, ihre ähnliche berufliche Entwicklung oder auch ihre lange Firmenzugehörigkeit. Und selbst in bunt zusammengewürfelten Teams ergreifen oft die gleichen Personen das Wort und dominieren so die Diskussion.

Mit Allyship können Sie

- kontinuierlich einen Beitrag dazu leisten, dass sich jeder im Unternehmen aktiv an Diskussionen beteiligen und seine Ansichten vertreten kann,
- durch die Nutzung unterschiedlichster, teils konträrer Perspektiven einen Mehrwert für das gesamte Team und das Unternehmen generieren.

Und so funktioniert's

Wie Sie andere als Fürsprecher unterstützen können

Fürsprecher zu werden ist eine bewusste Entscheidung. In der Folge gilt es, aufmerksam darauf zu achten, dass alle Meetingteilnehmer sich einbringen können. Dazu gehört auch, sich selbst kritisch zu beobachten. Stellen Sie sicher, dass Sie selbst nicht versehentlich kontroverse Meinungen ausblenden und ihnen den Raum nehmen.

Sobald Sie feststellen, dass jemand übergangen wird, werden Sie – mit dem notwendigen Fingerspitzengefühl – aktiv. Ermutigen Sie die Person dazu, sich in die Diskussion einzubringen. Beispielsweise könnten Sie sagen: »Ich hatte dazu im Vorfeld gerade eine spannende Diskussion mit X. Magst du mal deine Idee erläutern?« Oder: »Z hat mich kürzlich wirklich zum Nachdenken gebracht, mit der Argumentation für das Thema Y. Viele der Aspekte hatte ich so noch gar nicht bedacht. Magst du das nochmals mit uns allen teilen?«

Sensibles Vorgehen

Fürsprecher zu sein verlangt Fingerspitzengefühl und Achtsamkeit, um situativ richtig einzuschätzen, wann und wie man sich am besten für jemanden einsetzt. Übertreiben Sie es nicht, sonst könnte sich Ihr Einsatz negativ auf denjenigen auswirken, den Sie unterstützen möchten, im Sinne von »Dem muss anscheinend geholfen werden«.

Wie Sie einen Fürsprecher finden

Überlegen Sie sich – gegebenenfalls mit einem Sparringspartner –, in welchen Situationen Sie sich einen Fürsprecher gewünscht hätten. Das heißt Situationen, in denen Sie gerne Ihre Argumente eingebracht hätten, aber nicht zu Wort gekommen sind. Oder vielleicht haben Sie mit Kollegen Ideen geteilt, die anschließend mit genau diesen Ideen brilliert haben.

Spinnen Sie Ihre Gedanken weiter mithilfe der folgenden Fragen:

- Wie hätte die Situation im Idealfall sein müssen, damit Sie zu Wort hätten kommen können?
- Weshalb genau haben Sie sich von einer anderen Person übergangen gefühlt?
- Wie hätte Sie jemand aus dem Team aktiv in die Diskussion integrieren können?

Überlegen Sie sich zum Schluss, wem im Team Sie am meisten vertrauen und wem Sie vor allen Dingen zutrauen, Sie als Fürsprecher in Meetings zu unterstützen. Gehen Sie aktiv auf diese Person zu und gewinnen Sie sie für sich und Ihre Sache, indem Sie im Vorfeld Ihre Ideen, Anliegen und Argumente teilen. Seien Sie dabei transparent im Hinblick auf Ihre persönliche Geschichte und Ihren Wunsch nach einem Fürsprecher.

Mit Allyship die Meinungsvielfalt fördern und fordern

Victrix Causa ist eine Unternehmensberatung mit Fokus auf strategische Kommunikation und Reputation. Jens Nordlohne, dem Geschäftsführer, ist es wichtig, Mitarbeiter und Führungskräfte bei der Entwicklung einer Kommunikationsstrategie möglichst früh zu involvieren, um die Akzeptanz der Lösung zu erhöhen. Nordlohne setzt die Methode »Allyship« sehr bewusst ein. Er ist davon überzeugt, dass das bewusste Fördern kontroverser Meinungen erst die transparente Diskussion der relevanten Fragen anregt und zu einem besseren Resultat führt.

Häufige Ausgangssituation – wie das Praxisbeispiel dieses Strategiemeetings bei einer Volksbank – zeigt: Anwesende im Strategiemeeting waren zwei Bankvorstände, fünf Topmanager und eine 19-jährige Auszubildende, die »mal ein bisschen was lernen sollte«. Das Thema: Einführung neuer Kontomodelle und damit verbunden höhere Preise für die Endkunden. Die Wortführer in der intensiven Diskussion waren schnell ausgemacht. Die beiden Vorstände gaben – wie immer – den Ton an, während das Management ab und zu kommentierte und die Vorstände nickend in deren Sichtweise bestärkte. Die Argumentationslinie für die Einführung der neuen Kontomodelle war schnell gefunden: Man wolle die Vorteile der Bank plakativ in den Vordergrund stellen, um etwaige Kritik damit zu überdecken. Die Auszubildende saß schüchtern am Ende des Tischs und machte sich Notizen.

»Mir fehlte in der Diskussion ein anderer Blickwinkel und an der Mimik der Auszubildenden war abzulesen, dass sie eine eigene, etwas andere Meinung zu diesem Thema hatte, sich aber offensichtlich nicht traute, diese einzubringen. Auch machte keiner der anwesenden Herren den Eindruck, als würde man ihre Meinung hören wollen. Sie war nur als Beobachterin im Raum – ohne Stimme, leider allerdings auch mit einer wertvollen Meinung«, sagte Jens Nordlohne, Managing Director der Kommunikationsagentur Victrix Causa. Nicht selten verkennen Führungskräfte den Mehrwert eines frischen und mitunter auch unkonventionellen Blickwinkels von Mitarbeitern. Der Wohlfühleffekt der Echokammer musste in diesem Meeting dringend aufgebrochen werden, entschied Nordlohne. Kurzerhand sprang er als Fürsprecher der jungen Frau zur Seite und fragte sie nach ihrer Perspektive. Für Nordlohne war es essenziell, die bereits nach kürzester Zeit festgefahrenen Meinungen aufzubrechen und dazu die Vielfalt im Raum zu nutzen. Direkt der erste Satz der jungen Kollegin traf ins Schwarze: »Ich könnte mir vorstellen, dass es hilfreich wäre, uns erst einmal über die Bedürfnisse unserer Kunden zu unterhalten, bevor wir uns Gedanken dazu machen, wie wir die Vorteile unserer Bank darstellen.« Mit dieser pointierten Aussage hatte sie mit einem Schlag die Aufmerksamkeit der anderen Teilnehmer und war für den Rest des Meetings und auch darüber hinaus ein wichtiger Bestandteil des Strategieteams bei weiteren kundenrelevanten Entscheidungen. Ohne dass ihr jemand zur Seite gesprungen wäre, wäre für das Unternehmen ihr Potenzial ungenutzt geblieben. Zumindest in diesem Fall.

7. Energie tanken und revitalisieren

Mal ehrlich – Veränderungsprozesse sind anstrengend, unbequem und energiezehrend – vor allem mental. Zumindest bis die ersten Resultate vorzeigbar sind und man daraus wieder Kraft schöpfen kann. Umso wichtiger sind kleine Rituale, die Ihnen auch schon auf dem Weg Energie spenden, Sie fokussieren oder Ihren beruflichen Alltag angenehmer gestalten. Berühmte Tech-Leader haben für sich wirkungsvolle Werkzeuge entwickelt, die ihnen helfen durchzuhalten und immer wieder motiviert aufzustehen. Drei davon stellen wir Ihnen hier vor.

Werkzeuge im Überblick

Die **Morning Routine** hilft Ihnen, sich mit ein wenig Selbstdisziplin bewusst Zeit für Sie selbst zu nehmen, um achtsamer und mit klarem Kopf in den Tag zu starten.

Das **Graditude Journal** gibt Ihnen täglich einen positiven Kick, indem Sie sich bewusst noch einmal die positiven Erlebnisse des Tages vor Augen führen. Das macht nicht nur glücklicher und zufriedener, sondern hilft Ihnen dabei, optimistischer in die Zukunft zu schauen und dadurch mehr Energie für das Erreichen persönlicher und beruflicher Ziele zu haben.

Erleben Sie, wie Sie mit der **Cupcake-Philosophy** Ihre Achtsamkeit im Umgang mit Ihren Kollegen und Mitarbeitern trainieren: Sie tun mit wenig Aufwand jemandem unverhofft einen kleinen Gefallen und leisten dadurch einen großen Beitrag für eine wertschätzende Unternehmenskultur.

Morning Routine

Wie Morgenroutinen Sie stärker machen

>*Ich nehme mir regelmäßig Zeit für mich selbst,
weil das so vieles klarer macht.*«[198]

Jack Dorsey, Mitbegründer und CEO von Twitter

Eine verlässliche Morning Routine zu haben, hat sich für viele Führungskräfte zu einem der wirkungsvollsten Instrumente etabliert, um den Tag
mit dem richtigen Mindset zu starten und den weiteren Verlauf positiv
zu beeinflussen. Gerade in Zeiten, in denen Sie sich gehetzt fühlen und
glauben, keine Zeit zu haben, ist diese verlässliche Routine besonders
wirkungsvoll.

Erfolgreiche CEOs wie Bill Gates (Microsoft), Elon Musk (Tesla),
Jack Dorsey (Twitter), Mark Zuckerberg (Facebook) oder Jeff Weiner
(LinkedIn) glauben an die Kraft von Morgenroutinen. Jack Dorsey
bringt es auf den Punkt: »Ich versuche, eine konsistente Routine aufzubauen. Jeden Tag das Gleiche. Das gibt mir Stabilität, die mich dazu befähigt, effektiv zu sein, wenn ich auf etwas Ungeplantes reagieren muss.«[199]
Brian Chesky, CEO von Airbnb startet seinen Tag mit einer To-do-Liste,
was er an dem Tag erreichen will. Er gruppiert seine Aufgaben, evaluiert
ihren Nutzen und priorisiert sie anschließend.[200] Steve Jobs stellte sich
jeden Morgen folgende Frage: »Wäre heute der letzte Tag meines Le-
bens, wäre ich glücklich mit dem, was ich heute tue?«[201] Wenn die Antwort an mehreren aufeinanderfolgenden Tagen mit Nein ausfiel, wusste
er, dass er etwas ändern musste. Diese Beispiele der Silicon-Valley-Größen zeigen, wie individuell Morgenroutinen sein können.

Wann eine Morning Routine sinnvoll ist

Ein gut organisierter Morgen mit bestimmten Routinen hilft Ihnen, den Tag mit Bedacht zu strukturieren und einzuleiten, bevor Ihre Zeit von Telefonaten, Meetings und anderen Aufgaben aufgezehrt wird. Nach der Devise »Wie der Tag beginnt, so verläuft er auch« übernehmen Sie schon zu Beginn des Tages die Kontrolle über den weiteren Verlauf und verdichten Ihre Zeit und Aktivitäten.

Mit einer Morning Routine können Sie:

- bewusst in den Tag starten und etwas für sich selbst tun, bevor der Tag so richtig beginnt, und Ihr Mindset auf Erfolg programmieren,
- sich auf das Wesentliche besinnen und werden nicht so schnell überrollt von den kommenden Ereignissen,
- sicherstellen, dass Sie Ihre Energie jeden Tag für die wesentlichen Dinge verwenden,
- Ihren Stresslevel reduzieren und damit etwas für Ihre Gesundheit und Ihr Wohlbefinden tun,
- Ihre persönliche Entwicklung – körperlich und mental – voranbringen und daraus Energie schöpfen, die Sie jeden Tag ein bisschen produktiver und motivierter macht.

Und so funktioniert's

Die Miracle-Morning-Methode®

Viele digitale Leader und Influencer folgen dem US-Bestseller von Hal Elrod *The Miracle Morning – The 6 Habits that Will Transform Your Life Before 8 a.m.*, um ihren Start in den Tag zu strukturieren. Der Kerngedanke der Miracle-Morning-Methode ist es, eine Routine zu etablieren und sich Zeit für sich selbst zu nehmen. Elrod bezeichnet diese morgendlichen Aktivitäten als »Life S.A.V.E.R.S.«, also Lebensretter.[202] Sein Modell beschreibt einen idealen Ablauf, der auf verschiedenen Studienergebnissen aufbaut.

1. Silence (Stille, Ruhe oder Meditation)
Bestreiten Sie den Tagesbeginn in Stille, Ruhe oder Meditation, atmen Sie bewusst und nehmen Sie Ihre eigene Person bewusst wahr.
Dauer: 5 Minuten

2. Affirmation (Bestärkung)
Selbstverpflichtungen helfen Ihnen, Ziele anzugehen und sich einen konkreten Zeithorizont dafür zu setzen. Affirmationen fungieren dabei als Bewusstseinsstärkung, um negative, oft antrainierte Grundsätze in Bezug auf die eigene Leistung oder Person über Bord zu werfen und durch positive Überzeugungen zu ersetzen.
Dauer: 5 Minuten

3. Visualization (Visualisierung)
Fokussieren Sie Ihre Gedanken auf die Ziele Ihres heutigen Tages und stellen Sie sich vor, wie es sich anfühlt, wenn Sie diese Ziele erreicht haben.
Dauer: 10 Minuten

4. Exercise (körperliche Betätigung)
Morgensport gibt dem Körper einen wahren Energieschub. Yoga, Dehnungsübungen, Laufen oder Kraftsport – die Sportart ist nicht so entscheidend. Auch die Tageszeit ist flexibel. Suchen Sie sich einen Zeitpunkt aus, an dem Sie körperliche Betätigung am besten in Ihren Tagesablauf integrieren können.
Dauer: 30 Minuten

5. Reading (Lesen)
Nehmen Sie sich Zeit zum Lesen – egal ob Nachrichten, Blogs, Fachartikel oder Romane. Jede Lektüre ist erwünscht, die Sie erfreut und die im Alltag normalerweise untergeht. Wenn Sie eine neue Sprache lernen wollen, können Sie auch eine kleine Vokabeleinheit einschieben.
Dauer: 15 Minuten

6. Scribe (Schreiben)

Kritzeln Sie herum, machen Sie Notizen, schreiben Sie Gedanken, Ideen oder To-dos auf, befüllen Sie Blogs, führen Sie Tagebuch (vgl. Gratitude Journal) oder schreiben Sie Briefe. Es geht ums Schreiben an sich. Was und in welcher Form ist nebensächlich.[203]

Dauer: 10 Minuten

Das Konzept dient als Anregung für die Ausarbeitung einer persönlichen Morgenroutine. Dauer und Reihenfolge der »Lebensretter« variieren demzufolge individuell.

Ihr neuer Start in den Tag

Machen Sie sich bereits vor dem Zubettgehen Ihre Absicht bewusst, den nächsten Morgen anders zu gestalten als bisher. Überlisten Sie sich zudem selbst mit einem kleinen Trick: Stellen Sie Ihren Wecker nicht neben Ihr Bett, sondern so im Schlafzimmer auf, dass Sie tatsächlich aus dem Bett aufstehen müssen, um ihn auszustellen. Verzichten Sie auch auf die Snooze-Funktion und nutzen Sie die gewonnene Zeit stattdessen lieber für Ihre neue Morgenroutine. Sie werden sehen: 15 Minuten Morning Routine machen Sie wacher und energiegeladener als 30 Minuten Extraschlaf.

Ihre persönliche Morgenroutine

Nur Sie allein wissen, was für Sie funktioniert und was nicht. Die folgenden Fragen helfen Ihnen dabei, eine eigene Routine zu entwickeln oder sie kontinuierlich zu verbessern. Nehmen Sie sich die Zeit, die Fragen in Ruhe für sich zu beantworten.

- Wie starten Sie aktuell in den Tag?
- Was tun Sie alles, bevor Sie aus dem Haus gehen?
- Mit welchem Gefühl beginnen Sie den Tag: ruhig, entspannt, aufgeregt, gestresst et cetera?
- Wie würde ein optimaler Start in den Tag für Sie aussehen?
- Was tut Ihnen gut, was nicht?
- Inspirationsquellen

Sie müssen das nicht alleine machen. Fragen Sie gute Freunde oder Kollegen und tauschen Sie sich aus.

Wenn Sie bereits eine feste Morgenroutine haben, nehmen Sie diese kritisch unter die Lupe:

- Aus welchen Elementen besteht Ihre Routine?
- Für welche Aktivitäten hätten Sie gerne mehr Zeit?
- Worauf würden Sie gerne verzichten?
- Wenn Sie Ihre Aktivitäten den sechs Lebensrettern zuordnen, welche Elemente decken sie bereits ab, welche fehlen Ihnen?

Probieren Sie aus, was für Sie funktioniert, zum Beispiel anhand der Miracle-Morning-Methode. Welche Schwerpunkte Sie setzen wollen, bleibt Ihnen überlassen. Die Zeiten Ihrer Routine dürfen auch täglich variieren, sodass Sie die Elemente möglichst gut in Ihren Tagesablauf integrieren können. Experimentieren Sie mit verschiedenen Bausteinen und picken Sie sich die heraus, die wirklich zu Ihnen passen:

- Das Schreiben von To-do-Listen ist genau Ihr Ding, mit Gratitude Journals haben Sie jedoch nichts am Hut? Kein Problem!
- Lesen Sie morgens gerne etwas – oder hören Sie viel lieber Podcasts oder Hörspiele? Geht auch in Ordnung!
- Gibt es Affirmationen und Selbstverpflichtungen, die Sie besonders motivieren? Finden Sie es heraus!
- Bleiben Sie am Ball.

Jede neue Aktivität wird nach 30 Tagen konstanter Wiederholung zur Routine. Dabei sind die ersten zehn Tage erfahrungsgemäß die härtesten. Aber dranbleiben lohnt sich!

Erfahrungen mit der Morning Routine

Eindrücklich schildert Philip Siefer, CEO des Start-ups Einhorn Kondome, seine morgendliche Routine: »Schlafen ist super, aber wach sein ist einfach am allerbesten! Um so wach und so gut drauf wie möglich zu sein, habe ich mir eine besondere Morgenroutine angewöhnt: Aufstehen, kein Snooze! Sofort aufstehen! Klappt fünf von zehn Mal. Acht Stunden Schlaf sollten in mindestens 50 Prozent der Tage vollgemacht werden, das hilft beim Wachsein und – ganz wichtig – beim gut drauf sein! Zuerst trinke ich dann einen halben Liter lauwarmes Wasser aus der Leitung. Dauert 10 Sekunden und der Körper feiert es hart! Dann putze ich mir die Zähne und mache Yoga – so 15 bis 25 Minuten, je nach Lust – manchmal lasse ich es auch ausfallen. Ich habe so eine eigene Abfolge. Danach bin ich so saumäßig wach und gut drauf – schon richtig was geschafft! Danach schreibe ich ganz kurz Tagebuch, so ähnlich wie Bridget Jones, haben meine Freunde mir erzählt: Datum, Yoga – ja oder nein? Alkohol gestern? Zigaretten? Ein bis drei Sachen, die ich super finde, und drei Sätze, wie gestern so war«, erzählt Philip, CEO des Start-ups Einhorn Kondome.[204]

»Vor zwei Jahren habe ich mit meiner Morgenroutine begonnen«, erzählt Anna Eggersmann, Partner Manager Concultancies, Google. »Sie geht recht fix in fünf bis zehn Minuten und ich kann sie überall machen, auch auf dem Weg zur Arbeit oder beim ersten Kaffee. Alles, was ich dafür brauche, ist ein kleines Notizbuch – physisch oder auf dem Handy. Sie hilft mir, den Tag bei mir selbst zu starten, die richtigen Prioritäten für mich festzulegen, weniger fremdbestimmt zu handeln und mich nicht von E-Mails oder Anrufen ablenken zu lassen. Insgesamt gehe ich fokussierter, motivierter, mutiger und positiver durch den Tag und setze meine Energie besser ein.

Jeden Morgen stelle ich mir folgende drei Fragen:

1. Wofür bin ich heute dankbar?
2. Welche Ziele habe ich für heute?
3. Mit welcher Intention gehe ich in den heutigen Tag?

Gründe, dankbar zu sein, gibt es viele. Mal sind es grundsätzliche Dinge wie Familie, Freunde oder mein schönes Zuhause, mal sind es Dinge, die mir im Alltag begegnet sind: ein spannendes Gespräch beim Lunch, ein nettes Wort einer Kollegin, ein gutes Training beim Sport.

Ziele für den Tag lege ich maximal drei fest, damit sie nicht in eine To-do-Liste ausarten und mir zusätzlich Stress bereiten. Drei Dinge kann ich verbindlich erledigen, ohne mich zu verzetteln, und habe am Ende des Tages ein gutes Gefühl, wenn ich alles abhaken konnte.

Die dritte Frage zur Intention war für mich anfangs ungewohnt, ich finde sie mittlerweile aber am faszinierendsten. Wie möchte ich mich heute fühlen? Wie möchte ich mir und meinen Mitmenschen heute begegnen? Mit meiner Intention beeinflusse ich nicht nur, wie ich den Tag erlebe, sondern auch wie meine Mitmenschen auf mich reagieren. Intentionen können sein: ›Ich habe heute ein besonders offenes Ohr für meine Mitmenschen‹ oder ›Ich fülle den Tag mit besonders viel Freude‹. Oft stelle ich abends fest, dass ich tagsüber wirklich viel gelacht und in einige fröhliche Gesichter geblickt habe.

Wie beim Sport ist auch die Morgenroutine ein Muskel, den man trainieren muss. Erst nach einer Weile entfaltet sie ihre volle Wirkung. Dranbleiben lohnt sich!

Gratitude Journal

Wie Ihnen Dankbarkeit zu mehr Glück verhilft

> *»Egal was auch am Tag passiert, wenn ich*
> *ins Bett gehe, denke ich an etwas Positives.*
> *Versucht es selbst. Fang heute Abend an,*
> *wenn dir die vielen schönen Momente*
> *noch frisch im Gedächtnis sind.«*[205]

Sheryl Sandberg, COO von Facebook

Als Führungskraft in einer digitalen Welt brauchen Sie neben Agilität auch Ausdauer und Beharrlichkeit. Die Konkurrenz schläft nie und nicht jedes Projekt wird automatisch zum Erfolg. Wie schaffen es Sheryl Sandberg und Bill Gates, in dieser schnelllebigen Zeit am Ball zu bleiben, ihre Batterien aufzuladen und sich selbst zu motivieren? Die Formel ist simpel und leicht anwendbar: Sie fokussieren auf die Dinge im Leben, die ihnen Freude bereiten und für die sie dankbar sind. So schaffen sie einen Hebel für mehr Glück und Zufriedenheit im Leben. Das Verfahren ist einfach: Vor dem Schlafengehen halten sie regelmäßig die besten Erlebnisse des Tages in einem Gratitude Journal fest; Dinge, die ihnen Freude bereitet haben und für die sie dankbar sind.

Das Gratitude Journal ist schon lange keine esoterische Übung mehr, sondern ein wirksamer Lebenshelfer. Dies haben neben Sandberg und Gates auch Führungskräfte in und außerhalb des Silicon Valleys erkannt und nutzen die Methode, um sich auf die positiven Dinge zu konzentrieren, ihre Akkus aufzuladen und beharrlich auch Durststrecken zu überwinden.

Ist das Glas halb voll oder halb leer?

Wir selbst haben es in der Hand, wie wir auf unser Leben blicken wollen. Oder wie Bill Gates sagt: »Je mehr man seine Dankbarkeit für etwas, was man hat, ausdrückt, umso mehr passiert, für das man dankbar sein kann.«[206] Doch warum fällt uns das manchmal so schwer? Ganz einfach: Negative Eindrücke bleiben uns stärker in Erinnerung als positive. Wir alle kennen das: Negative Kritik bleibt manchmal ein Leben lang haften, während ein Lob oft am nächsten Tag bereits wieder vergessen ist. Resümiert man am Abend den Tag, fällt einem schnell mal ein, was alles schiefgegangen ist. Was uns dagegen vielleicht nur für einen kurzen Moment Freude bereitet hat, tritt leicht in den Hintergrund.

Mit einem Gratitude Journal denken Sie bewusst noch einmal an die positiven Erlebnisse des Tages. Mit der Zeit wird dieses Gefühl eine fast magnetische Wirkung entfalten. Wenn Sie mit Dankbarkeit durch das Leben gehen, ziehen Sie Personen und Situationen an, für die Sie dankbar sein werden.[207]

Wann ein Graditude-Journal sinnvoll ist

Das Gratitude Journal entfaltet in jeder Lebenslage seine Wirkung. Indem Sie sich regelmäßig bewusst machen, wie viele schöne Momente Sie erleben, werden Sie im Alltag achtsamer mit diesen Augenblicken umgehen. Besonders empfiehlt sich diese Methode auf Durststrecken, wenn also Erfolge auf sich warten lassen, unheimlich viel los ist und Sie den Eindruck haben, es gehe alles schief. Das Gratitude Journal hilft Ihnen dabei, die vielen kleinen Erfolge und schönen Momente im Gedächtnis zu behalten.

Mit dem Gratitude Journal können Sie:

Glücklich und erfolgreicher sein, dank Fokus auf das Positive, das wir erleben. Wir sind besser gelaunt, optimistischer, schlafen besser und verbuchen Fortschritte im Bereich unserer persönlichen und beruflichen Ziele.[208] Sie können mehr Enthusiasmus, Entschlossenheit und Energie entwickeln, um im digitalen Zeitalter besser zu bestehen und nach Misserfolgen wieder schnell auf die Beine zu kommen.[209, 210] Und werden feststellen, dass Sie mit einer positiven Einstellung positive Menschen anziehen. Optimismus ist oft auch ein strategischer Wettbewerbsvorteil. Optimisten sind oft beharrlicher und zeigen mehr Einsatz, wenn sie vor Hindernissen stehen. Sie wagen sich auch an die großen Aufgaben (vgl. Moonshot Thinking) und oft gelingt ihnen dann auch mehr.

Und so funktioniert's

- Nehmen Sie sich am Ende des Tages ein paar Minuten Zeit, um mindestens drei Ereignisse oder Eindrücke zu notieren, für die Sie heute dankbar sind. Unter *https://positivepsychologyprogram.com/gratitude-journal/* finden Sie Vorlagen, weitere Tipps und Anleitungen sowie Apps, die Ihnen beim Führen eines Gratitude Journals helfen können.[211]
- Denken Sie kurz über das Warum nach: Was genau hat diesen Moment an diesem Tag zu einem besonderen gemacht?

- Schließen Sie, wenn möglich, eine Situation ein, an der mindestens eine weitere Person beteiligt war.
- Halten Sie diese besonderen Momente in einem für Sie passenden Medium fest, egal ob analog mit Stift in einem Notizbuch oder mittels App oder Aufnahmefunktion im Smartphone. Wenn Sie mögen, twittern Sie oder posten Sie Ihre Gedanken auch auf LinkedIn oder im Intranet des Unternehmens, um andere zu inspirieren.
- Dieses Tool lebt von Gewohnheit und Wiederholung. Starten Sie heute und integrieren Sie es in Ihre abendliche Routine, bis es zu einem festen Ritual in Ihrem Leben geworden ist.

Erfahrungen mit der Dankbarkeit als Einschlafhilfe

»Work-Life-Balance gibt es eigentlich nicht mehr, sondern eher Work-Life-Blend«, sagt Arnd M. Hungerberg, Senior Director bei Microsoft. »Es gibt keine harten Grenzen, sondern es geht fließend ineinander über. Im Büro wird man privat angerufen, abends wiederum stehen Telefonate aufgrund unterschiedlicher Zeitzonen an, oder ein Kollege ruft an und will etwas wissen. Oft hat man ja sogar nur noch ein Telefon, kein privates und geschäftliches Smartphone.«

Er nutzt das Gratitude Journal regelmäßig und ist der festen Überzeugung, dass es ihn dabei unterstützt, als selbstbestimmter Mensch seinen eigenen Takt beizubehalten, ohne von den unterschiedlichen, teils rasanten Themenwechseln im Alltag überwältigt zu werden. »Gerade in eher heftigen Zeiten hilft mir das Gratitude Journal beim Einschlafen, weil ich mir die schönsten Dinge des Tages kurz vor dem ins Bett gehen nochmals vor Augen führe und dies in einem Buch niederschreibe.« Er begründet dies auch aus medizinischer Perspektive damit, dass durch diesen Rückblick und die positiven Gefühle Dopamin ausgeschüttet wird, welches das Einschlafen begünstigt.[212] Inhaltlich können es private und geschäftliche Themen sein: »Besonders gut sind die Momente, bei denen man spürt, dass andere glücklich sind oder dankbar sind«, so Hungerberg.

Ihn stimmt es glücklich zu hören, zu sehen oder zu spüren, wenn seine Partnerin sich freut oder Mitarbeiter einen erfolgreichen Tag haben.

Manchmal ist es auch einfach nur ein leckeres Essen oder ein tolles Gespräch, oder der Moment, einer älteren Frau am Flughafen bei der Suche nach dem richtigen Gate geholfen zu haben. Durch das abendliche Gratitude Journal gewinnt er laut eigener Aussage wieder neue Kraft, weil er sich bewusst macht, wie gut es ihm geht, und was man alles bewegen kann, damit es auch anderen gutgeht.

Cupcake-Philosophie

Wie Sie mit mehr Achtsamkeit am Arbeitsplatz den Teamgeist fördern

> »Bei Cupcake geht es darum, allem, was wir tun,
> eine authentische, menschliche Note zu verleihen.
> Wir meinen damit die kreative Suche nach Wegen,
> uns untereinander und unsere Nutzer in der ganzen Welt
> zum Lächeln zu bringen. Denn wir glauben, dass die Magie,
> die wir unter uns bei Dropbox erschaffen, in Magie übersetzt
> wird, die unsere Benutzer spüren können.«[213]

Daniel Stern, Country Manager DACH bei Dropbox

Dropbox lebt Achtsamkeit im Alltag und nennt diese liebevoll »Cupcake«. Wie bei dem gleichnamigen Küchlein geht es darum, über das Übliche hinauszugehen und das gewisse Etwas mehr zu geben. Dem eigenen Verhalten gewissermaßen das Buttercreme-Häubchen aufzusetzen, das einen Cupcake erst ausmacht. Und noch eine Himbeere, Kirsche oder Schokoladenverzierung als Krönung obendrauf. Der Cupcake ist ein Symbol dafür, das Augenmerk auf Kleinigkeiten zu legen, auf Handgriffe und Aufmerksamkeiten, die das Leben der Mitmenschen und Kollegen schöner machen. Ob das der Fahrstuhl ist, der aus dem sechsten Stock für nachkommende Kollegen wieder ins Erdgeschoss geschickt wird, der geliehene Regenschirm, wenn es draußen nasskalt ist und der Besuch den eigenen Wetterschutz zu Hause vergessen hat, oder ein mitgebrachtes Lunch-Paket, wenn ein Kollege über die Mittagszeit in einem Meeting feststeckt – mit Besteck, Serviette und dem Lieblingsschokoriegel als Dessert.

An andere zu denken, jemandem einen Gefallen zu tun, jemandem eine Freude zu bereiten – so viel Zeit muss sein! Bei Dropbox herrscht unternehmensweit einhellig große Wertschätzung für die Cupcake-Philosophie, die aus vollem Herzen gelebt wird, und das absolut hierarchiefrei.

Wann die Cupcake-Philosophie sinnvoll ist

Die Doppelbelastung durch Tagesgeschäft und Innovationprojekte führt oftmals zu Stress und dabei geht es häufig unter, dass wir uns bei unseren Kollegen für ihre Unterstützung bedanken. Dabei ist und bleibt das Zusammenspiel von Menschen ein Geben und Nehmen. Wie können wir also in der Hektik des Alltags sicherstellen, dass kleine Gesten der gegenseitigen Wertschätzung nicht zu kurz kommen?

Mit der Cupcake-Philosophie können Sie:

- Achtsamkeit praktizieren,
- Kollegialität und Mitmenschlichkeit fördern,
- Perspektivwechsel unterstützen: weg von den eigenen Bedürfnissen hin zu den Wünschen und Bedürfnissen der Mitmenschen,
- durch ein waches Auge für die Bedürfnisse der anderen Ihre Unternehmenskultur positiv beeinflussen,
- ohne großen Zeitaufwand eine angenehme Arbeitsatmosphäre schaffen.

Und so funktioniert's

Cupcake-Bilanz ziehen
Wann haben Sie das letzte Mal einem Kollegen einen kleinen Gefallen getan? Was genau? Und wann hat jemand etwas für Sie getan? Was war das? Wie sind die jeweiligen Reaktionen ausgefallen?

Achtsamkeit praktizieren
Seien Sie aufmerksam gegenüber Ihren Kollegen und tun Sie ihnen unaufgefordert etwas Gutes. Beispielsweise: aus der Mittagspause eine Süßigkeit mitbringen, im Falle einer bevorstehenden Deadline Ihre Unterstützung anbieten, bei kaltem Wetter unaufgefordert einen warmen Tee servieren et cetera.

Anerkennung zollen
Die Cupcake-Philosophie eignet sich sehr gut, um geschätzte Kollegen, die eher im Hintergrund bleiben, mit einer unerwarteten Nettigkeit zu überraschen. Überlegen Sie, wer in Ihrem Team einen echt guten Job macht, sehr hilfsbereit ist, aber unter Umständen zu selten positives Feedback bekommt. Stichwort: Backoffice, Facility, Assistants, IT, Entwickler et cetera.

Zum Mitmachen animieren
Beobachten Sie, wie stark Ihre Teammitglieder bereits aufeinander achten und sich gegenseitig wertschätzen. Bitten Sie sie, auf Klebezetteln positive »Cupcake-Botschaften« über eine Woche hinweg zu sammeln und sie zu Beginn der nächsten Teambesprechung zu teilen. Einigen Sie sich gemeinsam auf eine Gedächtnisstütze, die Sie alle daran erinnern soll, aneinander zu denken und ihre gegenseitige Wertschätzung auch ungefragt bei passender Gelegenheit auszudrücken.

Erfahrungen mit der Cupcake-Philosophie

Die Red Lab Group unterstützt Unternehmen dabei, das Potenzial des digitalen Zeitalters vollumfänglich zu nutzen. Ihre Leidenschaft ist es, Fluidität und Agilität als neue Normalität zu etablieren. Sie gestaltet individuelle Lernerfahrungen und transformiert Strukturen, Prozesse und Köpfe, damit die Unternehmen agiler werden. Dabei befähigt sie Organisationen zu neuem Verhalten, um Innovationsprozesse zu beschleunigen.

Das Unternehmen setzt auf eine hohe Diversität im Team. »Nicht nur, dass wir es bei zwölf Mitarbeitern auf sieben Nationen bringen. Wir sind auch sehr unterschiedliche Persönlichkeiten mit unterschiedlichen Denkstilen und beruflichen Hintergründen«, so Stefanie Palomino, eine der beiden Geschäftsführerinnen. Diese Diversität sei ein wichtiger zusätzlicher Treiber ihrer Kreativität. »Nur so kreieren wir ungewöhnliche Lösungen mit unseren Kunden und helfen ihnen dabei, neue Herangehensweisen für ihre Herausforderungen zu finden, um insgesamt agiler und innovativer zu werden. Gleichzeitig müssen wir aufpassen, dass wir die Reibungspunkte, die mit dieser Diversität einhergehen, reflektieren und immer wieder wertschätzende Momente miteinander schaffen«, erklärt Palomino.

Teams bei Red Lab werden immer genau auf die Bedürfnisse eines Kunden zugeschnitten und bestehen aus Festangestellten und regelmäßigen Freelancern. »Wir benötigen für unsere Projekte oft so unterschiedliche Expertisen, dass es einfach sinnvoller ist, Leute projektbezogen ins Team zu holen. Ist das Projekt beendet, löst sich das Team wieder auf und wir bilden neue Teams um die nächsten Kundenbedürfnisse herum. Nur so können wir wirklich agil sein und uns auf die spezifischen Anforderungen unserer Kunden konzentrieren«, sagt Palomino. Diese agile Art der Zusammenarbeit erhöht noch einmal mehr die Herausforderungen, die die hohe Diversität im Team bereits mit sich bringt.

Die Cupcake-Philosophie erinnert alle Beteiligten regelmäßig daran, im Tagesgeschäft respektvoll und wertschätzend miteinander umzugehen. »Gerade wenn es einmal heiß hergeht, hilft eine kleine Überraschung, ein nettes Wort, eine ungefragte Unterstützung immens, entspannt das Team und überträgt sich letztlich auch auf unsere Kundenbeziehung«, so Palomino. »Damit wir uns inhaltlich gut reiben können und daraus außergewöhnliche Ideen entwickeln, müssen wir darauf achten, dass wir offen bleiben für die Perspektiven der anderen und bei aller Reibung wertschätzend miteinander umgehen.«

Diese Wertschätzung äußere sich darin, an den anderen zu denken, ihm einen Gefallen zu tun oder ihm eine kleine Freude zu bereiten. »Das sind Kleinigkeiten: dass man selbstverständlich auch das Geschirr des anderen mitnimmt, wenn man das eigene in die Küche bringt; dass man nicht nur für sich selbst, sondern für alle Kollegen frisches Wasser mitbringt; dass man sich um das Mittagessen kümmert oder abends eine Massage für jemanden bucht, wenn man sieht, dass derjenige im Projekt gerade rotiert. Auch Lobkärtchen füreinander gehören dazu«, zählt Palomino verschiedene Cupcake-Möglichkeiten auf.

Die Cupcake-Philosophie nimmt man bei Red Lab aber manchmal auch wörtlich. »Gerade in besonders stressigen Zeiten brauchen wir alle Momente, in denen wir aus unserem Tunnel auftauchen und mal ein paar Minuten an etwas anderes denken und neue Energie sammeln können«, sagt Palomino. »In solchen Phasen bringen wir öfter mal Cupcakes für das ganze Team mit. Sie laden zu einer kleinen Pause ein und beim zwanglosen Plaudern bekommt man nicht nur neue Energie, sondern oft auch neue Ideen. Und außerdem braucht man ja auch Zucker, um gut zu denken.«

Schlusskapitel

Sie haben es geschafft. Sie sind am Ende dieses Buchs angelangt und haben viele Inspirationen, konkrete Tipps und Werkzeuge gesammelt, die Sie unmittelbar in Ihrem nächsten Veränderungsprojekt einsetzen könnten.

Und gleichzeitig stehen Sie an der schwierigsten Stelle des Veränderungsprozesses: am Anfang. Sie selbst entscheiden, wie erfolgreich Sie die neuen Erkenntnisse aus unserem Buch in Ihre berufliche Realität integrieren. Denken Sie an die Einleitung zurück und lassen Sie den wahrscheinlich wichtigsten Satz dieses Buchs zu Ihrem persönlichen Mantra werden:

Zwischen Wollen und Können liegt das Tun!

Warten Sie nicht, bis sich Ihr Kopf einschaltet und Ihr Vorhaben so lange zerdenkt, bis Sie am Ende mehr Fragezeichen im Kopf haben als vorher und Sie Ihr Vorhaben abbrechen, bevor es überhaupt begonnen hat.

Schrauben Sie den Anspruch an sich selbst am Anfang eines neuen Vorhabens zurück und gestehen Sie sich ein, dass Sie nicht sofort alles richtig machen können.

Sehen Sie vermeintliche Fehler und Umwege als wichtige Lernprozesse und nutzen Sie die im Buch vorgeschlagenen Werkzeuge, um diese Lernprozesse strukturiert und systematisch zu erfassen. Nur durch Experimentieren entstehen echte Innovationen, so gelingen nachhaltige Veränderungen in Unternehmen.

Akzeptieren Sie das flaue Gefühl im Bauch, wenn Sie vor einer neuen Herausforderung stehen und den Weg zum Ziel nicht kennen. Es ist eine weit verbreitete Illusion, dass sich neue Aufgaben von Anfang an gut anfühlen – das tun sie in den meisten Fällen eben nicht. Man muss neue

Dinge wiederholt tun und dabei dazulernen, bis sich nach einer Weile die ersten Erfolge einstellen.

Welches der 33 vorgestellten Werkzeuge hat Sie am meisten beeindruckt? Welches Werkzeug bringt Sie bei einem aktuellen Veränderungsvorhaben konkret weiter? Überlisten Sie Ihren Kopf und stellen Sie dieses Werkzeug gleich morgen Ihrem Team vor. Lassen Sie sich von Einwänden nicht abbringen, sondern sehen Sie diese als wertvolle Rückmeldung an, wie Sie das Instrument für Ihr Vorhaben anpassen können.

Starthilfe

Stellen Sie sich dieses Buch prominent und sichtbar in Ihr Büro und nutzen Sie es zum Nachschlagen und Auffrischen von Ideen und Werkzeugen. Um Ihnen die Auswahl der richtigen Werkzeuge zu erleichtern, legen wir Ihnen unseren Online-Assistenten ans Herz, den Sie auf *www.playtochange.de* finden. Mit wenigen Klicks können Sie damit herausfinden, welche Werkzeuge für Ihre aktuellen Herausforderungen am besten geeignet sind.

Und nun: Übernehmen Sie Verantwortung für Ihr Handeln, überlisten Sie Ihren Kopf, blenden Sie das mulmige Gefühl im Bauch aus und TUN SIE ES EINFACH!

Über die Autorinnen

Leila Summa

Leila Summa ist ein Online-Pionier der ersten Stunde und begleitet und führt seit mehr als 22 Jahren digitale Transformationsprojekte in traditionellen und digitalen Unternehmen. Bei Facebook Germany war sie eine der ersten Vertriebsmitarbeiterinnen. Danach baute sie als Geschäftsführerin die XING Marketing Solution GmbH auf. Seit 2017 gibt sie Führungskräften in unterschiedlichen Rollen (Verwaltungsrat, digitaler Beirat und Digital Advisor) Starthilfe zugunsten der digitalen Welt. Als Gründerin des Start-ups Play To Change GmbH arbeitet sie an neuen Methoden, um strategische Veränderungsprozesse in Unternehmen zu beschleunigen. Neben ihrem Job trainiert sie unter anderem als Mentorin bei Google und Dr. Wladimir Klitschko Führungskräfte.

Kontakt: leila@summa.name; Website: www.summa.name

Christine Kirbach

Christine Kirbach ist Serial Entrepreneur mit langjähriger Erfahrung in leitenden Funktionen im Konzernvorstandsumfeld. Eine einzigartige Kombination, die die Transformations- und Leadership-Expertin heute mit ihrem Unternehmen red lab nutzt, Organisationen zu neuem Verhalten zu befähigen und agil aufzustellen, um Innovationsprozesse zu beschleunigen. Sie ist Brückenbauerin zwischen Start-ups und Konzernen und als Public Speaker und Digital Advisor international gefragt.

Kontakt: christine@redlab.group; Website: https://redlab.me/

Feedback erwünscht

Wenn Sie das eine oder andere Werkzeug angewendet haben, freuen wir uns über Ihr Feedback. Sollten Sie ein Werkzeug vermissen und/oder Fragen zu den einzelnen Werkzeugen haben, sprechen Sie uns an: per E-Mail an *connect@leadershipplayground.com*, im Internet auf *www.play-tochange.de* oder verbinden Sie sich via LinkedIn mit uns!

Danksagung

»Sharing is caring« – das wird, so durften wir lernen, in der Branche der großen Digitalen ernst genommen. Wir schauen sehr dankbar zurück auf unglaublich inspirierende, offene, konstruktive und kontroverse Gespräche mit den unterschiedlichsten Personen – den Mitarbeitern der Technologieunternehmen, Führungskräften aus traditionellen Groß- und Kleinunternehmen, Universitätsprofessoren, Nachwuchstalenten, Freunden, Familie, Kunden, Kollegen und Testlesern. Nur dieser Austausch hat die Notwendigkeit und Sinnhaftigkeit dieser Werkzeugsammlung so offensichtlich gemacht und unsere Leidenschaft entfacht und befeuert, dieses Buch zu schreiben.

Die Inspiration ist das eine, aber wie immer, wenn ein Buch erscheint, sind neben den zwei Menschen, deren Namen auf dem Buchcover stehen, ganz viele hilfsbereite und interessierte Menschen im Hintergrund aktiv gewesen. Unser besonderer Dank gilt den Menschen in den führenden Technologieunternehmen, die mit uns ihre hilfreichsten Werkzeuge geteilt haben und uns Einblick gewährt haben in die Magie, die diese Tools bei konsequenter Anwendung entfalten. Sie alle aufzulisten, würde den Platz hier sprengen, aber sie sind in unseren Herzen. Vielen Dank – wir wissen das sehr zu schätzen!

Einige unserer Unterstützer möchten wir namentlich erwähnen, denn ohne sie gäbe es dieses Buch nicht. Zunächst ein herzliches Dankeschön an unseren Literaturagenten Günter Berg, der uns darin bestärkt hat, dieses Buch zu schreiben, und mit seiner direkten und professionellen Art sehr überzeugend für Pragmatismus bei der Umsetzung plädiert hat – immer und immer wieder.

Danke an unseren Verlag und die vertrauensvolle und konstruktive Zusammenarbeit sowie die Geduld, wenn wir immer wieder mit neuen Ideen um die Ecke kamen. Unser besonderer Dank gilt hier Michael Wurster und Katharina Maier als Lektorin.

Ohne Tag- und auch Nachtschichten von Karin Kleist, Carina Lucke, Sabine Reinhart und Martin Wüthrich hätte der Verlag mehr zu korrigieren gehabt und wir niemals so gute Worte finden können. Besten Dank dafür! Diese Worte zu bündeln und in eine abgebbare Form zu bringen, dafür danken wir Dominique Bender-Jansen.

Großen Dank auch an die Querdenker und Sparringspartner Stefanie Palomino und Jens Nordlohne. Vor allem dafür, dass ihr nicht immer unserer Meinung wart. Es hat uns angeregt, die Inhalte nochmals zu überdenken und entsprechend zu verbessern.

Und selbstverständlich geht ein inniger Dank auch an unsere beiden Familien und unsere Kinder, die uns geduldig den Rücken freigehalten haben, damit wir mit diesem Buchprojekt – so hoffen wir – einen Beitrag zur erfolgreichen Digitalisierung Deutschlands und der größeren Wirksamkeit veränderungswilliger Menschen leisten konnten.

Anmerkungen

1   https://www.brainyquote.com/quotes/steve_jobs_416921
2   https://www.youtube.com/watch?v=O-YE70WUXhM
3   https://www.youtube.com/watch?v=QM8l623AouM
4   https://rework.withgoogle.com/blog/five-keys-to-a-successful-google-team/; https://rework.withgoogle.com/print/guides/5721312655835136/
5   https://rework.withgoogle.com/blog/five-keys-to-a-successful-google-team; https://onlinemarketing.de/jobs/artikel/google-schluessel-effektive-teamarbeit-psychologische-sicherheit
6   https://www.amazon.de/Fearless-Organization-Psychological-Workplace-Innovation/dp/1119477247
7   https://www.keystepmedia.com/cognitive-emotional-empathy/
8   https://hbr.org/2017/08/high-performing-teams-need-psychological-safety-heres-how-to-create-it
9   https://hbr.org/2017/08/high-performing-teams-need-psychological-safety-heres-how-to-create-it
10 https://rework.withgoogle.com/blog/five-keys-to-a-successful-google-team/
11 https://rework.withgoogle.com/guides/understanding-team-effectiveness/steps/foster-psychological-safety/
12 https://rework.withgoogle.com/guides/understanding-team-effectiveness/steps/foster-psychological-safety
13 Simon Sinek, TED-Talk, https://www.ted.com/speakers/simon_sinek
14 Simon Sinek, TED-Talk, https://www.ted.com/talks/simon_sinek_how_great_leaders_inspire_action
15 https://www.newworkstories.com/simon-sinek-fragt-warum/
16 https://www.amazon.de/Frag-immer-erst-F%C3%BChrungskr%C3%A4fte-inspirieren/dp/3868815384/ref=sr_1_3?ie=UTF8&qid=1548583132&sr=8-3&keywords=buch+sinek
17 Sinek, S. (2014): Frag immer erst: warum. Redline.
18 https://www.youtube.com/watch?v=yI88cccrzu4
19 https://www.ikea.com/ms/de_DE/this-is-ikea/about-the-ikea-group/index.html
20 https://www.focus.de/finanzen/experten/pyczak/management-mit-der-richtigen-botschaft-mitarbeiter-motivieren_id_5957087.html
21 https://www.newworkstories.com/simon-sinek-fragt-warum/
22 Studie »E-Commerce-Markt Deutschland 2018« von EHI Retail Institute/Statista.
23 https://www.ted.com/talks/simon_sinek_how_great_leaders_inspire_action?language=de
24 https://www.quora.com/What-is-an-all-hands-meeting
25 https://blog.sli.do/what-is-an-all-hands-meeting-and-why-should-you-start-having-one/
26 https://www.recode.net/2017/1/5/13987714/mark-zuckerberg-facebook-qa-weekly

27   https://engage.kununu.com/de/blog/interview-thomas-vollmoeller-mitarbeiterfeed-back/
28   In einem persönlichen Gespräch mit den Autorinnen am 22.10.2018.
29   http://theteamcanvas.com/
30   https://strategyzer.com/canvas/business-model-canvas
31   Susan A. Wheelan (2009), »Creating Effective Teams: A Guide for Members and Leaders«, Sage Publications Ltd.
32   https://www.sessionlab.com/blog/team-canvas-get-your-team-on-the-same-page/
33   http://theteamcanvas.com/learn/
34   http://theteamcanvas.com/use/
35   In Anlehnung an http://theteamcanvas.com/use/
36   https://medium.com/@alyjuma/the-regret-minimization-framework-how-jeff-bezos-made-decisions-4d5a86deaf24
37   https://www.amazon-watchblog.de/jeff-bezos/1227-wichtige-entscheidungen-jeff-bezos-hoert-auf-sein-herz.html
38   https://www.amazon-watchblog.de/jeff-bezos/1227-wichtige-entscheidungen-jeff-bezos-hoert-auf-sein-herz.html
39   https://www.youtube.com/watch?v=mb81tZ3LAJA
40   https://www.businessinsider.com/jeff-bezos-amazon-decides-on-risks-2017-6?IR=T
41   https://www.businessinsider.com/jeff-bezos-amazon-decides-on-risks-2017-6?IR=T
42   https://www.tonyrobbins.com/mind-meaning/how-to-use-fear/
43   Gilovich, Medvec (1995) »The experience of regret: What, when, and why«, Psychological Review, Vol 102(2), Apr 1995.
44   https://medium.com/@pavansoni/satya-nadella-on-leadership-dfbcb6fe63bf
45   In einem persönlichen Gespräch mit den Autorinnen am 22.10.2018.
46   https://neuroleadership.com/your-brain-at-work/how-microsoft-transformed-approach-to-feedback/
47   https://membership.neuroleadership.com/microsofts-bold-new-leadership-strategy-case-study/
48   https://www.mindtools.com/pages/article/SCARF.htm
49   https://www.strategy-business.com/article/09306?gko=5df7f
50   https://www.cleverism.com/scarf-model-influence-people/
51   https://www.mindtools.com/pages/article/SCARF.htm
52   https://www.mindtools.com/pages/article/SCARF.htm
53   https://www.linkedin.com/pulse/beauty-amazons-6-pager-brad-porter
54   https://www.linkedin.com/pulse/bullets-dont-inspire-stories-do-randy-brumit
55   https://t3n.de/news/jeff-bezos-amazon-powerpoint-gruender-ideen-narrativ-geschichte-1075402/
56   In einem persönlichen Gespräch mit den Autorinnen am 11.08.2018.
57   In einem persönlichen Gespräch mit den Autorinnen am 11.08.2018.
58   https://www.businessinsider.de/amazon-ceo-jeff-bezos-memo-advice-2018-4?r=US&IR=T
59   https://www.amazon.de/Becoming-Facebook-Challenges-Defined-Disrupting/dp/0814437966/ref=sr_1_1?ie=UTF8&qid=1526632739&sr=8-1&keywords=becoming+facebook
60   https://amplitude.com/blog/2018/03/21/product-north-star-metric
61   https://beintheknow.co/north-star-metric/
62   https://engineering.linkedin.com/blog/2017/06/the-science-of-quality-growth

63 https://lifehacker.com/deciding-what-not-to-do-is-as-important-as-deciding-wh-1792723773

64 https://mashable.com/2012/02/01/mark-zuckerberg-ipo-pic/?europe=true

65 https://www.developgoodhabits.com/pomodoro-technique/

66 http://www.dansilvestre.com/how-to-be-productive/)

67 https://www.zeit.de/karriere/beruf/2012-08/multitasking-gehirnleistung

68 Cal Newport (2017). *Konzentriert arbeiten: Regeln für eine Welt voller Ablenkungen*, Redline.

69 https://www.businessinsider.com/productivity-trick-the-pomodoro-technique-2015-6?IR=T

70 https://www.fastcompany.com/3062946/this-100-year-old-to-do-list-hack-still-works-like-a-charm

71 Vgl. https://www.eisenhower.me/eisenhower-matrix/

72 Silvestre, D. (2019). Top 41 Productivity Hacks: Master Procrastination, Get Things Done, *Amazon Digital Services LCC.*

73 https://t3n.de/news/produktivitaet-zeitmanagement-tipps-ceo-gruender-fuehrungskraefte-869414/

74 Douglas R. Hofstadter (1979), *Gödel, Escher, Bach – An Eternal Golden Braid*, Basic Books.

75 https://www.internetworld.de/technik/expert-insights/projektmanagement-agil-gar-1240861.htm

76 https://www.it-agile.de/wissen/praktiken/schaetzen/

77 http://agilmanagen.de/story-points/;https://www.scrumakademie.de/product-owner/wissen/planning-poker-effektiv-planen-und-bewerten/

78 http://agilmanagen.de/story-points/

79 https://www.it-agile.de/wissen/praktiken/schaetzen/

80 https://www.kayenta.de/training-seminar/artikel/planning-poker-anleitung-und-regeln-zur-aufwandschaetzung-in-agilen-projekten.html

81 https://wingman-sw.com/papers/PlanningPoker-v1.1.pdf

82 https://www.planningpoker.de/vorteile-von-planning-poker/sch%C3%A4tzen-mit-planning-poker/

83 https://www.brainyquote.com/quotes/jason_fried_799331?src=t_meetings

84 https://hbr.org/2017/07/stop-the-meeting-madness

85 https://www.zapposinsights.com/about/holacracy

86 https://www.holacracy.org/team/brian-robertson/

87 https://www.researchgate.net/publication/258187597_Meetings_Matter_Effects_of_Team_Meetings_on_Team_and_Organizational_Success

88 http://s3lf.org/erklaerungen/konsens-und-konsent/

89 https://www.holacracy.org/tactical-meetings

90 https://www.dwarfsandgiants.org/wp-content/uploads/2015/11/1612_DAG_17_Holacracy-Moderationskarten_18x25cm_Tactical-Meeting.pdf

91 https://mastersofscale.com/sheryl-sandberg-lead-lead-again/

92 https://www.forbes.com/sites/davidkwilliams/2013/02/19/what-a-fighter-pilot-knows-about-business-the-ooda-loop/#5ef7764a63eb

93 https://www.nytimes.com/2011/11/27/books/review/thinking-fast-and-slow-by-daniel-kahneman-book-review.html

94 https://www.businessinsider.com/what-jeff-bezos-wants-in-an-amazon-show-2015-7?IR=T

[95] https://www.derbrutkasten.com/pitch/
[96] https://www.derbrutkasten.com/pitch/
[97] www.ted.com
[98] http://oratemate.com/blog/2015/9/7/pitch-perfect-in-5-steps
[99] https://www.linkedin.com/pulse/20130417200657-17970806-sheryl-sandberg-s-inspiring-speech-at-harvard-business-school
[100] https://www.cnbc.com/2018/01/29/why-mark-zuckerberg-lets-facebook-workers-do-things-he-disagrees-with.html
[101] https://komfortzonen.de/delegation-poker-bessere-entscheidungen-im-team; https://management30.com/product/delegation-poker;
[102] https://abc.xyz/investor/founders-letters/2004/ipo-letter.html
[103] https://www.entrepreneur.com/article/295434
[104] https://www.inc.com/adam-robinson/google-employees-dedicate-20-percent-of-their-time-to-side-projects-heres-how-it-works.html
[105] https://www.linkedin.com/pulse/einfach-mal-ausprobieren-mit-dem-8020-projekt-der-telekom-illek/
[106] https://tim.blog/2018/04/18/how-to-think-10x-bigger/
[107] https://www1.wdr.de/stichtag/stichtag-kennedy-mondlandung-100.html
[108] https://x.company/
[109] https://tim.blog/2018/04/18/how-to-think-10x-bigger; https://x.company/projects/; http://fortune.com/2014/11/13/googles-larry-page-the-most-ambitious-ceo-in-the-universe/
[110] https://tim.blog/2018/04/18/how-to-think-10x-bigger/
[111] https://twitter.com/tedtalks/status/720800915465334784?lang=de
[112] https://www.techinasia.com/google-stay-startup-70000-employees
[113] https://medium.com/bluesoft-labs/try-an-internal-press-release-before-starting-new-products-867703682934
[114] http://the-amazon-way.com/blog/future-press-release/
[115] http://www.rightattitudes.com/2016/06/17/amazon-mock-press-release/
[116] https://www.midvision.com/amazons-secret-to-customer-focused-features-write-the-press-release-first/, https://www.quora.com/What-is-Amazons-approach-to-product-development-and-product-management
[117] https://mastersofscale.com/full-length-interview/
[118] https://mastersofscale.com/full-length-interview/
[119] https://mastersofscale.com/wp-content/uploads/2017/05/moshandcraftedtranscript.pdf
[120] https://uxdesign.cc/what-would-be-the-10-star-experience-beyond-dac0d0962b68
[121] Eleanor Roosevelt (1983), *You Learn by Living: Eleven Keys for a More Fulfilling Life*, Westminster John Knox Press.
[122] https://www.startupgrind.com/blog/zuckerberg-stay-focused-and-keep-shipping/
[123] https://www.forbes.com/sites/jeannemeister/2017/09/27/the-future-of-work-hr-hackathons-improve-the-candidate-and-employee-experience/#438c3c9c2878
[124] https://engineeringblog.yelp.com/2018/11/all-about-yelp-hackathon.html?sf201845304=1
[125] https://news.microsoft.com/de-de/hackfest2018/
[126] https://www.vocoli.com/blog/june-2015/facebook-s-secret-sauce-the-hackathon/
[127] https://blogs.dropbox.com/dropbox/2015/08/hack-week-2015/
[128] https://www.youtube.com/watch?v=BVuQJdFA8rY; https://www.theverge.com/2014/7/24/5930927/why-dropbox-gives-its-employees-a-week-to-do-whatever-they-want

129 https://blogs.dropbox.com/dropbox/2015/08/hack-week-2015/
130 https://www.toyota-global.com/company/toyota_traditions/quality/mar_apr_2006.html
131 https://www.toyota-global.com/company/toyota_traditions/quality/mar_apr_2006.html
132 https://www.toyota-global.com/company/toyota_traditions/quality/mar_apr_2006.html
133 https://www.toyota-global.com/company/toyota_traditions/quality/mar_apr_2006.html
134 https://www.linkedin.com/pulse/facebooks-sheryl-sandberg-3-leadership-lessons-i-from-thomas-mba
135 https://rework.withgoogle.com/blog/postmortem-culture-how-you-can-learn-from-failure/
136 https://www.linkedin.com/pulse/facebooks-sheryl-sandberg-3-leadership-lessons-i-from-thomas-mba/
137 Deborah J. Mitchell, J. Edward Russo and Nancy Pennington (1989), »Back to the future: Temporal perspective in the explanation of events«, in *Journal of Behavioral Decision Making*.
138 https://blogs.faz.net/netzwirtschaft-blog/2015/03/21/google-x-scheitern-gehoert-zum-system-3826/
139 https://singularityhub.com/2016/04/18/the-secrets-of-x-these-5-principles-will-help-your-company-make-moonshots-happen/#sm.01xsuafl1a5pd6m11us2gvbgr7cq1
140 https://rework.withgoogle.com/guides/foster-an-innovative-workplace/steps/learn-from-failures/
141 https://hbr.org/2007/09/performing-a-project-premortem
142 https://www.goodreads.com/author/quotes/5618463.Ed_Catmull
143 https://upload-magazin.de/blog/21738-fehlerkultur/
144 https://www.youtube.com/watch?v=psN1DORYYV0; https://www.ted.com/talks/brene_brown_listening_to_shame?language=en#t-348857
145 https://www.museumoffailure.se/
146 https://www.happy.co.uk/8-companies-that-celebrate-mistakes/
147 https://blog.makestickers.com/be-a-learn-it-all-not-a-know-it-all-b29809d8e97f
148 https://ich.unesco.org/en/RL/indigenous-festivity-dedicated-to-the-dead-00054?RL=00054
149 https://www.hamburg-news.hamburg/en/media-it/future-work/
150 http://www.pretotyping.org/uploads/1/4/0/9/14099067/pretotype_it_2nd_pretotype_edition-2.pdf
151 https://www.forbes.com/sites/berlinschoolofcreativeleadership/2016/01/05/a-googlers-guide-to-beating-market-failure-by-preto-typing/#529f346a50de
152 The Pretotype Online Manifesto: Video, https://www.youtube.com/watch?v=t4AqxNekecY&feature=youtu.be
153 Alberto Savoia (2011), Second Pretotype Edition. http://www.pretotyping.org/uploads/1/4/0/9/14099067/pretotype_it_2nd_pretotype_edition-2.pdf
154 http://pretotyping.blogspot.com/2010/08/one-of-my-favorite-pretotype-stories.html
155 https://www.businessinsider.com/failed-mcdonalds-items-2011-8?IR=T
156 https://www.new-communication.de/neues/detail/prototyping-fake-it-before-you-make-it/
157 https://dialog.hochbahn.de/gute-fahrt/prototyping-wunsch-wirklichkeit/

[158] https://dialog.hochbahn.de/gute-fahrt/prototyping-wunsch-wirklichkeit/
[159] https://blog.markgrowth.com/the-10-unique-ways-slack-hacked-growth-to-become-a-4-billion-company-2d7c50b4df25
[160] https://viral-loops.com/blog/dropbox-grew-3900-simple-referral-program/
[161] https://medium.com/@hnshah/how-slack-became-a-5-billion-business-by-making-work-less-boring-f78bdad685c8
[162] https://firstround.com/review/From-0-to-1B-Slacks-Founder-Shares-Their-Epic-Launch-Strategy/
[163] https://mastersofscale.com/mark-zuckerberg-imperfect-is-perfect/
[164] https://medium.com/@michaeldsimmons/forget-about-the-10-000-hour-rule-7b7a39343523
[165] https://medium.com/@michaeldsimmons/forget-about-the-10-000-hour-rule-7b7a39343523
[166] https://www.focus.de/wissen/mensch/geschichte/erfindungen/technikgeschichte-ein-patent-das-die-welt-veraenderte_aid_474269.html
[167] https://www.deutschlandfunk.de/thomas-alva-edison-entwickelt-die-erste-gebrauchfaehige.871.de.html?dram:article_id=124941
[168] https://foerster-kreuz.com/10000-experimente-stunden-regel/
[169] https://unbounce.com/de/a-b-testing-de/wie-du-eine-a-b-test-hypothese-aufstellst/
[170] https://www.benjerry.de/sorten/friedhof-der-eissorten
[171] Netflix (2017) Netflix Culture, abrufbar unter: https://jobs.netflix.com/culture
[172] https://bewerbung.com/google/
[173] Netflix (2017), Netflix Culture, abrufbar unter: https://jobs.netflix.com/culture.
[174] https://jobs.netflix.com/culture
[175] Robert I. Sutton (2007) Der Arschloch-Faktor: Vom geschickten Umgang mit Aufschneidern, Intriganten und Despoten im Unternehmen. Carl Hanser Verlag.
[176] https://hbr.org/2007/03/why-i-wrote-the-no-asshole-rule
[177] https://www.recode.net/2018/3/29/17176560/tim-cook-apple-ceo-advice-joy-journey-serve-humanity
[178] https://www.deseretnews.com/article/900007867/7-quotes-from-slack-ceo-stewart-butterfield-about-failure-creativity-and-the-internet.html
[179] https://medium.com/@reidhoffman/how-to-turn-failure-into-success-lessons-from-slacks-stewart-butterfield-on-the-masters-of-scale-dfad48f2bbd2
[180] https://www.youtube.com/watch?v=RVCNoTq3DcY
[181] https://www.delltechnologies.com/en-us/perspectives/is-reverse-mentoring-a-lever-for-digital-transformation/
[182] https://www.delltechnologies.com/en-us/perspectives/is-reverse-mentoring-a-lever-for-digital-transformation/
[183] https://spielraum.xing.com/2017/10/reverse-mentoring/
[184] https://www.xing.com/news/insiders/articles/top-aktuell-reverse-mentoring-wenn-der-junior-den-senior-coacht-1549656?xing_share=news
[185] https://www.inc.com/john-boitnott/9-top-platforms-for-finding-a-mentor-in-2016.html
[186] https://medium.com/matter-driven-narrative/what-matters-next-creativity-is-just-connecting-things-ebd5f24fb0fd
[187] https://www.forbes.com/sites/michaelsimmons/2015/01/15/this-is-the-1-predictor-of-career-success-according-to-network-science/#22287c5ae829
[188] https://insight.kellogg.northwestern.edu/article/a_virtuous_mix_allows_innovation_to_thrive

189 In einem persönlichen Gespräch mit den Autorinnen am 29.09.2018.
190 https://blog.hubspot.com/blog/tabid/6307/bid/34234/The-HubSpot-Culture-Co-de-Creating-a-Company-We-Love.aspx
191 https://lifehacker.com/dont-be-a-know-it-all-be-a-learn-it-all-1794974291
192 https://www.amazon.de/Mindset-Updated-Changing-Fulfil-Potential/dp/147213995X/ref=sr_1_1?ie=UTF8&qid=1548511431&sr=8-1&keywords=carol+dweck+growth+mindset
193 https://nextshark.com/jack-ma-doesnt-hire-best-candidate-job/
194 https://karrierebibel.de/star-methode/
195 In einem persönlichen Gespräch mit den Autorinnen am 10.11.2018.
196 https://medium.com/glint-od-science/is-your-organization-inclusive-enough-to-be-diverse-part-1-of-2-51cb99f8fd4
197 https://www.thecut.com/2016/09/heres-how-obamas-female-staffers-made-their-voices-heard.html
198 https://www.thriveglobal.com/stories/the-morning-routine-that-sets-twitter-ceo-up-for-success-all-day/
199 https://www.producthunt.com/live/jack-dorsey#comment-202069
200 https://meritocracy.is/blog/2017/08/07/learn-airbnb-ceo-morning-routine/
201 https://www.inc.com/bryan-adams/6-celebrity-morning-rituals-to-help-you-kick-ass.html
202 https://halelrod.com/ep-25-life-savers-for-a-miracle-morning/
203 https://www.developgoodhabits.com/daily-routine-success/
204 https://t3n.de/news/morgenroutine-fuehrungskraefte-chefs-yoga-e-mails-sport-933694/
205 http://time.com/4336546/sheryl-sandberg-university-of-california-berekley-commencement-speech/
206 http://blog.bridgebetween.com/3-ways-gratitude-enhances-leadership/
207 https://www.carstenbruns.de/warum-sie-ein-dankbarkeitstagebuch-fuhren-sollten/
208 https://mymonk.de/dankbares-hirn/
209 https://gratefulness.org/resource/research-related-to-gratitude/
210 https://www.inc.com/wanda-thibodeaux/how-a-gratitude-journal-can-inspire-you-to-change-claim-life-you-want.html
211 https://positivepsychologyprogram.com/gratitude-journal/
212 https://www.psychologytoday.com/us/blog/prefrontal-nudity/201211/the-grateful-brain
213 In einem persönlichen Gespräch mit den Autorinnen am 13.09.2018.

Stichwortverzeichnis

Hofstadters Gesetz 82
Holacracy 89, 259
Homeoffice 45, 56
Hungerberg, Arnd M. 245

I
IBM 38, 208
Idea Space 45
Illek, Christian 122
Inklusion 145, 194, 213, 229 f.
Innovation 45, 51, 90, 115, 118, 124,
132, 141, 158, 163, 170 ff., 176,
178 f., 213, 257
Inspirational Talk 106
Ivanov, Alex 38

J
Jobs, Steve 7, 75, 126, 212, 236
Jorré, Thomas 28 f., 130

K
Kahneman, Daniel 97, 103
Karriere-Coachings 17
Kauffeld, Simone 90
Kausalkette 155 f.
Keck, Samir 87 f., 157 f.
Kennedy, John F. 123
Kiel, Tatjana 204 f.
Kirch, Nico 116
Klein, Gary 165
Kleist, Hannes 49 f.
Klitschko, Wladimir 204 f., 253
KPIs 29, 32 f., 91
Kundenmanagement 15

Kundenzentrierung 115
Kununu 226 ff.

L
Learning by Testing 78, 101, 133, 152,
179, 184, 187, 190
Lehmann-Willenbrock, Nale 90
Leitidee 124, 127
Lernende Organisation 33
Life S.A.V.E.R.S. 237
Liip 163
Like-Button 145
LinkedIn 8, 30, 68 ff., 96, 145, 210,
236, 245, 254
Logermann, Meike 110 f.
Luftensteiner, Stephanie 227
Lyft 69

M
Ma, Jack 8, 81, 220
Magic Moment 109
Maverick 97
McAllister, Ian 132
McNealy, Scott 112
Memo 20, 60 ff., 106
Mentoring-Systeme 56
Microsoft 51, 146, 159, 208, 219, 225,
236, 245
Millennials 111
Mindset 96, 124, 190, 194, 219 f.,
224 f., 227, 236 f., 263
Misstrauenskultur 131
Mitchell, Deborah J. 164, 261

Digitalisierung endlich verständlich erklärt

Könnten Sie in wenigen Sätzen erklären, was Augmented Reality bedeutet? Was digitale Disruption oder Smart Health ausmacht? Wer der vielzitierte Homo Deus ist? Falls nicht, gehören Sie zu der großen Mehrheit derer, die zwar in und mit der Digitalisierung leben und arbeiten, die aber meist passen müssen, wenn es darum geht, die Schlagworte konkret zu erläutern.

Philip Specht hat die 50 wichtigsten Aspekte der Digitalisierung jeweils auf wenigen Seiten erläutert - von den Grundlagen wie Hardware, Cloud und Internet of Things bis hin zu Themen wie virtueller Sexualität, der Zukunft des Arbeitsmarkts und digitaler Ethik.

384 Seiten
Hardcover
17,99 € (D) | 18,60 € (A)
ISBN 978-3-86881-705-8

www.redline-verlag.de

REDLINE | VERLAG